# 2023 SICK第一届传感器专家会议

# 论 文 集

广东西克智能科技有限公司　编

机 械 工 业 出 版 社

2023 SICK（西克）第一届传感器专家会议以“智能传感　智领未来”为主题，历时近4个月在全国范围内向广大用户进行征集并通过西克技术专家评审，27篇获奖论文被收录在本论文集中。通过客户和技术专家们的论文总结成果，我们更加真实、深入地了解了西克传感器在不同行业领域的广泛应用，涉及机械制造、汽车、冶金、物流仓储、AGV、食品饮料、锂电、包装设备、隧道工程、起重、水泥散料、港口、电子、轮胎机械等行业，以及传感器在赋能企业降本增效、提升数字化能力和产品质量方面发挥的重要作用。

本论文集除了收录27篇SICK第一届传感器专家会议的获奖论文外，还收录了5篇SICK技术专家在2022年西门子工业专家会议上投稿的论文。

本论文集适合工厂和设计院的工程师、技术员、设备调试人员，系统集成商，OEM用户，产品最终用户和分销商的工程师阅读。

**图书在版编目（CIP）数据**

2023 SICK第一届传感器专家会议论文集 / 广东西克智能科技有限公司编．—北京：机械工业出版社，2024.2（2024.6重印）
ISBN 978-7-111-75277-6

Ⅰ．①2…　Ⅱ．①广…　Ⅲ．①传感器—文集　Ⅳ．①TP212-53

中国国家版本馆CIP数据核字（2024）第050277号

机械工业出版社（北京市百万庄大街22号　邮政编码100037）
策划编辑：杨　琼　　　　责任编辑：杨　琼
责任校对：韩佳欣　李　杉　　责任印制：刘　媛
北京中科印刷有限公司印刷
2024年6月第1版第2次印刷
169mm×239mm・14印张・410千字
标准书号：ISBN 978-7-111-75277-6
定价：144.00元

电话服务　　　　　　　　网络服务
客服电话：010-88361066　　机　工　官　网：www.cmpbook.com
010-88379833　　机　工　官　博：weibo.com/cmp1952
010-68326294　　金　　书　　网：www.golden-book.com
**封底无防伪标均为盗版**　　机工教育服务网：www.cmpedu.com

# 前　言

随着科技的不断进步和智能化的快速发展，传感智能科技正深刻地改变着我们的生活方式和商业模式。作为一家致力于智能传感器研发和应用的全球化企业，西克（SICK）一直以来都秉承独立、创新和引领的理念，为客户提供高品质的智能化解决方案。

2023 年 4 月，广东西克智能科技有限公司（西克中国）携手客户举办了“SICK 第一届传感器专家会议”。藉此机会，我们与合作伙伴和行业专家进行了深入合作，秉承“专家服务专家”“共享共创知识生态圈”理念，总结和归纳了 27 篇客户编写的应用案例集并以论文集形式出版，本论文集的出版在西克中国 29 年的历史上尚属首次，意义重大。

在本论文集中，论文案例涵盖了不同行业和领域，充分展示了西克在各个领域的创新能力和技术实力，我们从客户的角度出发，介绍了他们在选择西克传感器时所面临的问题和挑战，以及西克如何通过技术创新和专业服务解决了这些问题。每篇论文都详细地阐述了案例的背景、系统结构、功能实现、运行效果和应用体会，逐一验证了西克的价值和成果。以论文这种清晰结构和配有来自现场的照片，可以让读者快速地理解西克产品的使用方法和技巧，并将学到的先进经验运用在自我的实践中。本论文集除了收录 27 篇 SICK 第一届传感器专家会议的获奖论文外，还收录了 5 篇 SICK 技术专家在 2022 年西门子工业专家会议上投稿的论文。

希望本论文集能够提供有价值的信息和启示，帮助读者更好地理解和应用智能科技，共同构建智能化的未来。

最后，我要感谢所有参与本论文集撰写和案例收集的人员，正是你们的辛勤努力和专业精神，才使得本论文集得以完成。同时，也要感谢所有的客户和合作伙伴，是你们的信任和支持，让西克得以不断地成长和发展。

谢谢！

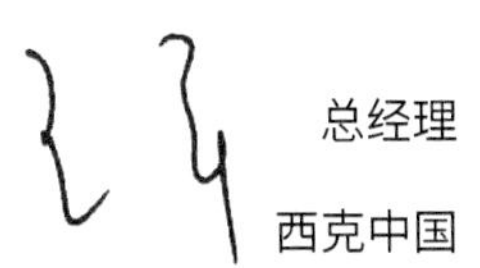

总经理

西克中国

# 目　　录

公司创始人欧文·西克博士(Dr.Erwin Sick)

西克中国总部

## 关于SICK（西克）

SICK 成立于 1946 年，公司名称取自于公司创始人欧文•西克博士（Dr. Erwin Sick）的姓氏，总公司位于德国西南部的瓦尔德基尔希市（Waldkirch）。SICK 已在全球拥有超过 50 个子公司和众多的销售机构。在 2023 年，全球雇员总数接近 12000 人，销售额约 23.07 亿欧元。

西克中国成立于 1994 年，为 SICK 在亚洲的重要分支机构之一。历经多年的发展与积累，我们已成为颇具影响力的智能传感器解决方案供应商，产品广泛应用于各行各业，包括机器人、新能源、AGV/AGC、包装、食品饮料、机械制造、电子 & 太阳能、汽车、物流、机场、钢铁等行业。目前，除了广州总部，在北京、上海、青岛、苏州、沈阳、深圳、成都、天津、香港等地设有分支机构，并形成了辐射全国主要区域的机构体系和业务网络。

## SICK遍布全球

澳大利亚、奥地利、比利时、巴西、加拿大、智利、中国、捷克、丹麦、芬兰、法国、德国、英国、匈牙利、印度、以色列、意大利、日本、马来西亚、墨西哥、荷兰、新西兰、挪威、波兰、罗马尼亚、俄罗斯、新加坡、斯洛伐克、斯洛文尼亚、南非、韩国、西班牙、瑞典、瑞士、泰国、土耳其、阿拉伯联合酋长国、美国、越南。

## 独立、创新、引领的公司理念

传感器的智能化、独立性、创新性以及领先性是 SICK 持之以恒追求的核心目标。“持之以恒”在连接过去和将来的交界处证明了其存在的价值。我们的使命凝结着力量、希望、需求以及憧憬，关注现在、展望未来。以成熟的公司文化为根基，推动未来的发展，既是承诺，也是动力。

## 超过77年的创新与发展

作为引领世界的智能传感器开发商和制造商，SICK 一直在优化工业自动化工程领域中发挥着重要作用。从 1950 年的第一个适用于实际使用的光电开关问世，到世界领先的高速、高性能 3D 视觉传感器，作为业界市场的引领者，SICK 一直在不断创新，为客户提供一系列产品解决方案，以满足更安全、更快捷、更经济的生产目的。

从单一的采集工作到复杂生产过程中使用的关键传感器技术:
SICK 所提供的每一款传感器解决方案,都具有更好的性价比和安全性。

光电传感器

- 迷你型光电传感器
- 紧凑型光电传感器
- 光纤传感器和光纤
- 小型光电传感器
- 圆柱形光电传感器
- 高端光电传感器

接近传感器

- 电感式接近传感器
- 电容式接近传感器
- 磁性接近传感器

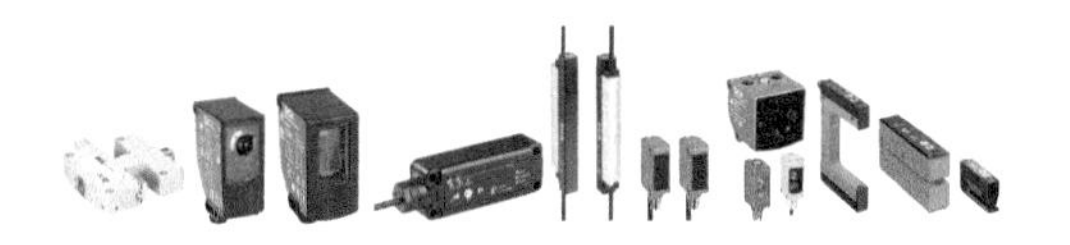

标识传感器

- 色标传感器
- 槽型传感器
- 光泽度感应器
- 无标识传感器
- 线光源传感器
- 颜色传感器
- 荧光传感器

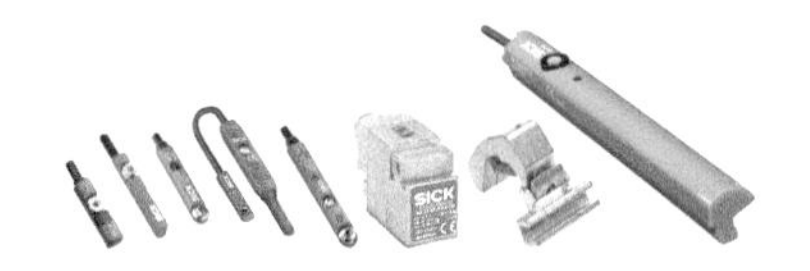

磁性气缸传感器

- 模拟定位传感器
- C 型槽气缸传感器
- 适用于其他气缸的传感器适配器
- T 型槽气缸传感器

自动化光栅

- 测量型自动化光栅
- 开关型自动化光栅

导航定位传感器/软件

- 光学轨迹导引的传感器
- 磁性轨迹导引的传感器
- 身负绝技的栅格定位
- 轮廓SLAM定位导航软件

安全开关

- 机电安全开关
- 非接触式安全开关
- 安全指令装置

光电保护装置

- 安全激光扫描仪
- 安全相机系统
- 单束光电安全开关
- 安全光幕
- 多光束安全装置
- 反射镜和落地支架

## 安全控制解决方案

- 安全传感器级联
- 安全控制器
- 安全继电器

## 识别解决方案

- 基于图像的二维条码读码器
- RFID 无线射频识别
- 连接组件
- 基于激光的一维条码阅读器
- 手持式条码阅读器

## 距离传感器

- 位移传感器
- 长量程距离传感器
- 超声波传感器
- 中量程距离传感器
- 条码定位传感器
- 光通信

## 视觉

- 二维视觉
- 三维视觉

## 激光雷达

- 二维激光扫描仪
- 三维激光扫描仪

## 伺服反馈编码器

- HIPERFACE DSL® 伺服反馈编码器
- HIPERFACE® 伺服反馈编码器

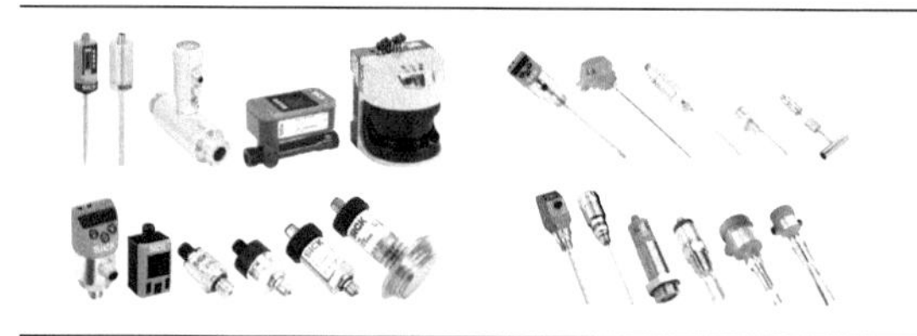

## 流体传感器

- 液位传感器
- 压力传感器
- 流量传感器
- 温度传感器

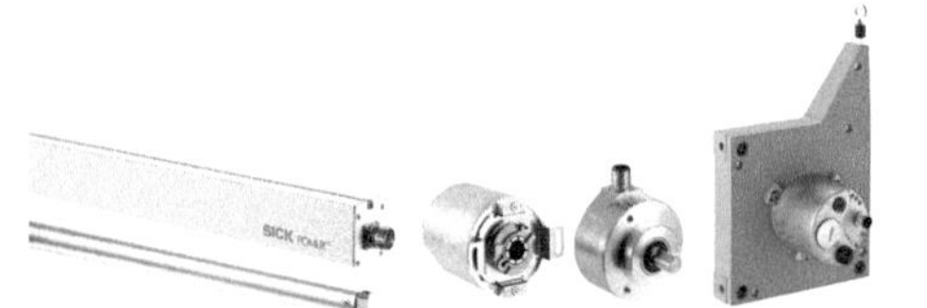

## 编码器

- 绝对值型编码器
- 线性编码器
- 安全编码器
- 增量型编码器
- 拉线编码器
- 伺服反馈编码器

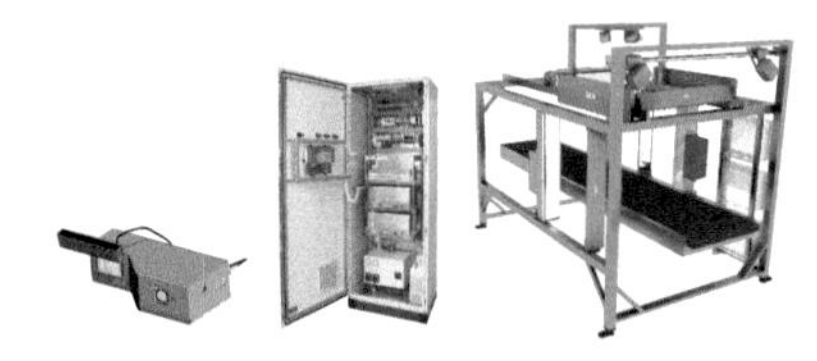

## 系统解决方案

- 定制化分析系统
- 机器人导航系统
- 车辆轮廓分类系统
- 安全系统
- 功能安全系统
- 防撞系统
- 物体检测系统
- 质量控制系统
- 跟踪和追溯系统

电子与太阳能行业

机床行业

机器人行业

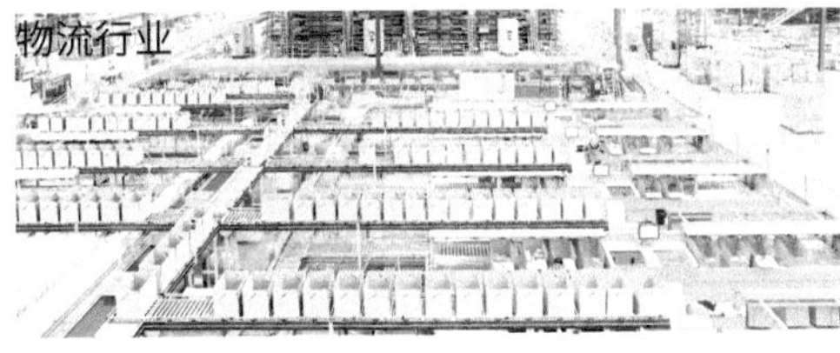
物流行业

汽车行业

AGV/AGC

港口行业

交通行业

轮胎行业

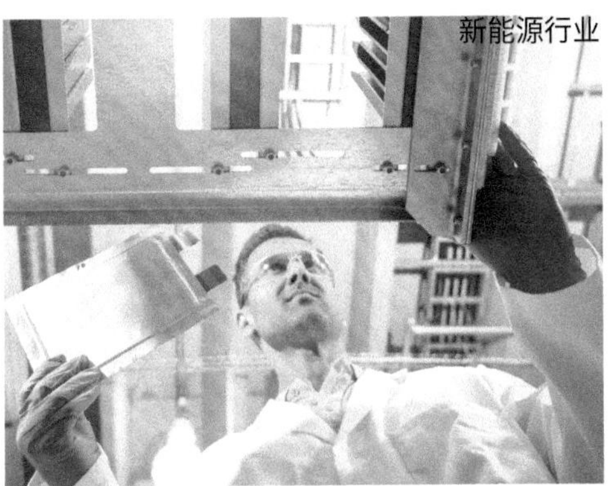
新能源行业

机场行业
食品饮料行业

## ◆ 工业安全防护系统

SICK
SICK
SICK
Safe Portal
Safety Systems
SICK
SICK
safeVisionary2

SICK

# 基于西克 Safe EFI-pro 系统的户外 AGV 安全解决方案

郑林　电气工程师
（新松机器人自动化股份有限公司 移动机器人 BG）

［ 摘 要 ］ 随着中国制造业向中国智能制造业转型，促进了智能设备与大数据信息化的持续整合，智能物流作为智能工厂极大地提高了企业转型率，降低了存储人力和错误成本的后端重要环节，无人搬运车（Automated Guided Vehicle，AGV）是柔性智能制造和立体库等智能物流体系的关键设备之一，具有自动化程度高、灵敏、安全等特色。而伴随着终端客户对智能化需求的进一步提高，不同类型的移动机器人以及移动机器人与其他自动化设备如何实现协调运作将成为考验企业方案实施能力的关键。此外，从室内走向室外，园区物流等半封闭场景的户外应用也将是移动机器人发展的方向之一。

［ 关 键 词 ］ 户外 AGV、户外安全激光扫描仪、可编程安全控制器、全天候、汽车制造

## 一、项目简介

某汽车有限公司下属的柴油机智能工厂创建于 20 世纪 90 年代，经过 20 多年的发展，现占地面积为 670000m$^2$，员工有 3500 余人，总资产为 63.5 亿元，品牌无形资产为 102.29 亿元。发展至今，工厂主要生产柴油机，为重型汽车配套。

该智能工厂拥有国际一流的先进装备，具备数字化、网络化和智能化三大特征。为了进一步落实三大特征，该智能工厂与新松机器人自动化股份有限公司（以下简称新松公司）于 2019 年在 AGV 方面达成合作，新松公司为其设计开发并制造了六种不同类型的 AGV，总共几十辆。户外重载 AGV 如图 1 所示。

图 1　户外重载 AGV

目前，国内 AGV 厂商不断地对户外 AGV 加大研发和投入，新松公司在户外 AGV 领域进行研发和应用得到了很多客户的认可。本文主要介绍一台载重 8t 的户外型双辊道 AGV 是如何选择户外安全防护设备和安全控制设备，实现全天候运转货物的。

### 1. 工艺流程

**(1) 取货站装载**

户外重载 AGV 进入取货站点接驳区域，并与地面辊道（双辊道）通信且实现同步辊道对接，满足对接条件后，地面辊道工位移载 4 套发动机到 AGV 背负的辊道输送机上。

**(2) 移动到送货站**

户外重载 AGV 完成取货装载后，离开取货接驳区域前往送货接驳区，需要穿越户外区域进入成品库内。

**(3) 送货站装载**

**方案一：**户外重载 AGV 进入送货接驳区与地面辊道（双辊道）通信并实现同步辊道对接，将 AGV 上货物移载到送货辊道。

**方案二：**户外重载 AGV 进入指定的送货区域后停车，等待人工叉车从重载 AGV 背负辊道上卸载货物，全部完成后放行 AGV。

**(4) 移动到取货站**

户外重载 AGV 完成送货装载后，穿越户外区域，AGV 返回取货接驳区域，执行下一个 AGV 任务。户外重载 AGV 运行线路规划如图 2 所示。

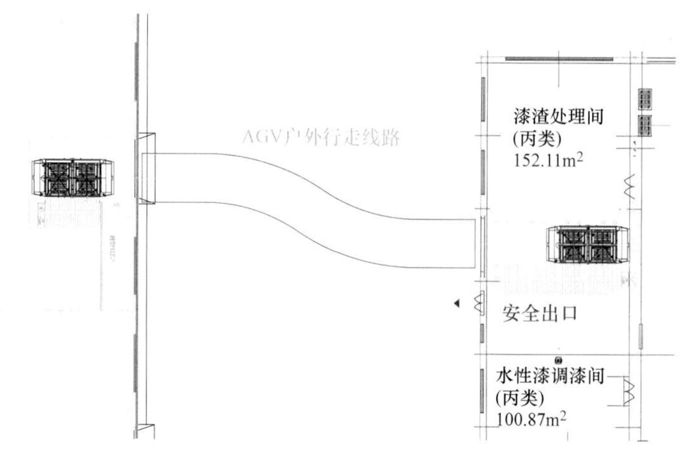


图 2 户外重载 AGV 运行线路规划图

### 2. 工艺节拍

该项目户外重载 AGV 数量为 1 台，单次 AGV 往返任务需要与卷帘门交互 4 次信号。每次任务最大搬运量为 4 套发动机，每小时需完成 3.6 次入库往返运输任务。

## 二、功能与实现

AGV 自动引导车辆系统对生产和物流的自动化作出了重要贡献。在人员和自动引导车辆系统共享工作空间的领域，除了高生产率外，安全性也至关重要。为验证和实现 AGV 的安全功能，我们在 AGV 的安全系统采用了四步流程，如图 3 所示。

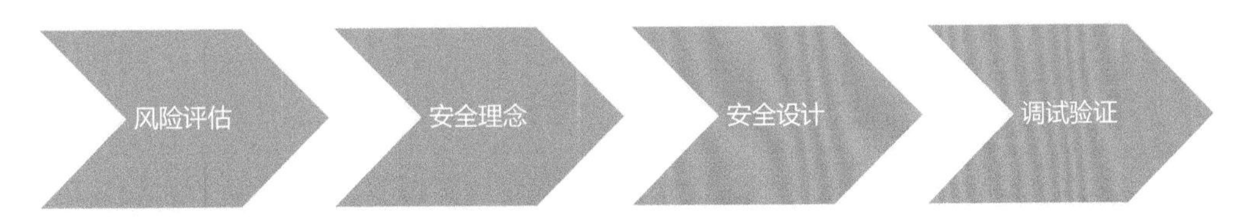


图 3　安全系统的四步流程图

## 1. 风险评估

AGV 机械工程师依据项目协议中各项参数设计出 AGV 的雏形后，该 AGV 的大致轮廓尺寸为长 7m、宽 3.6m、高 2.8m。结合户外重载 AGV 需要满足户外全天候运行，且行驶环境大部分为户外，存在雨、雪、雾、阳光天气的环境因素。同时不仅工厂内的人员与 AGV 行驶线路有交叉，而且工厂的运输车辆与 AGV 行驶线路也有重叠。

综合以上因素，该项目的户外重载 AGV 的安全风险等级为高。安全系统应满足如下条款：

- ISO 3691-4 和 EN 1175 的规范背景。
- AGV 在危险生产环境应用的安全规范。
- 安全激光扫描仪的应用和保护区的设计取决于速度和方向。
- 驱动系统和安全控制器相关部件的要求。

## 2. 安全理念

为了保证户外重载 AGV 能够安全和高效的工作，我们充分地学习和研究户外重载 AGV 的机械、电气、环境等特性，参考相关标准设计和安全功能，制定出一套清晰、可视的方案。安全逻辑思维图如图 4 所示。

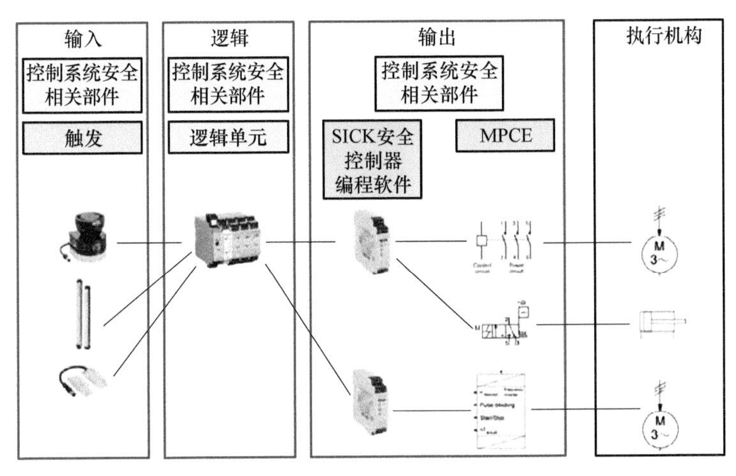


图 4　安全逻辑思维图

依据 ISO 3691-4 标准，正确定义户外重载 AGV 的使用区域，结合 AGV 行走线路和线路空间相应地定义警告区域和安全区域，并在地面喷上不同的颜色和文字来规范，同时也对 AGV 进行速度限制。对于应用中的一些残余风险也必须通过相应的提示信息和对用户进行培训来解决。

采用了 EN ISO 13849 中定义的方法来确定各种车辆的监控功能、操作模式和制动控制所需的性能等级要求。对于内部物流应用的操作者而言，其主要任务是培训和指导操作者，让其操作能够符合 ISO 3691-4 的要求。

## 3. 安全设计

### (1) 硬件设计

为了满足户外 AGV 安全防护等级，要求户外重载 AGV 水平方向为 360° 安全防护，前后方向采用立体式防护和接触式防护的安全策略。

在大量对比激光扫描仪制造厂商的所有系列产品，罗列能够满足全天候户外条件下使用的激光扫描仪中，西克的 OutdoorScan3、TIM 系列和 LMS 系列具有户外认证和使用案例。进一步对比 SICK 的 3 个系列产品后，OutdoorScan3 满足安全等级 SIL2 认证。

- 户外安全激光扫描仪 OutdoorScan3 负责水平方向的 360° 安全防护和导航数据采集。
- 前后高位户外型激光扫描仪 TIM-315，实现立体防护。
- 安全触边作为最后一道防护。

OutdoorScan3 系列户外安全激光扫描仪满足 ISO 13849-1 标准和 IEC 62998 标准，适用于 AGV 的移动户外 safeHDDM® 扫描技术，附加特殊算法进一步强化户外安全可靠地进行人员识别，另外，该产品还具有如下的显著功能：

**智能功能：** OutdoorScan3 最大 128 个可单独调节的区域，8 个同步保护区域。另外，西克还提供了 1 个单独的功能模块，可根据天气对 AGV 进行自动速度调整。

**硬件特性：** OutdoorScan3 凭借坚固的设计与独特的光学镜头罩形状，可以满足户外 AGV 在路面凹凸不平下高振动和冲击。结合 M12 标准接插件，可以解决 AGV 振动和三防的问题。

**适应能力：** 日晒、下雨、下雪、起雾条件下（见图 5），安全激光扫描仪能安全可靠作业。

阳光

雨

雪

雾

图 5 各种气候

户外重载 AGV 安全防护实车布局图如图 6 所示。

图 6 户外重载 AGV 安全防护实车布局图

为了解决重载 AGV 运行线路与工厂的户外公共道路存在共用的安全问题，同时又要满足 AGV 全天候的户外运行和使用，对 AGV 的安全功能的性能等级（Performance Level）设计也提出一个新的挑战。

本项目中的 AGV 安全核心控制系统采用 Safe EFI-pro 的 Flexi Soft 模块化安全控制器，它既能够兼容和监控不同类型的安全设备逻辑、状态、输入输出，又能与 AGV 主控制器实现总线通信。Flexi Soft 安全控制器可通过软件编程，实现各种安全逻辑功能、设备状态信息监控、AGV 速度动态调整，结合 AGV Dynamic Weather Assist 功能模块使保护区域能够适应不断变化的天气条件。

另外，该安全核心控制系统硬件平台采用模块化设计。不仅能够依据用户的设计需求自由地扩展网关模块、数字和模拟输入 / 输出模块、运动控制模块和继电器模块，还可以通过免费的 Flexi Soft Designer 软件直观查看、快速调试，实现直达自动化层级的全程诊断。

**户外重载 AGV 控制器硬件平台选配如下：**

EtherNet/IP 网关模块：通过基于工业以太网的网络技术 EFI-pro 可以传输 4 个户外安全激光扫描仪 OutdoorScan3 安全数据及 AGV 控制器的非安全数据。核心组件为 EFI-pro 网关，可确保快速、安全地联网，也可通过 EtherNet/IPTM CIP SafetyTM 将 AGV 主控制器数据接入安全控制器 Flexi Soft，还通过 Ethernet 轻松实现向 AGV 主控制器传输稳定、准确的环境轮廓测量数据，实现 AGV 的自然导航功能。AGV 安全系统机构图如图 7 所示。

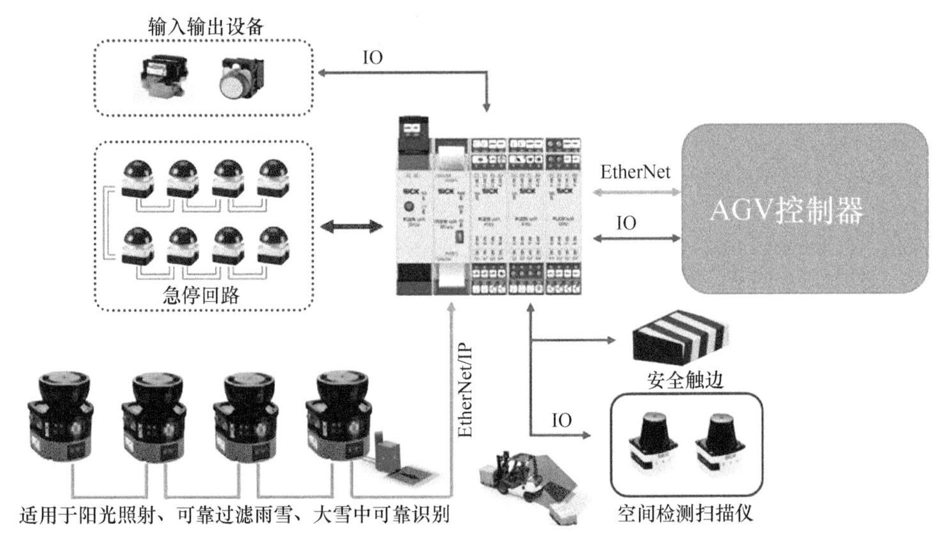


图 7　AGV 安全系统机构图

FX3-XTIO 输入 / 输出模块：FX3-XTIO 是具有 8 个安全输入和 4 个安全输出的输入 / 输出扩展模块。每个 FX3-XTIO 具有 2 个测试脉冲发生器，该脉冲发生器用于紧急停止按钮的双回路、安全触边双回路，具有检测安全防护设备短路、断路、交叉功能，进一步提升整车的安全性能。安全设备明细表见表 1。

**表 1　安全设备明细表**

| 名称 | 型号 | 数量 | 安全等级 | 备注 |
|---|---|---|---|---|
| Flexi Soft 主模块 | FX3-CPU000000 | 1 | SIL3 | 安全逻辑核心模块 |
| 配置存储介质 | FX3-MPL000001 | 1 | | 配置文件存储介质 |
| Flexi Soft IO 模块 | FX3-XTI084002 | 3 | SIL3 | 输入输出模块 |
| Flexi Soft 网关 | FX3-GEPR00000 | 1 | SIL3 | 负责通信的模块 |
| 户外型安全激光扫描仪 | MICS3-CBUZ40IZ1P01 | 4 | SIL2 | IP65 |
| 2D LiDAR 传感器 | TIM351-2134001 | 2 | | IP67，-25° ~ +50° |
| 接触式触边 | | 2 | | 前后各 1 个 |
| 急停按钮系统 | | 10 | | 分布在车体周围 |
| 调试线缆 | DSL-SU04G02M025KM1 | 1 | | 安全控制器软件调试线缆 |

**户外安全激光扫描仪**：为了满足该汽车制造工厂的全天候运输任务，户外重载 AGV 选择 4 个 OutdoorScan3 Pro 户外安全激光扫描仪实现 360° 水平防护，该扫描仪的安全保护区域半径为 4m，报警区域为 40m，区域监控数量为 128 个，扫描角度为 270°，安全等级为 SIL2，这些主要参数完全能够满足户外重载 AGV 的机械安全方面要求。户外安全激光扫描仪可通过以太网（UDP 和 TCP/IP）向车辆控制器传输稳定、准确的环境轮廓测量数据。同时能够轻松地应对比如在狭窄部位准确导航或者在宽广的仓库区域内定位，不需要额外的传感器。

**2D LiDAR 传感器**：户外重载 AGV 需要穿越车间出入库卷帘门和户外复杂环境，因此在满足水平方向防护的前提下，立体防护在检测货车、门的开关状态、空中吊物等方面尤为重要，该户外重载 AGV 选择 2 个户外型激光扫描仪 TIM-315，具有 30° ~ 60° 手动可调节的俯视角度并配合 AGV 软件实现立体防护。

**紧急停止按钮**：作为 AGV 异常情况下紧急停止的触发设备，庞大的户外重载 AGV 在紧急停止按钮上的选择也是经过科学的权衡，该 AGV 选择脚踏 / 手拍一体型，其优点是接触面积大、显示醒目、便于操作。

**安全触边**：户外重载 AGV 在水平防护和立体防护的基础上，又额外增加了接触式安全触边设备，主要考虑人员密集型企业的特点，以及工厂人员流动的不确定性和环境的复杂性。最大程度地提高了户外重载 AGV 的安全防护功能。

**（2）软件设计**

借助配置软件 Safety Designer，可以将众多安全产品相互连接，并按照标准对其进行配置。

打开 Safety Designer，创建一个新项目后，需要在配置界面，首先通过拖放操作将“设备目录”中的安全控制模块 FX3-CPU（数量为 1）和 OutdoorScan3（数量为 4）放置到工作台，并通过 EFI-Pro 总线连接。

然后进入 FX3-CPU 设备中，通过拖放操作将 EtherNet/IP 网关模块、IO 模块布署到安全模块系统中，如图 8 所示。

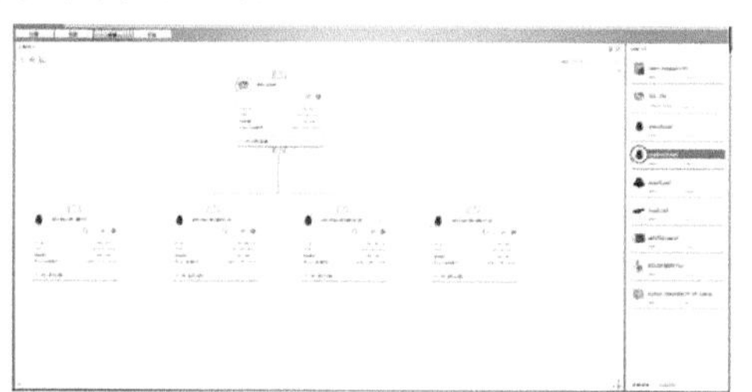

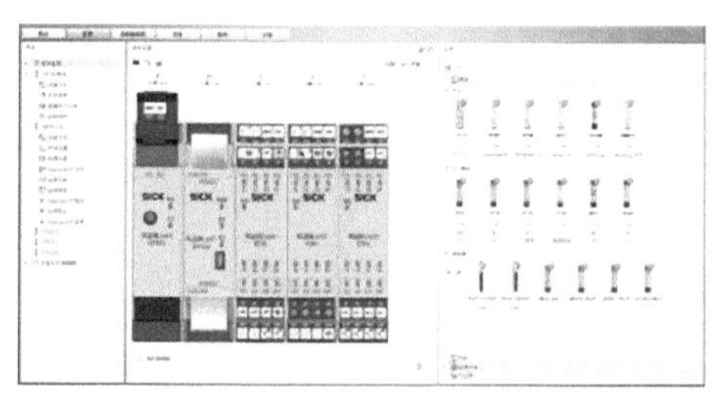

图 8　安全系统网络和硬件架构图

AGV 安全控制器输入输出功能定义见表 2。

**表 2　AGV 安全控制器输入输出功能定义**

| 模块编号 | 输入端 | | 输出端 | |
|---|---|---|---|---|
| | 输入 | 功能 | 输出 | 功能 |
| 第一块 | I1 | 车体紧急停止按钮回路 I | Q1 | 安全辅助继电器 I |
| | I2 | 车体紧急停止按钮回路 II | | |
| | I3 | AGV 的 ALLOK 信号 | Q2 | 安全辅助继电器 II |
| | I4 | 复位按钮 | | |
| | I5 | 前 2D LiDAR 立体防护保护区 | Q3 | 按钮导致的紧急停止信号 |
| | I6 | 后 2D LiDAR 立体防护保护区 | | |
| | I7 | 前 2D LiDAR 立体防护警告区 I | Q4 | 触边导致的紧急停止信号 |
| | I8 | 有线手控盒急停按钮 | | |

（续）

| 模块编号 | 输入端 | | 输出端 | |
|---|---|---|---|---|
| | 输入 | 功能 | 输出 | 功能 |
| 第二块 | I1 | 接触式触边回路 I | Q1 | 总紧急停止输出 |
| | I2 | 接触式触边回路 II | | |
| | I3 | 无线手控盒紧急停止回路 I | Q2 | AGV 停车输出 |
| | I4 | 无线手控盒紧急停止回路 II | | |
| | I5 | 手动 / 自动模式切换 | Q3 | AGV 减速输出 |
| | I6 | AGV 控制器复位 | | |
| | I7 | 后 2D LiDAR 立体防护警告区 I | Q4 | 复位按钮指示灯 |
| | I8 | EDM 外部设备监控 | | |
| 第三块 | I1 | 车体紧急停止按钮回路 I | Q1 | OutdoorScan3 激光扫描仪保护区 |
| | I2 | 车体紧急停止按钮回路 II | | |
| | I3 | AGV 的 ALLOK 信号 | Q2 | 前后立体防护扫描仪保护区 |
| | I4 | 复位按钮 | | |
| | I5 | 前 2D LiDAR 立体防护保护区 | Q3 | |
| | I6 | 后 2D LiDAR 立体防护保护区 | | |
| | I7 | 前 2D LiDAR 立体防护警告区 I | Q4 | 安全设备异常 |
| | I8 | 有线手控盒急停按钮 | | |

进入逻辑编程部分，户外重载 AGV 使用了 4 个功能实现安全防护工作。总紧急停止输出是指 AGV 上任何运动的设备立即停止工作。

**安全紧急停止信号分为光学类安全紧急停止和非光学类紧急停止：**

1）光学类紧急停止信号：OutdoorScan3 的保护区信号、前 2D LiDAR 立体防护保护区、后 2D LiDAR 立体防护保护区。

2）非光学类紧急停止信号：全部按钮类紧急停止信号、AGV 的 AllOK 信号、安全触边信号、自动 / 手动模式切换信号。

**安全逻辑功能：**

1）非光学类紧急停止信号触发，AGV 全部设备进入停止状态。

2）AGV 总紧急停止信号是由光学类紧急停止信号和非光学类紧急停止信号执行“与逻辑”的结果。

3）扫描仪警告区 II 检测到障碍物后，AGV 执行减速行走。

4）扫描仪警告区 I 检测到障碍物后，AGV 执行减速、停车。

5）扫描仪保护区检测到障碍物后，AGV 立即紧急停车，保证 AGV 不能与障碍物发生碰撞。

对于非光学类紧急停止信号，执行“逻辑与”操作，然后输入到“复位”功能块，当非光学类紧急停止信号触发后，AGV 总急停立即输出且 AGV 所有运动设备进入停止状态。当 AGV 专业人员检查和确认 AGV 周边满足安全条件后，手动解除紧急停止设备和按下‘复位按钮’来恢复非光学类紧急停止信号。

急停安全逻辑程序如图 9 所示。

安全激光扫描仪区域切换程序如图 10 所示。

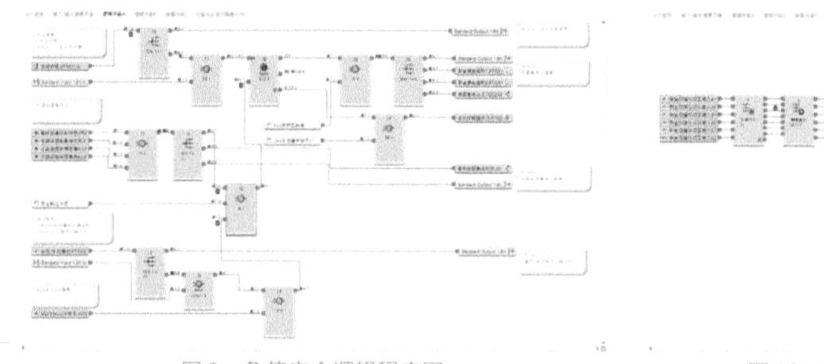

图9　急停安全逻辑程序图

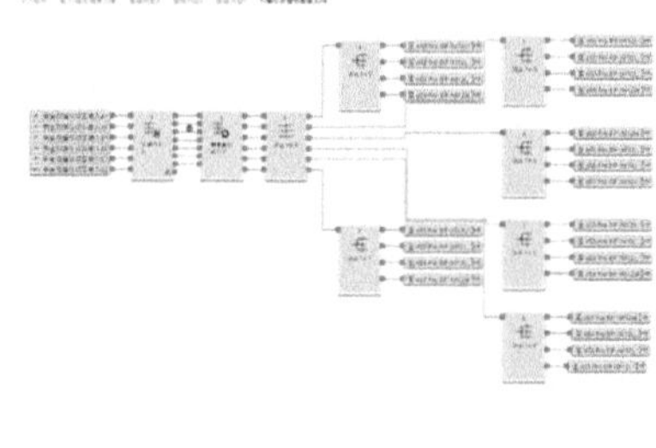

图10　安全激光扫描仪区域切换程序图

对于光学类紧急停止信号中的立体防护功能，AGV 不仅能根据车辆行走的方向开启对应的立体防护，还能根据特定的环境开启或关闭立体防护功能，以保证 AGV 安全、稳定的运行。对于光学类紧急停止信号，执行“逻辑与”操作，然后输入“复位”功能块，当光学类紧急停止触发（扫描仪的保护区触发），AGV 总急停立即输出且 AGV 所有运动设备进入停止状态。当外部触发光学类紧急停止的人或物体移除后，扫描仪的保护区和警告区 I 无任何障碍物，安全逻辑采用延时 10s 后自动复位，AGV 自动恢复正常运行状态。光学安全逻辑程序如图 11 所示。

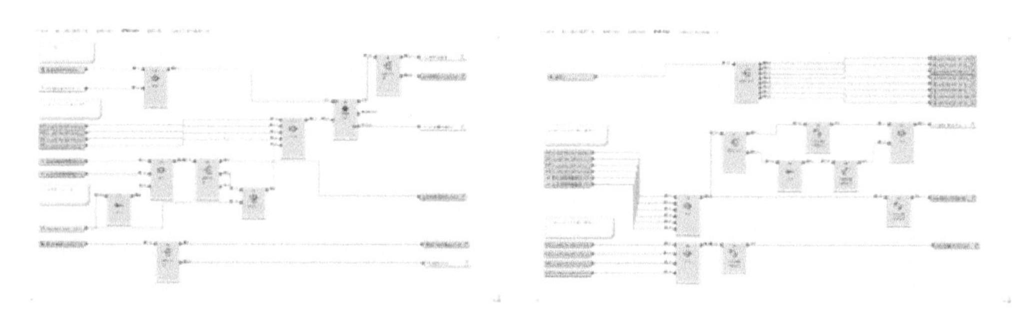

图 11　光学安全逻辑程序图

配置户外安全激光扫描仪 OutdoorScan3 的监控事例中，采用静态控制输入端：Assembly 100，选择所使用的输入端时，根据现场环境并结合 AGV 的综合因素，户外重载 AGV 该配置选择 8 种监控事例。

## 4. 调试验证

AGV 控制器利用 6 个数字输出与安全控制器的 6 个输入端相连接，采用差分信号的形式保证信号准确和稳定。在调试过程中，AGV 控制器切换事例的时间内有多次切换导致安全激光扫描仪产生报警，我们在优化安全控制器的逻辑中，增加了“切换同步”功能块。该功能块是西克专门为安全激光扫描仪切换与其性能匹配所设计。

安全激光扫描仪切换事例采用差分信号接收，对应 AGV 控制器输出点在输出过程中会产生一定的时间差异，偶尔导致安全激光扫描仪偶发报警，进而导致 AGV 异常停车影响工厂生产效率，因此在安全控制器的逻辑中，采用“错误输出组合”功能块，当产生异常情况下，“错误输出组合”将接管 AGV 事例控制，控制安全激光扫描仪切换到最大覆盖范围的事例，保证 AGV 安全防护的同时又减少异常报警，当 AGV 控制器恢复正常输出，则“错误输出组合”功能块将自动释放“接管”功能。

在户外重载 AGV 首次投入运行之前，首先将 AGV 悬空，对保护装置、光电保护装置、安全激光扫描仪进行初步检查，以验证保护装置的正确安装和正确运行，并对此进行记录。当各种测试达到预定标准后，再重复执行落地的各项测试。

另外，定期检查用于根据 AGV 的当前使用情况检查保护装置的有效性。这意味着可以及时地检测和纠正更改或操作。

## 三、运行效果

户外重载 AGV 的安全问题是客户最关心的核心问题，也是 AGV 制造商要持续攻克的关键问题。户外重载 AGV 面对江苏省某市的地理气候条件下，户外安全激光扫描仪 OutdoorScan3 顶住了阳光斜射的干扰、小雨到中雨的洗礼、地面水蒸气产生的雾气的考验、不同频率的振动频率的影响。

## 四、应用体会

目前，在国内存在户外环境的 AGV 项目中很多 AGV 企业都是望而却步，一直困扰着 AGV 行业的主要因素有户外安全解决方案、户外 AGV 结构设计、整车三防方案、整车的稳定性等。

实地调查该智能工厂 AGV 运输线路现场的户外环境和历年气候、AGV 线路阳光照射角度、历年降水量、地面起水雾的概率及是否存在下雪的天气。所搜集到的信息能够在设计阶段指导和优化设计结果，减少计划外的停机时间。

对安全产品进行以流程为导向的直观、逐步配置。四步流程是安全风险评估、安全理念、安全设计、调试验证。在安全系统中选择和信赖 SICK 产品和服务，我们不断地体会到标准化的流程结合西克的结构化的硬件、软件和优异的技术支持，让 AGV 安全系统实现了快速部署、优化纠正、科学有效，最终实现户外 AGV 项目的投入使用。

## 参考文献

[1] 西克传感器 [Z/OL]. product_information_outdoorscan3_safety_laser_scanner_zh_im0088269
operating_instructions_outdoorscan3_ethernet_ip™_zh_im0083472
special_information_safety_beyond_limits_zh_im0087397
https://www.sick.com/cn/zh/
https://www.gmpsp.org.cn/portal/article/index/id/22120/cid/3.html

# SICK S300 安全激光扫描仪和<br>整套 SICK 安全控制方案通过工业移动车辆的安全认证

麦耀林　电气工程师

（深圳优艾智合机器人科技有限公司　机器人设计部）

**[ 摘　要 ]** AGV 的应用不仅要更智能，还要更安全，当人和机器共享工作空间时，安全是首当其冲需要考虑的因素。2020 年发布的 ISO 3691-4 标准，不仅定义了 AGV 安全功能的要求，规定了如何对 AGV 的自动化功能进行验证，并且给出了 AGV 车辆监控功能、各种操作模式和制动控制所需的性能水平，因此它对于 AGV 的制造商和最终用户而言都非常重要。我们应用 SICK 专业安全解决方案为 AGV 安全高效运输保驾护航，配备 SICK S300 安全激光扫描仪 /Flexi Soft 安全控制器后，新标准中更具挑战性的 Control System（控制系统）安全功能得以实现，并使 AGV 轻松达到 CE 要求。

**[ 关键词 ]** 安全激光扫描仪、安全控制器、通过 EFI 实现安全的 SICK 设备通信等

## 一、项目简介

国内 PCB 行业头部企业 x 公司拥有 PCB 全制程生产能力，是一家专注于半导体显示领域的创新型科技企业。作为全球半导体显示龙头企业之一，公司产品广泛应用于工业控制、医疗电子、汽车电子、通信设备、照明及音频、EMS 等多个领域，销售区域涵盖欧洲、美洲及东南亚等多个国家及地区。

我们项目中 AGV 的应用具体为 class 面板搬运，S300 安全激光扫描仪的应用有效地消除了 AGV 在其路径中与物体或人员发生碰撞的风险，AGV 小车和工作路径如图 1 所示。

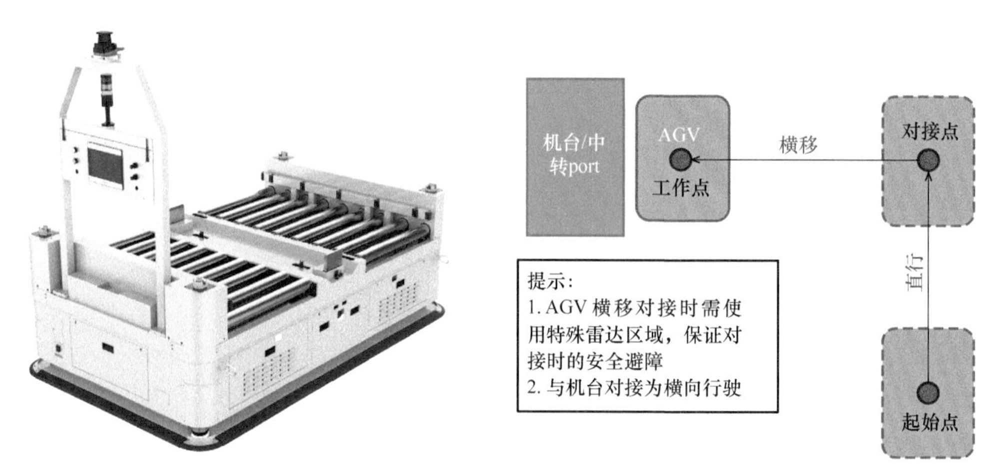


图 1　AGV 小车和工作路径

使用整套的 SICK 专业安全解决方案（见图 2），安全控制器和工控机通过 Canopen 通信模块交互普通信号，与 S300 雷达通过 EFI 通信；具体数量为 Flexi Soft 安全控制器 1 台，can 网关 FX0-GCAN00000 1 个，MOCO 模块 FX3-MOCO00000 1 个，S30B-3011CA 安全激光雷达 2 个。

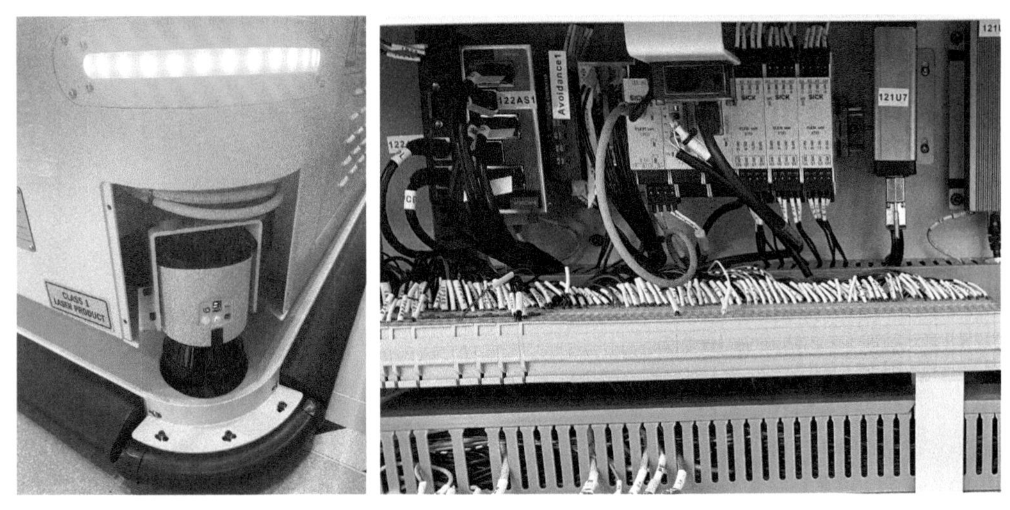


图 2　SICK 专业安全解决方案

该方案的应用相对成熟，有效地缩短了我们的认证进度和现场测试时间，使得客户的正式量产也得以提前。

## 二、系统结构介绍

**运动控制：**上位系统 + 低压伺服，实现 AGV 的平行和横行移动。

**安全控制：**SICK 整套安全控制系统，安全控制器 + 安全编码器 +S300 安全激光扫描仪，保障 AGV 的安全运行。

**精定位对接：**上位系统 + 精定位对接传感器，实现 AGV 与料台对接。系统结构如图 3 所示。

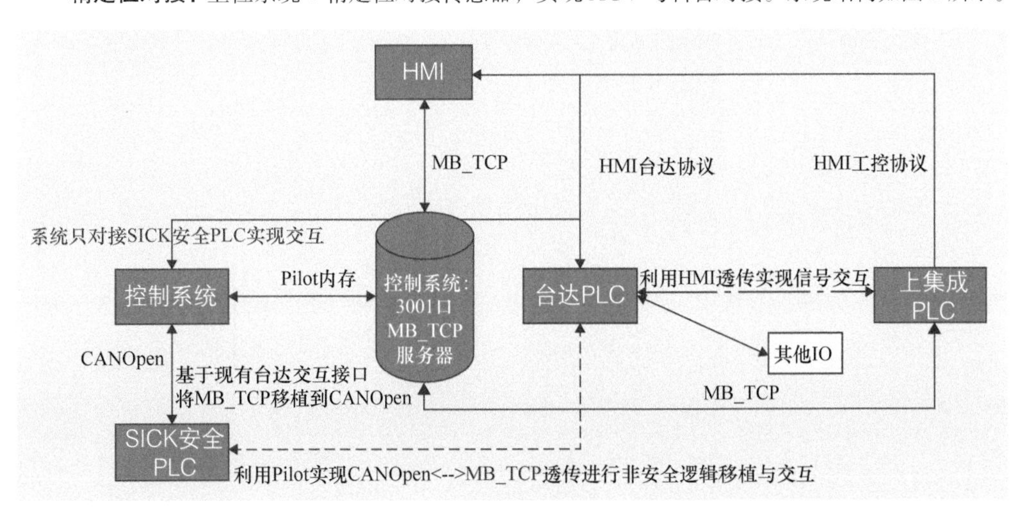


图 3　系统结构

生产模拟调测如图 4 所示。

图 4　生产模拟调测

## 三、功能与实现

该项目 AGV 使用的 SICK S300 雷达型号为 S30B-3011CA，该雷达型号最多能绘制 4 组区域，添加 4 组事例。所以我们的机器人在各种情况的避障需求都是围绕这 4 组区域，通过我们以前的雷达的避障逻辑映射到这 4 组区域上，映射对照表见表 1。

表 1　映射对照表

| # | | | 对应的 S300 区域 |
|---|---|---|---|
| 1 | 非常小 | 后退、充电、关闭 | 1 |
| 2 | 小 | 速度区域 1，低速（线速度） | 1 |
| 3 | 中 | 速度区域 1，中速（线速度） | 2 |
| 4 | 大 | 速度区域 1，高速（线速度） | 2 |
| 5 | 小 | 速度区域 1，旋转（线速度 <0.04 & 角速度 >0.09） | 1 |
| 6 | 小 | 速度区域 2，低速 | 1 |
| 7 | 中 | 速度区域 2，中速 | 2 |
| 8 | 大 | 速度区域 2，高速 | 2 |
| 9 | 小 | 速度区域 2，旋转（线速度 <0.04 & 角速度 >0.09） | 1 |
| 10 | 根据需求自定义 | 路径区域 1，通过路径参数激活 | 3 |
| 11 | 根据需求自定义 | 路径区域 2，通过路径参数激活 | 4 |
| 12 | 根据需求自定义 | 路径区域 3，通过路径参数激活 | 1 |
| 13 | 根据需求自定义 | 特殊区域 1，通过 modbus 寄存器激活 | 3 |
| 14 | 根据需求自定义 | 特殊区域 2，通过 modbus 寄存器激活 | 4 |
| 15 | 根据需求自定义 | 特殊区域 3，通过 modbus 寄存器激活 | 1 |
| 16 | 小 | 动态绕障时使用 | 1 |

1）优先级。特殊区域 > 路径区域 > 速度区域。

2）每种区域内，各种编号是互斥的。如：不会同时触发“特殊区域 3”和“特殊区域 4”。

3）多种区域同时触发时，按照优先级处理。如：“特殊区域”和“路径区域”同时触发，只有“特殊区域”生效。

## 1. 分辨率配置

注意调整分辨率后，会影响保护区域的检测距离。不影响警告区域的距离。30mm 对应 1.25m、40mm 对应 1.6m、50mm 对应 2.1m、70mm、150mm 对应 3m。分辨率配置如图 5 所示。

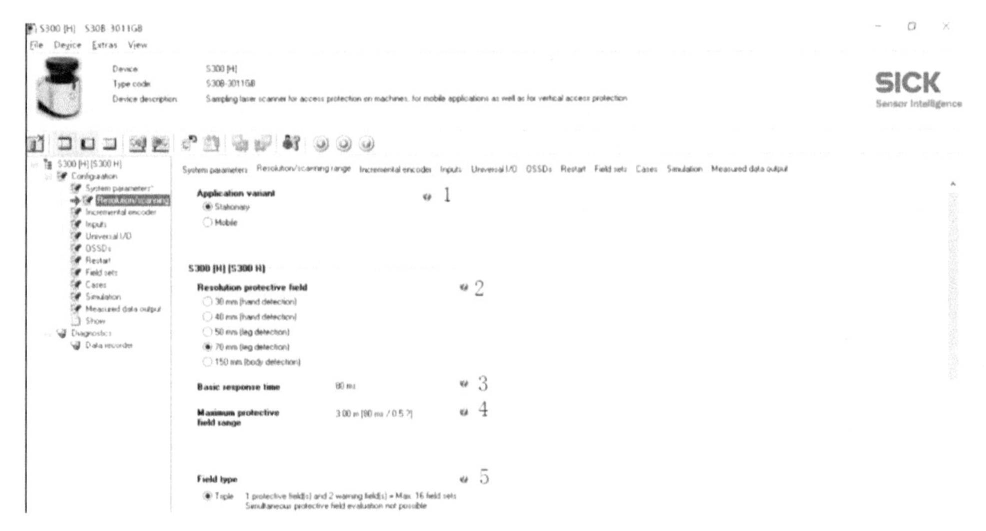


图 5　分辨率配置

1）需要选择静态防护还是动态防护。

2）分辨率调整后，分别设置为手部防护、腿部防护、身体防护和通道防护。

## 2. 输入通道

1）输入通道通过勾选后，我们按照互补的方式进行切换 case，如图 6 所示。

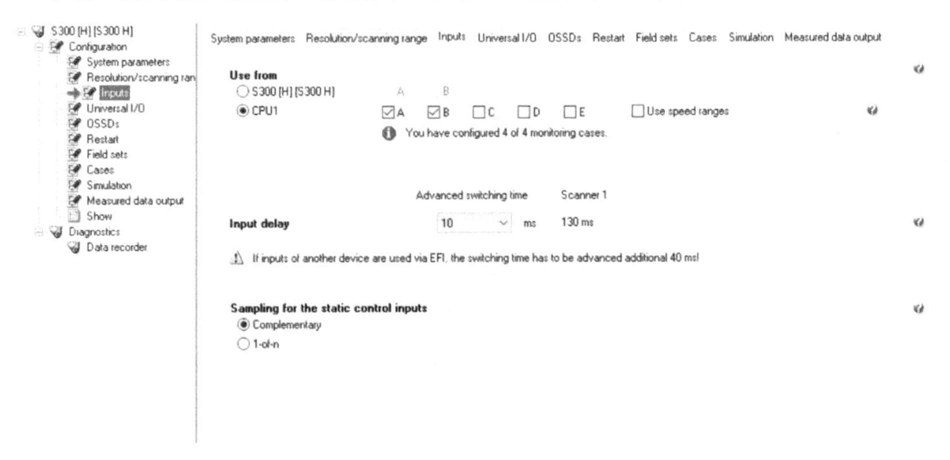


图 6　输入通道勾选

2）切换 case 的时间，时间太短可能在一些应用场合上识别不出，我们是通过 EFI 实现安全的 SICK 设备通信，所以做了额外延长 40ms。

### 3. 输入输出引脚配置

在这里配置输入输出需要的引脚，如图 7 所示，复位配置了 Pin6 引脚，警告区域 1，警告区域同时配置了 Pin14，如果警告区域 1 或者警告区域 2 有物体闯 入，则 Pin14 就会输出低电平，引脚可以根据我们的需要分配，方便了我们的运用。

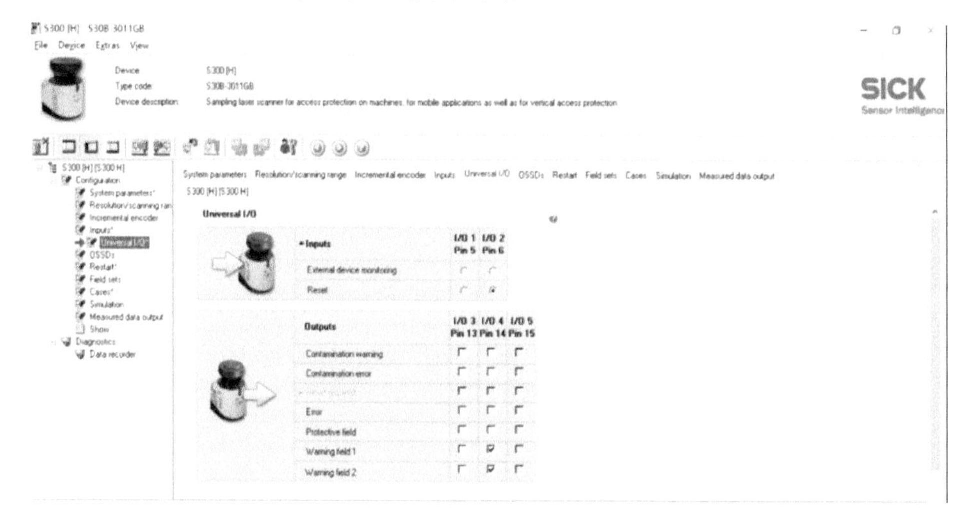


图 7　输入输出引脚配置

### 4. 画图配置（见图 8）

在画图时应尽量遵循这个原则：The protective field should be as small as possible but as large as necessary（保护区域应尽可能地小，但必须画得不能有盲区）。

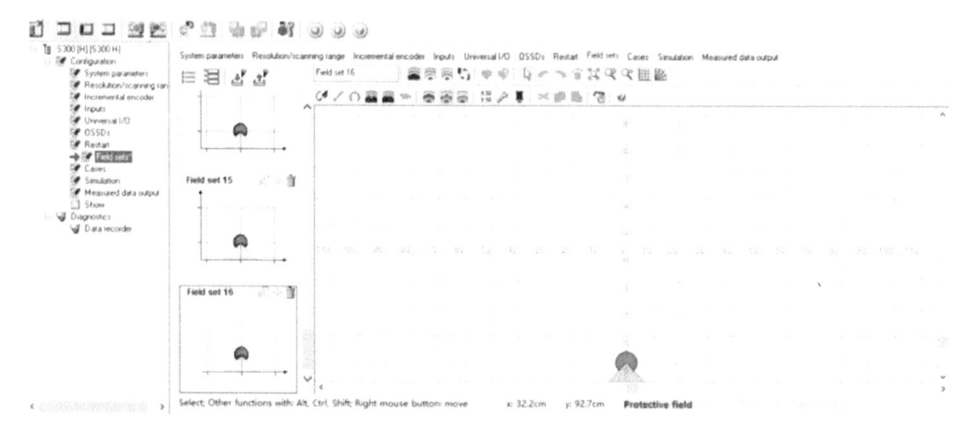


图 8　画图配置

S300-3011CA 最多可以建立 4 个 field set。每个 field set 里都包含了 3 个区域：1 个保护区域和 2 个警告区域。单击图标，当图标的轮廓是灰色的时候，表明已选定。

## 四、运行效果（见图 9）

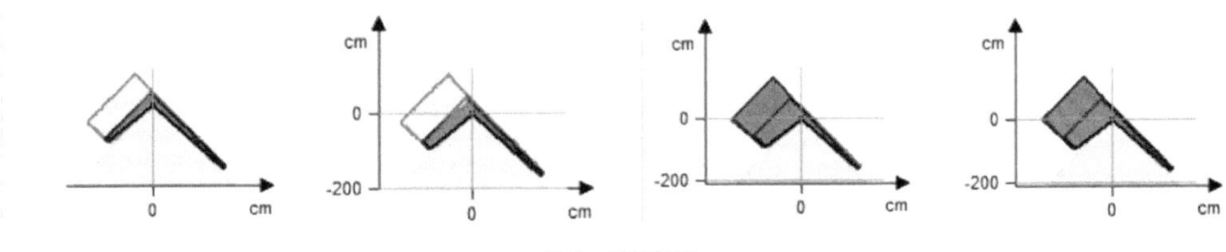


图 9　运行效果

1）以上为 S300 安全激光扫描仪的 4 组区域情况。

2）设备正常投产的运行效率统计，统计周期内的设备运行良好。AGV 在线运行数据统计见表 2。

表 2　AGV 在线运行数据统计表

| 时间 | 类型 | AGV 编号 | 在线时间 /h | 异常状态时间 /h | 执行任务数量 | 对接机台设备失败次数 | 对接成功率 | 总运行时间 |
|---|---|---|---|---|---|---|---|---|
| 2023/1/23-2023/1/29 | 滚筒 AGV | 1 | | | | | | 2184 |
| | | 2 | 168 | | 454 | | 100.00% | |
| | | 3 | | | | | | |
| | | 4 | | | | | | |
| | | 5 | 168 | | 452 | | 100.00% | |
| | | 6 | 168 | | 458 | | 100.00% | |
| | | 7 | | | | | | |
| | | 8 | 168 | | 494 | | 100.00% | |
| | | 9 | 168 | | 427 | | 100.00% | |
| | | 10 | 168 | | 454 | | 100.00% | |
| | | 11 | 168 | | 476 | | 100.00% | |
| | | 12 | 168 | | 435 | | 100.00% | |
| | | 13 | | | | | | |
| | | 14 | 168 | | 406 | | 100.00% | |
| | | 15 | 168 | | 281 | | 100.00% | |
| | | 16 | 168 | | 482 | | 100.00% | |
| | | 17 | | | | | | |
| | | 18 | 168 | | 490 | | 100.00% | |
| | | 19 | 168 | | 0 | | 0 | |
| | | 20 | | | | | | |

3）AGV 带载情景运行模拟（见图 10）。

图 10　AGV 带载情景运行模拟

## 五、应用体会

S300 安全激光传感器可以轻松地集成到大型自动导航车中，配合成套的 SICK 安全方案，在工业移动机器人的 3691-4 安全认证方面，极大地为我们降低了认证的难度，缩短了认证周期。同时，这款传感器集成了 EFI 接口，扩展了这款传感器与 SICK 安全控制器的协同工作能力，通过运用 EFI 通信，SICK 安全控制器可实现简单模块化扩展，减少了安全控制器 IO 模块的应用，优化了布线工艺和空间布局。

## 参考文献

[1] Safescan3 中文调试指南 [E].
[2] Flexi Soft 安全 PLC 简易调试指南 [E].

# 西克 SafeScan3 扫描仪在移动机器人防撞和自然轮廓导航的应用

朱萌　褚宇纬
（上海信索电子有限公司　产品部）

[ 摘　要 ] 随着经济的发展，制造业一直面临着劳动力成本迅速攀升、产能过剩、竞争激烈、客户个性化需求日益增长等问题。这促使企业快速地推进智能设备开发的步伐。在制造业数字化和智能化的革新浪潮中，移动机器人技术日益成熟，在工业生产领域的应用越来越广阔，其市场空间也将进一步扩大。

[ 关 键 词 ] 扫描仪、422 输出、轮廓扫描、点云数据

## 一、项目介绍

1）某公司是全球智能移动机器人领域先行公司之一，在中国工业物流自然导航 AMR 市场占有率位居首位（睿工业 2020 ~ 2021 年度市场研究数据）。公司面向制造业提供物流自动化、数字化与智能化产品，帮助企业提高生产、流通资源的配置效率，提升综合运行效率和效益。

2）利用 S30B-3011GBS05 的 422 数据量输出，自己研发转换模块，实现 422 与以太网的转换，实现数据传输的流畅；并且通过算法的修正，改善了 S30B-3011GBS05 原本精度不够的问题，使其达到主导航基本的精度要求；通过 S30B-3011GBS05 自带的安全属性，充分利用其安全区域，实现导航与防撞结合。

3）产品信息见下表。

| 型号 | 数量 | 类型 | 介绍 |
|---|---|---|---|
| S30B-3011GBS05 | 4 | 类型 3（IEC 61496） | |
| 自研模块 | | | 实现 422 与以太网的转换，实现数据传输的流畅 |

## 二、系统结构介绍

1）AGV 小车前端使用 S30B-3011GBS05 进行导航与防撞，后端使用 TIM240 系列产品进行防撞，实现以前进为主要目的的运行。

2）我们使用安全 PLC 进行安全控制，MOC 模块进行运动控制。

## 三、功能与实现

某公司通过自身的研究，用算法处理 S30B-3011GBS05 本身的点云数据，改善了该产品的导航精度，以满足 AGV 小车行驶中基本的需求。

## 四、运行效果（见下图）

## 五、应用体会

1）SafeScan3 模块化的系统插头，减少维护 / 维修成本，产品具有较高抗环境光干扰和粉尘污染的能力，有效地保证产品安全高效的运行，减少不必要的误停机。

2）同时可搭配西克安全 PLC Flexisoft，通过 EFI 安全通信接口，实现系统诊断，调试共用一个软件平台，极大地节省了接线和调试时间，兼顾了自动化生产的安全性和效率性。

3）针对 AGV 小车的应用，产品具有低功耗、体积小巧、持续稳定等优势，并且可直接识别增量型编码器型号输入，可通过速度来切换相应的安全保护区域，始终为安全生产保驾护航。

## 参考文献

[1] 西克传感器 [Z/OL]. dataSheet_S30B-3011GB_1057641_zh
[2] 西克传感器 [Z/OL]. operating_instructions_s300_safety_laser_scanner_zh_im0048963
[3] 西克传感器 [Z/OL]. technical_information_s3000_expert_anti_collision_s300_expert_de_en_im0022891

## ◆ 系统解决方案

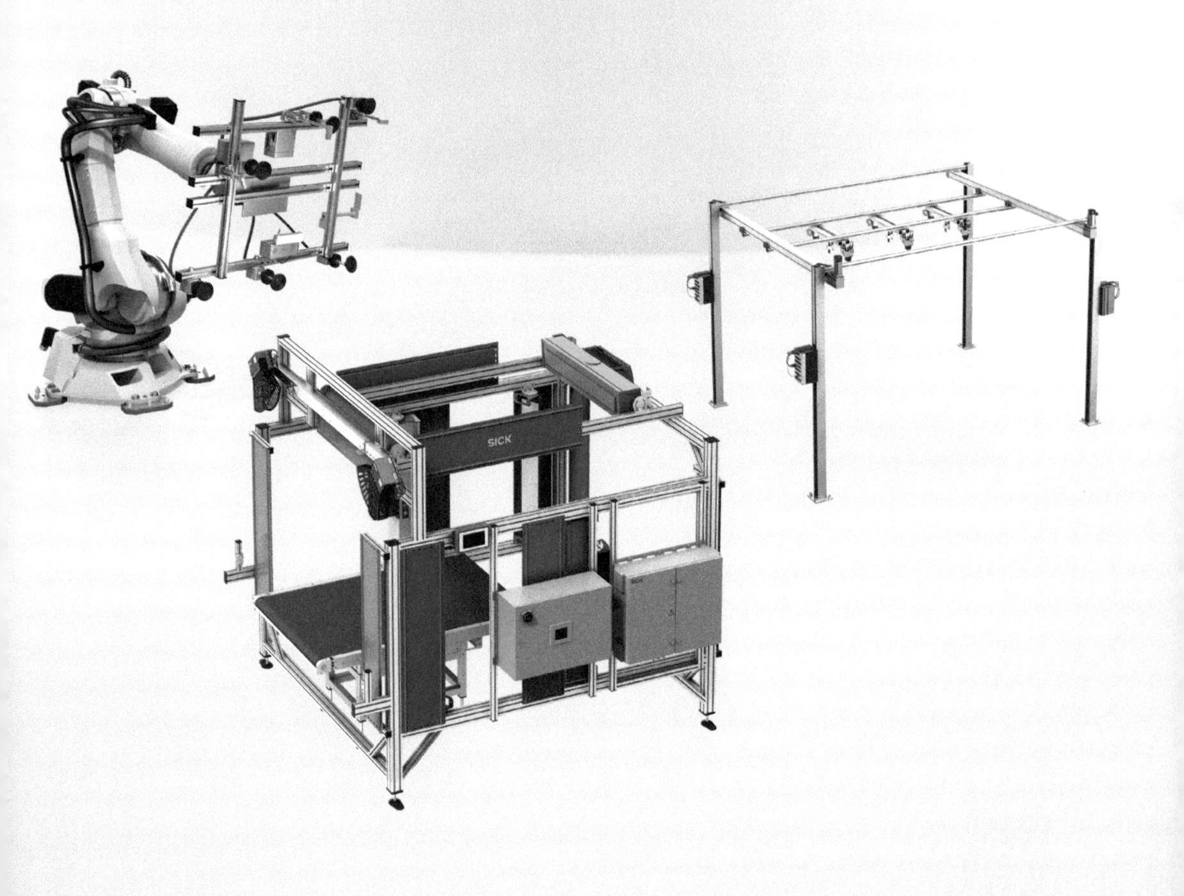

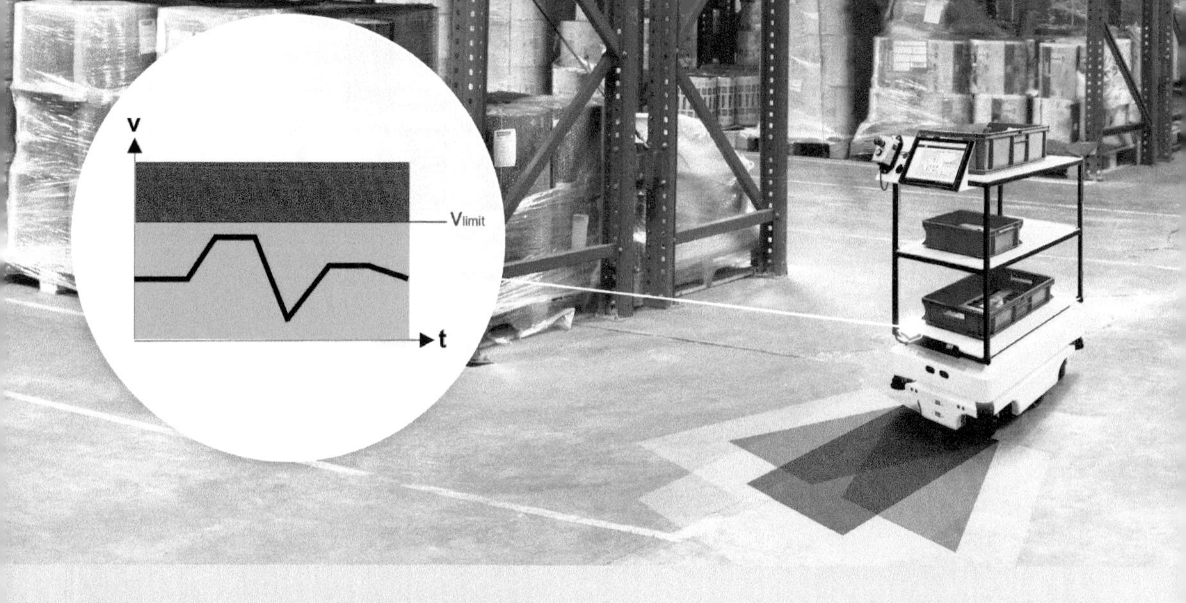
v
$V_{limit}$
t

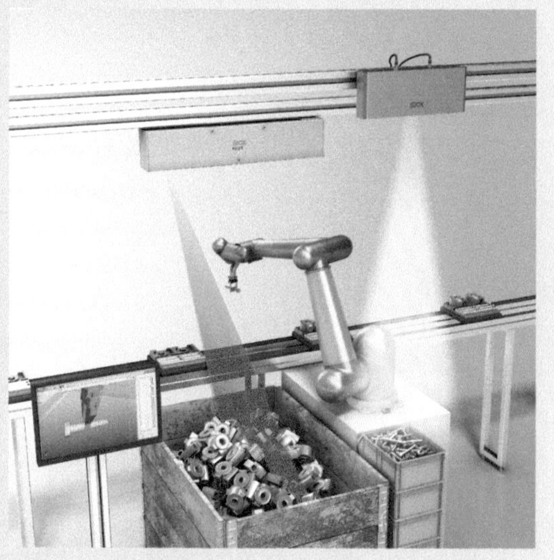

L 02
12823748
AH34G

# 通过西克 PLB100 3D 相机
# 进行风力机变桨轴承螺栓安装和拧紧项目改造

赵洪庆　技术总监
（北京博联众睿机器人科技有限公司　技术部）

[ 摘　要 ] 在工厂自动化程度越来越高的今天，各个行业自动化的应用进一步得到普及，在一些重工业制造行业，不仅企业在追求高度的自动化，而且对安全防护也提出了新的需求。本项目是风电行业龙头企业的智能化升级项目，通过六轴工业机器人配合 3D 视觉相机以及各类传感器对风力发电的核心零部件进行近 400 颗螺栓的智能化拧紧。

[ 关键词 ] 3D 结构光相机、激光雷达、智能制造、工业机器人

## 一、项目简介

1）应用（项目）所在地，项目所在公司简介，公司行业背景简介。

**所在地：**盐城市射阳县。

**项目所在公司简介：**北京博联众睿机器人科技有限公司是一家集工业机器人研发、系统集成、销售、服务于一体的高科技公司，致力于智能工业机器人自主机加工、精密装配、视觉系统、工业机器人校准等核心技术研发，延承德国 Fraunhofer 研究所优势技术，结合自身持续研发能力，致力于成为中国制造 2025 的领航企业。主创团队主要来自于柏林工业大学和德国博世集团，已与华中科技大学图像识别与人工智能研究所、北京电子科技职业学院等高校院所达成深度人才培养合作，并与戴姆勒 - 奔驰为代表的多家德国企业已达成战略合作伙伴关系，为工厂提供工业升级的“标准化 + 定制化”智能解决方案。

**公司行业背景简介：**机器人集成非标线体，根据客户的需求，选用不同的工业机器人搭配传感器、相机、工装、夹爪等硬件，组合起来后配合自研的软件来满足项目需求。

2）应用（项目）的简要工艺介绍。

3D 相机识别螺母（XYZ，ABC）——机器人精准定位并移动——套入螺母——控制拧紧枪预紧 400N · m，终紧 120° 作业——返回原位，重复第一动作，直至完成轮毂所有螺栓紧固作业。

3）应用（项目）中使用的西克工业产品的型号、数量、类型，具体应用介绍等信息。

S32B-3011BA，2 个；雷达，在远景轴承螺栓拧紧项目上，我们使用该雷达的目的是为了保护项目人员和设备的安全，通过激光扫描的形式判断人员作业的距离是否安全。

3D 机构光相机（PLB100-IS），2 个；装于机器人手臂末端，通过 3D 相机识别螺栓特征，并通过手眼算法，计算螺栓相对机器人的位置坐标；发送给机器人，以引导机器人的螺栓定位。

4）照片：能整体反映生产情况，或公司总貌，如图 1 所示。

图 1　生产情况、公司总貌

## 二、系统结构介绍

系统中使用的主要控制器、驱动器、各类传感器、其他仪器仪表等。

1）主要控制器：3D 机构光相机（PLB100-IS）；

2）驱动器：无；

3）各类传感器：光栅（M40E-082200RR0）、接近传感器（IME18）；

4）其他仪器仪表：安全锁（I10）。

项目主要工作原理图，如图 2 所示。

实际应用情况如图 3 所示。

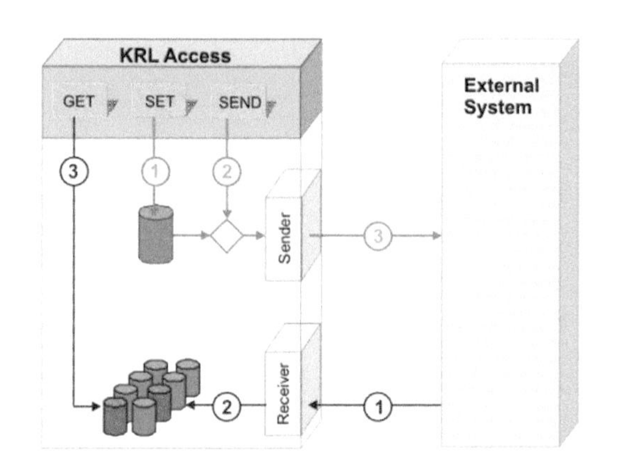


图 2　工作原理图

图 3　实际应用情况

## 三、功能与实现

1）3D 相机：通过相机对工件进行拍照、检测、定位螺栓位置；
2）激光传感器：判断人员范围区域，是否有遮挡；
3）接近传感器：检测液压顶升装置的位置信号；
4）光栅：人员安全的保护；
5）安全门锁：人员安全的保护。

本项目使用的 3D 相机的工作距离为 400~700mm，为了增加相机对工件的识别效率和准确度，根据相机位置调整了光源的照射角度，消除了外部光源对相机识别工件过程中的影响。由于工件的特征不明显，我们还调整了相机识别过程中的重要参数，增强景深效果等。

库卡 KRL 通信系统和 3D 相机的通信系统连接也是难点之一，互相之间传递的参数受多种情况的影响，为了达到最佳的识别效果，需多次调试挑选最合适的方式。

PLB100 软件的参数非常多，且功能和相互关联性复杂，需要通过设置各种参数来增加相机识别工件的有效特征，熟练掌握这款调试软件是实现各种功能的重点。安全门锁和接近开关如图 4 所示。

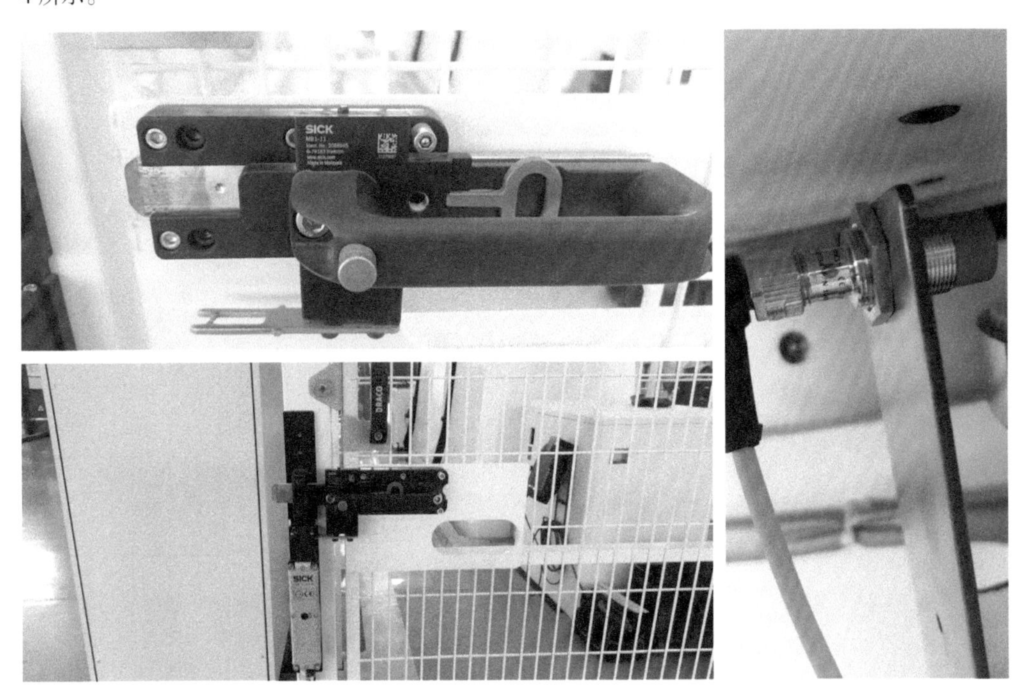


图 4　安全门锁和接近开关

## 四、运行效果

目前，本项目从客户在现场使用至今，已正常运行两年有余，设备正常稳定，未出现影响生产的故障，各项性能指标均符合客户的要求，客户各部门人员对本项目非常满意。相机读取的坐标系和读取工件效果图如图 5 所示。

| 螺栓 2 号重复拍照 | PLB_OFFSET 补偿 | | | | | |
|---|---|---|---|---|---|---|
| 0 | X | Y | Z | A | B | C |
| 1 | 0.039 | 0.58 | 1.2 | | 2.09 | 2.2969 |
| 2 | 0.053 | 0.717 | 1.3 | | 1.56 | 1.488 |
| 3 | -0.0085 | 1.09 | 1.42 | | 0.97 | 0.104 |
| 4 | 0.0181 | 0.7397 | 1.29 | | 1.913 | 1.38 |
| 5 | 0.167 | 0.702 | 1.159 | | 2.99 | 1.585032 |
| 6 | 0.0211907 | 0.750634 | 1.33298 | | 0.7000918 | 1.4762032 |
| 7 | 0.1417 | 0.6246711 | 1.20719 | | 2.14763761 | 1.7412 |
| 8 | 0.066589 | 0.668393 | 1.26419 | | 1.42452 | 1.713616 |
| 9 | -0.00278 | 0.67342 | 1.2006 | | 1.8200469 | 1.70853531 |
| 10 | 0.0278 | 0.84464 | 1.234 | | 1.616863 | 1.23167956 |
| 11 | 0.0213 | 0.997 | 1.2757 | | 1.232914 | 0.53544557 |
| 12 | 0.07196 | 0.9267 | 1.2074 | | 1.58213 | 0.92564153 |
| 13 | 0.025269 | 0.78254 | 1.163 | | 1.84368 | 1.2658643 |
| 14 | 0.004493 | 0.59296 | 1.220092 | | 1.1362 | 2.13644 |
| 15 | 0.01359 | 0.646386 | 1.2011 | | 1.297448 | 1.89809 |
| 16 | 0.04124 | 0.8888322 | 1.175 | | 1.50599 | 1.064 |
| 17 | 0.07267 | 0.9372 | 1.1475 | | 1.57764 | 0.906 |
| 18 | 0.0242 | 0.06695 | 1.0917 | | 1.76607 | 1.77466 |
| 19 | 0.00621 | 0.9629 | 1.124 | | 1.782 | 0.782792 |
| 20 | 0.034053 | 0.558973 | 1.0008 | | 2.291 | 2.194 |

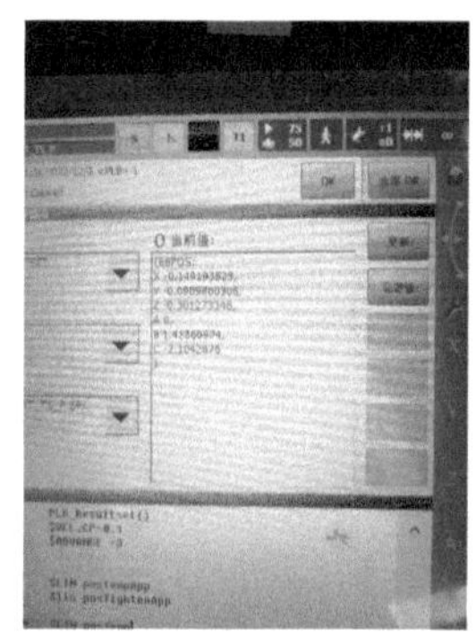

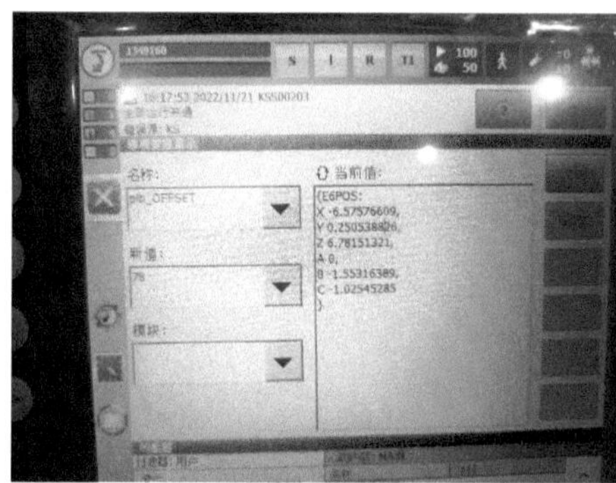


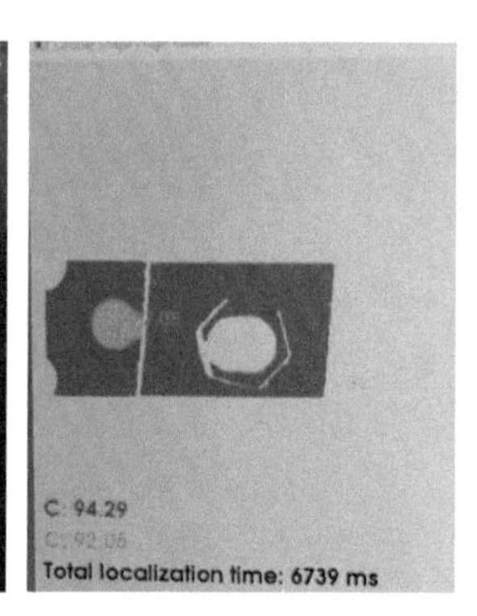


图 5　相机读取的坐标系和读取工件效果图

## 五、应用体会

1）总结西克传感器产品的特点、经验以及带来的各种收益。

西克 3D 相机的定位精度精准，满足项目工艺的要求，相机硬件运行稳定，软件兼容性强，极大地简化了项目设计的难度。

西克光栅、雷达、接近开关运行稳定，安全可靠，对设备和人员起到了极大的保护作用。

2）如果熟悉其他品牌的相应产品，可以与西克的产品进行比较，提出建议。

基恩士 3D 相机相比较西克 3D 相机，在软件操作上更便于操作人员学习，界面更加简洁和人性化，操作流程更符合操作人员的习惯。

3）如果西克产品用于数字化系统，可以与原有技术进行对比性能、易用性、效率等方面。

西克 3D 相机相较于本项目原计划的 2D 相机多一维高度，提高了项目工艺精度，实现了便捷、高效率的作业方式。

# 机场行李处理系统中视觉识别的应用

郑衡　高级方案顾问

（范德兰德物流自动化系统（上海）有限公司　销售工程部）

[ 摘　要 ] 本文介绍了 SICK 视觉识别解决方案在某国际枢纽机场行李处理系统中的应用。针对该洲际枢纽机场高比例中转行李伴生的行李标签状态不佳（褶皱、污损、遮盖），单一激光扫描识别模式无法保证识读设计要求的技术挑战，通过在激光扫描读码基础上增加相机拍摄识别，辅以视频编码（Video Coding）及光学字符识别（OCR）功能，有效地提升了读码率；为行李高层控制系统匹配稳定的接口，为操作终端提供便捷灵活的界面，助力行李处理系统更充分地发挥整体系统效能，展现服务价值。

[ 关键词 ] 机场行李处理系统、识别、VCS、OCR、读码率

## 一、应用简介

### 1. 应用项目背景

项目应用的机场是于 2018 年 10 月 29 日投入运营的大型洲际航空枢纽。机场拥有面积高达 $144\times10^4\mathrm{m}^2$ 的世界最大单体航站楼，设计年旅客吞吐量达到 9000 万人次，其中中转旅客比例可达 65%。相应的旅客行李处理的规模与特征非常显著：高峰小时离港行李设计处理量 28880 件 /h，中转行李占比高达 68%。

中转行李在错运行李中的占比很大。国际航空电信协会（Scoiety International de Telecommunic Atioan，SITA）的统计显示，2021 年中转延误占错运行李总量的 41%，2020 年这一数据是 37%，均为当年错运行李发生的首要原因。行李错运将导致旅客无法在到港机场顺利提取行李，严重影响旅客满意度及机场、航空公司的品牌声誉。

中转行李进入行李处理系统前通常已经经历了始发机场的输送与分拣，甚至会在不同的机场和飞机之间经历长途旅行，行李标签极有可能在过程中弯折、污损（见图 1），可读性降低，目前行李处理系统中普遍采用的基于一维条码激光扫描的读码设备识读效果低于设计要求，进而为后续行李处理埋下隐患。

图 1　不良行李标签示例（褶皱、阴影、遮盖、缠绕、破损、缺失等）

## 2. 应用场景简介

布署于机场航站楼内的行李处理系统从功能上大致可划分为离港行李处理和到港行李处理两部分：离港行李处理自旅客在值机柜台交付托运行李开始，在高层控制系统的调度与监控下，正确执行并完成系统中的所有输送路径选择与过程检测，最终被分拣至位于系统末端的目的地滑槽 / 转盘后再集中装运至离港航班；到港行李由行李拖车运送至航站楼行李房内的到港行李输送线，并通过输送线送出至行李提取大厅内的行李转盘供旅客提取。机场行李输送分布如图 2 所示。

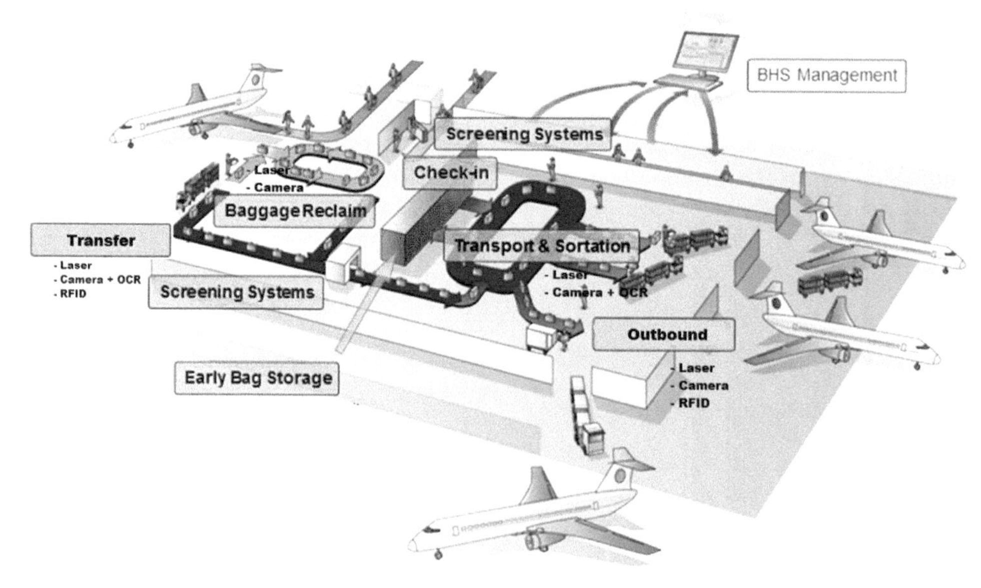


图 2　机场行李输送分布

处理量与时效都必须完全满足机场需求的行李处理系统，依靠人工来保证过程质量是不现实的，技术先进、性能卓越、运行可靠的自动化解决方案才是必由之路。高速、准确、稳定、可靠的行李识别是解决方案的重要组成和关键环节。

本项目应用案例中，离港行李处理系统行李装载站入口端布署自动读码站（见图 3），帮助实现对行李后续输送的跟踪，保证行李正确可靠地装载至托盘小车。到港行李处理部分，在连接行李提取转盘的到港卸载输送线上布署自动读码站（见图 4），帮助执行海关检查、检验和检疫等任务。同时，这些识别应用也遵循并落实国际航空运输协会 IATA 753 号决议内容，实现对行李处理流程的追踪。

图 3　行李装载站入口端布署自动读码站

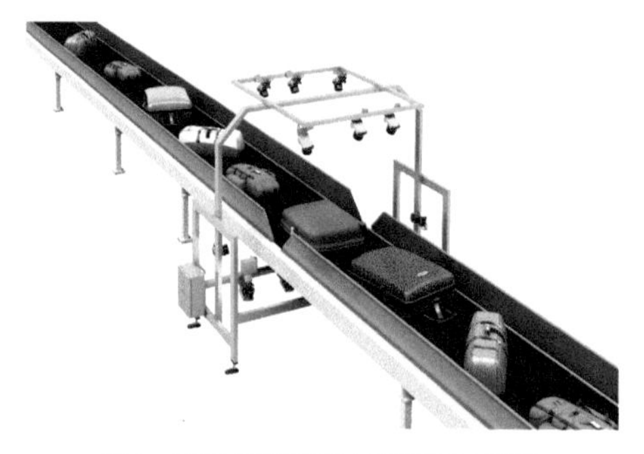

图 4　到港卸载输送线上布署自动读码站

### 3. 应用中使用的识别设备

本项目应用中使用的识别设备为 SICK ALIS（Airport Luggage Identification System）系列产品。

离港行李系统采用 16 台套 SICK ALIS 360° 激光扫描结合矩阵相机的自动读码站，如图 5 所示。

图 5　SICK ALIS 360°激光扫描结合矩阵相机的自动读码站

具体配置如下：

• 6 台 CLV 691-0000 型激光扫描仪；

• 6 台 Lector 654 型矩阵相机，配置白色光照明灯和镜头；

• 1 台 MSC 800 控制器 /SIM 2000 控制器；

• 1 Gbit 交换机及用于 OCR 功能的交换机。

到港行李系统采用 36 台套 SICK ALIS 270° 视觉识别系统（每套系统有 8 台矩阵相机），包括 OCR 及 PrimeVision 视频编码软件。SICK ALIS 270° 矩阵相机自动读码站如图 6 所示。

具体配置如下：

• 8 台 Lector 654 型矩阵相机，配置白色光照明和镜头；

• 1 个 MSC 800 控制器 /SIM 2000 控制器；

• 1 个 Gbit 交换机和用于 OCR 功能的交换机。

机场航站楼如图 7 所示。

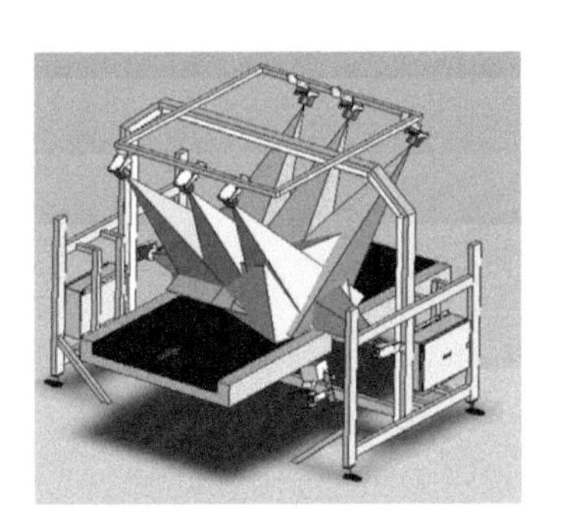

图 6　SICK ALIS 270°矩阵相机自动读码站

图 7　机场航站楼

## 二、系统结构介绍

### 1. 系统构成

系统主要由控制器、驱动器、各类传感器和其他仪器仪表等构成。

**(1) 基于激光 CLV 690 自动对焦条形码扫描仪（见图 8）**

CLV 690 条形码扫描仪集成了实时解码、实时自动对焦功能，具有极高的景深、低功耗（15W）和同类产品中最小巧的封装。当特定应用需要配置一个以上的扫描仪，SICK 可提供 OMNI Portal 系统（OPS），对 CLV 690 条形码扫描仪的数量和位置实施组态优化，以精准适配应用需求。SICK OPS 在全球范围内的应用案例超过 2000 个，应用可靠，投资性价比高。

（2）SICK Lector 654 相机（见图 9）

SICK Lector 654 相机具备高分辨率和大景深，卓越的图像质量、高速处理性能和完全集成的模块化设计使其适用于机场行李处理系统的各种任务场景：从单独的读码站到带式输送机，从托盘分拣机到高速分拣小车系统。

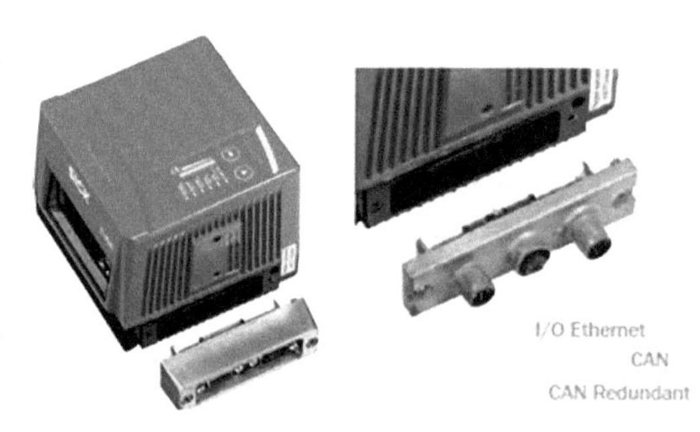


图 8　CLV 690 条形码扫描仪

由 SICK Lector 654 相机构成的 SICK ALIS Vision 系统，即使在条形码损坏和脏污以及将图像用于图像任务时，该相机也能实现理想的读取性能。对于缺少行李来源报文的情况，可以结合视频编码或光学文字识别（OCR）读取行李标签上的分拣数据，同时提高了分拣率并优化了运输时间。借助 SICK 的智能网络方案，可以将图像系统集成至现有的激光系统。同样，可以与其他技术组合使用。行李处理系统采用 SICK Lector 654 相机组成的高速多面扫描阵列，应对系统设计与实际运行中的各种严苛的行李对象识别要求。

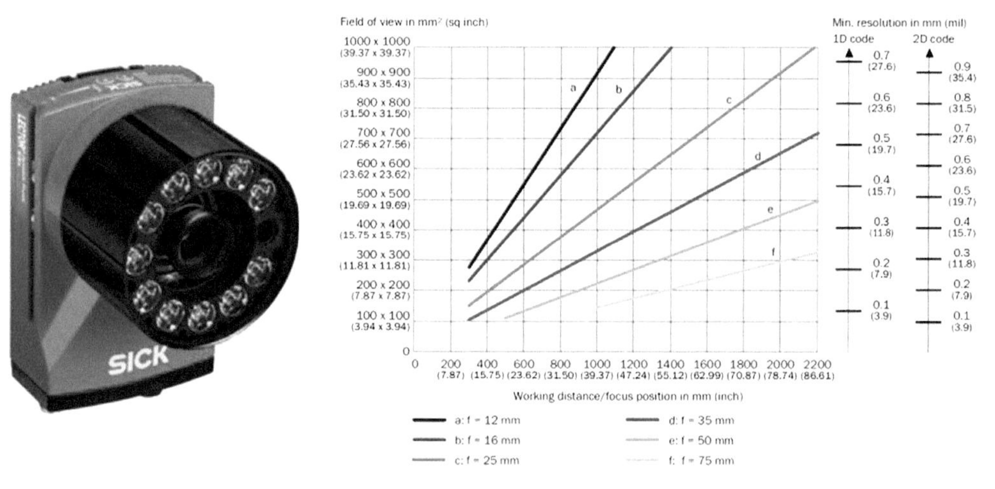


图 9　SICK Lector 654 相机

（3）MSC 800 模块化系统控制器（见图 10）

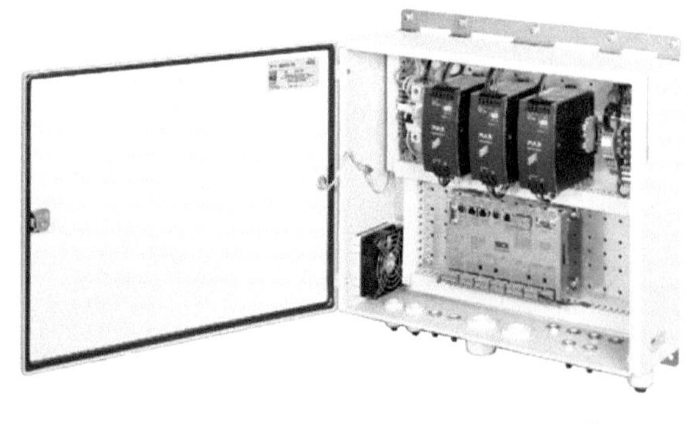

图 10　MSC 800 模块化系统控制器

MSC 800 模块化系统控制器使 CCD 相机能够与激光条码扫描器及其他组件结合为统一系统。根据不同的应用需要，还可以扩展集成额外的模块，如容积测量系统（Volume Measurement System，VMS）或模块化光栅（Modular Light Grid，MLG），优化机场的建设投资。此外还可以通过增加额外的输入，如规模数据和单一验证信号等，以获得最大化的系统效能。

## 2. 识别设备的行李系统集成架构及工作原理

### （1）离港行李系统与识别系统的交互

• 行李运行至布署了 SICK 激光扫描仪和相机矩阵的自动读码站。离港行李处理系统 PLC 发送包括跟踪代码 在内的行李出现信号①。

• 自动读码站通过激光扫描和相机识别行李标签，将检测到的行李标签号②反馈给离港行李处理系统 PLC。

• 如果没有检测到行李标签（No-read），SICK 自动读码站触发 PrimeVision 视频编码系统④，首先尝试用光学字符识别（Optical Character Recognition，OCR）检测行李标签，如果不成功，则将请求发送给远程工作站的操作人员，并设置高于到达行李的处理优先级。如果检测到行李标签，则只存储图像，不触发视频编码请求。

• 当收到结果时，行李处理系统将从 SICK 读码站读到的行李标签条码与行李处理报文（Baggage Processed Message，BPM）的行李信息比对③。这个结果只来自读码站，而不是来自光学字符识别或远程视频编码。如果结果是 " 未读到（No-read）"，系统必须将该行李送至人工编码站。行李高层控制系统也可以同时直接从 PrimeVision 视频编码系统⑥接收行李。如果与有效的 BSM 相匹配，手动编码请求将被取消，行李处理转入后续的处理流程。

• 如果找不到匹配的 BSM，行李高层控制系统会请求 PrimeVision 视频系统进行远程视频编码⑦。同时，行李被送至人工编码站。

• PrimeVision 视频编码系统将标签上的信息，包括 LPN、航班号和 IATA 代码如 RUSH、CREW 等，发送回行李处理系统⑥。航班计划更新由行李高层控制系统 VIBES 发送至视频编码系统⑧，只有当标签上的航班号在离港航班计划中，信息才会被发送回来。

• 正常情况下信息结果与离港航班相吻合，否则行李处理系统应将该行李发往人工编码站。

离港行李处理系统集成识别系统架构示意如图 11 所示。

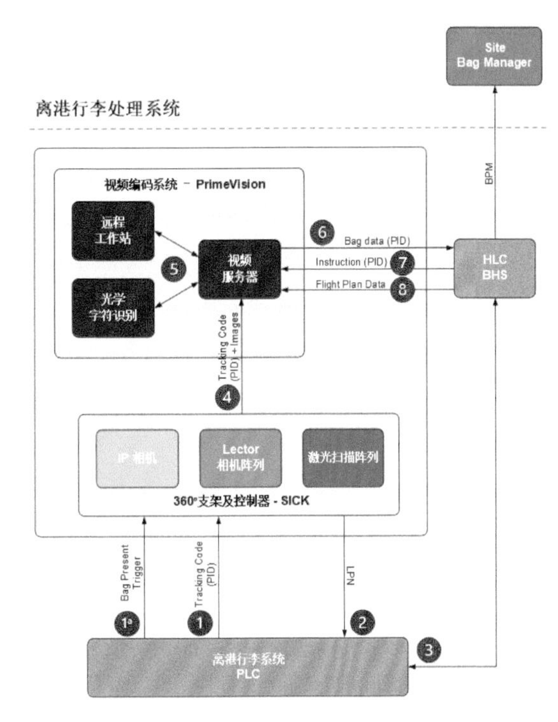


图 11　离港行李处理系统集成识别系统架构示意

### （2）到港行李系统与识别系统的交互

• 行李到达 SICK 自动读码站，光电开关检测到行李并触发读码站 Lector 相机阵列①。

• 如果没有检测到行李标签，SICK 自动读码站发送请求给 PrimeVision 服务器③，触发光学字符识别及视频编码系统④，并将检测到的行李标签反馈给 SICK 自动读码站⑤。

• 当 Lector 相机检测到行李标签，SICK 自动读码站立即向 Bag Manager ②和行李处理系统⑥报告每个检测到的行李标签。当 SICK 自动读码站必须首先等待 PrimeVision 视频编码系统的结果时，则推迟报告。Bag Manager 是国际航空电信协会（SITA）提供的实时行李管理与核对系统，帮助航空公司、机场和地勤人员核对、跟踪和管理行李。Bag Manager 将行李与离境的旅客相匹配，并在整个机场内实时跟踪行李。

• 行李处理系统应将行李标签与到港 BSM 相匹配，以确定到港航班以及该航班的第一个和最后一个卸下的行李。到港行李处理系统集成识别系统架构示意如图 12 所示。

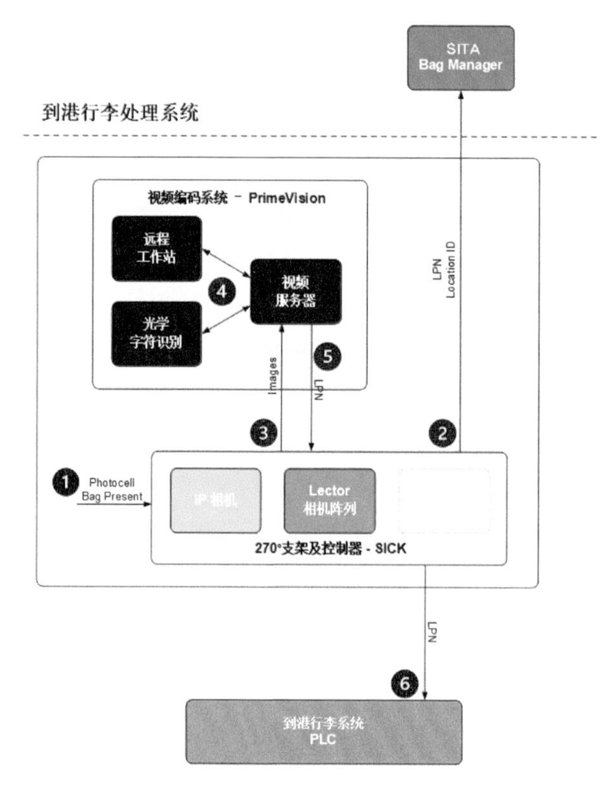


图 12　到港行李处理系统集成识别系统架构示意

## 三、功能与实现

相对于传统的、针对普通 IATA 标准行李标签的激光扫描识别方式，基于相机技术的识别可实现包括视频编码（Video Coding）和光学字符识别（OCR）在内的“额外”功能，并凭借这些功能显著提升行李处理系统自动读码站的应用表现。

### 1. 视频编码

视频编码采用图形化用户界面（GUI），将行李照片呈现给操作员进行审查和编码，界面可以顺序呈现所有关键信息，且仅呈现与任务相关的信息（见图 13）。

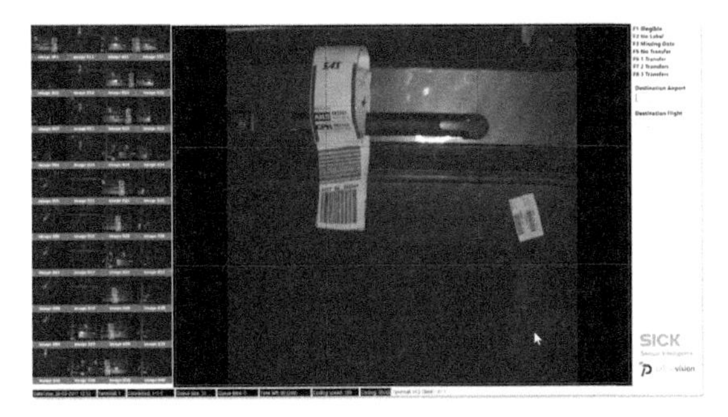

图 13　界面呈现与任务相关的信息

界面显示的照片数量可以从每个行李标签的 1 张到 20 张不等，界面的布局可以定制。

提供完备的过程监控功能，便于操作人员及时掌握过程信息，规范操作。过程监控工具（PVPM）具备以下功能，可供操作人员和维护工程师使用。

- 显示实时系统状态信息；
- 与外部系统的连接状态；
- VCS 队列；
- OCR 活动；
- 完整的历史记录，包括项目的时间戳（见图 14）。

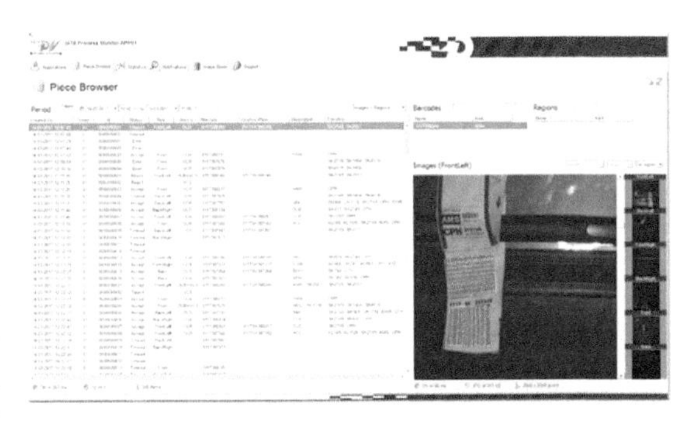

图 14　项目的时间戳

操作面板除了支持目的地代码、航班号、日期等 3 个字段信息录入外，对于实际操作中可能发生的缺失足够信息无法正确编码的情形，操作员可以通过控制面板的 5 个预定义功能键准确地标识出无法编码的原因（标签缺失、不良标签、遮盖、多重标签和图像模糊等）（见图 15）。

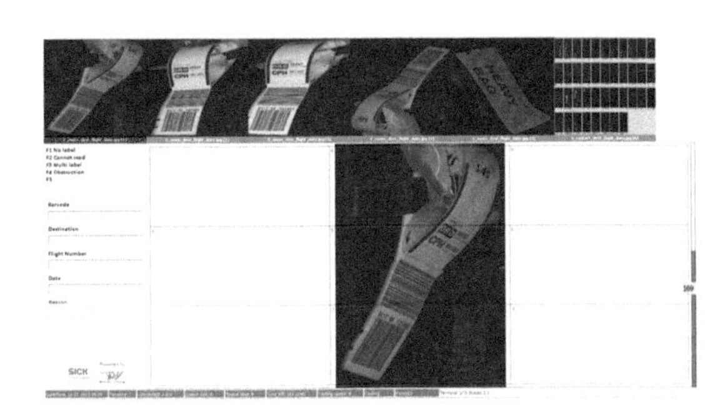

图 15　准确地标识

### 2. 光学字符识别

由于行李标签被遮挡、褶皱或污损等原因，部分行李完全不能被条形码读码器识别，此时光学字符识别功能可以提供行李自动分拣所需的必要信息（航班号和目的地代码）。

光学字符识别的运算是在远程服务器上执行的。普通的在自动读码站本地运算的方式，不具备高处理量的能力，无法满足本项目行李处理系统的设计要求。

光学字符识别功能也是模块化的，可以作为独立的或附加的基于视觉识别的解决方案来部署。

### 3. 图像归档

在相机完成对每一件行李对象的拍摄后，立即对其进行图像归档。这一功能使视频编码和光学字符识别的完整自动化过程被记录下来。从开始进入、完成到离开，图像归档记录了每一件行李的每一个处理步骤。与图像同时归档留存的还有其他关联信息，如处理时间、预测数据、最终结果（行李标签条形码、目的地代码、航班号、日期）和更多的可供选择的内容（如危险品标签、尺寸、重量等）。

4. 过程追溯

在本项目应用中，SICK 为每个自动读码站配置了一个 IP 摄像机，这 52 个 IP 摄像机能够拍摄每个被处理行李对象的完整图像，所有拍摄的图像都按日期、时间、条形码和 ID 号存储在服务器上。借助这些图像，行李系统可以精准追溯某件行李的处理过程。

SICK 解决方案有一些值得注意的设计细节，既体现了品质要求，又为客户创造了价值。

测试中发现行李标签上往往会有一些彩色背景，比如行李标签本身的彩色印刷边框、加盖在行李标签上的各种彩色印章、涂画在标签上的各种彩色记号等（见图 16）。这使得条形码 /LPN 信息的读取对象条件更加复杂。SICK 在其相机系统中采用了白色照明，测试结果显示采用白色照明有助于获得所需的正确对比。

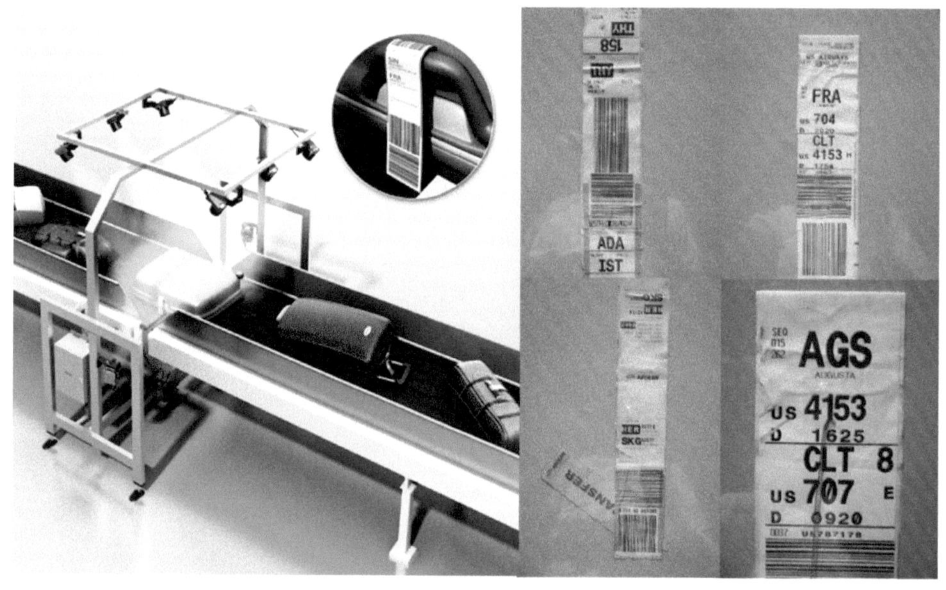


图 16　实际应用中行李标签彩色印刷边框、各种彩色印章、涂画记号等

视频编码设计了目标区域自动捕获功能，且智能算法预先定位最有可能包含有效标签的前五张图像。智能算法自动旋转和缩放图像，并将这些图像以正确的方向呈现给视频编码操作员，提高编码效率。通常每件行李会摄取 30 ~ 50 张相片，每小时产生的候选相片可能超过 100000 张，SICK 通过精益优化的设计提供了很好的解决方案。

## 四、运行效果

项目投运后的运行结果显示（见图 17），得益于 Lector 654 Matrix 相机及 OCR 功能，行李标签读取率从原有的基于单一激光扫描识别模式下的 94.3% 提升至超过 98%。通过视频编码，读取性能可进一步提高 1% ~ 1.5%。极少量无法被识别的行李（约 0.6%）主要是由于缺失行李标签所导致。

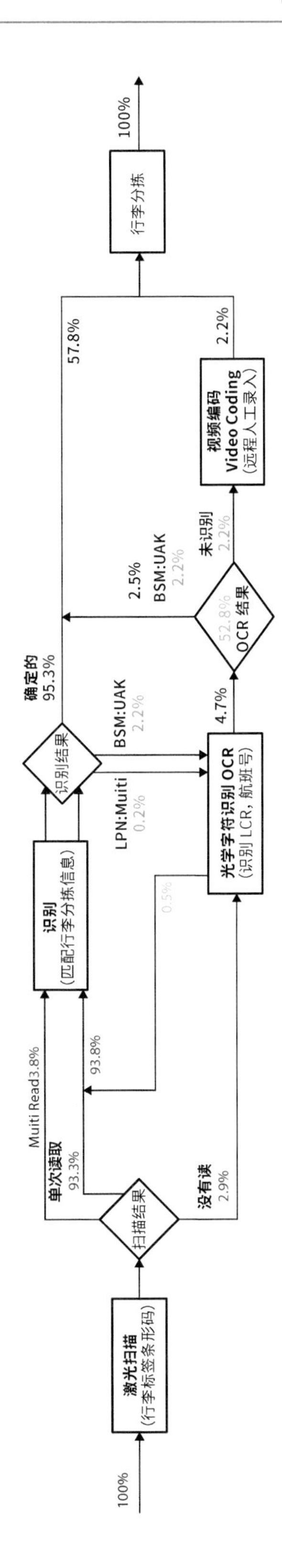
100%
激光扫描
（行李标签条形码）
扫描结果
单次读取
93.3%
Muiti Read3.8%
没有读
2.9%
93.8%
0.5%
识别
（匹配行李分拣信息）
识别结果
LPN:Muiti
0.2%
BSM:UAK
2.2%
确定的
95.3%
光学字符识别 OCR
（识别 LCR，航班号）
4.7%
OCR 结果
52.8%
BSM:UAK
2.2%
2.5%
未识别
2.2%
视频编码
Video Coding
（远程人工录入）
2.2%
57.8%
行李分拣
100%

图 17 运行结果

## 五、应用体会

受全球范围 COVID-19 疫情影响，在过去的三年里，机场、航空公司不得不大幅度削减规模与成本以维持生存，包括减少行李运营相关的专业人力资源，结果是行李错运的概率相比疫情之前又有所抬升。错运意味着资源与成本的浪费，伴随着航空业的逐步复苏，机场、航空公司对包括控制行李错运在内的运营管理会更为精益，对品质与效率的要求也会更高。可以预见，加速完善与提升自动化与数字化水平，将成为这一背景下的发展趋势。

SICK 作为全球领先的传感器和传感器解决方案制造商，在机场行李处理系统的识别技术领域，处于世界领先地位。凭借 3500 个以上的成功应用案例，SICK 有足够的数据与经验来不断优化产品与服务，持续保证优异品质。

## 参考文献

[1] SITA.2022 行李 IT 洞察 [Z].2022:6-7.
[2] SICK. 产品样本 [Z].
[3] IATA. 关于 IATA 753 的网页信息 [Z].
[4] Vanderlande 关于机场行李处理系统的网页信息 [Z].

# ◆ 识别与测量

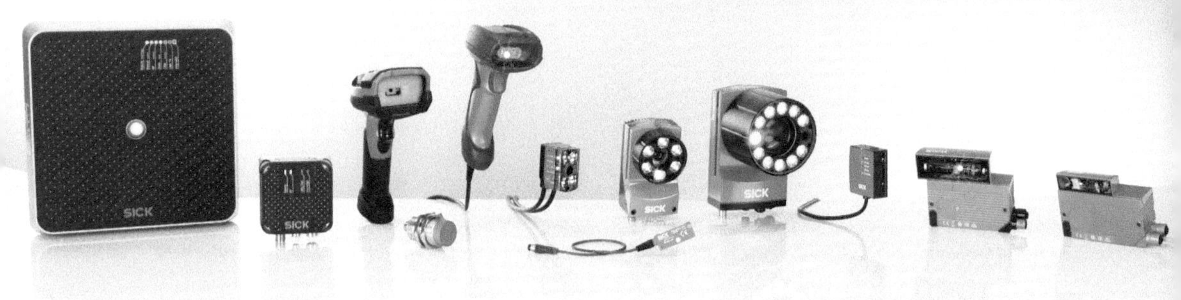

SICK
SICK

# 基于西克微波雷达 RMS1000 的码头智能水位监测系统

谢光泽　部门经理　何远航　部门主管　万一　设备技术员

（武汉中远海运港口码头有限公司　工程技术部）

［ 摘　要 ］ 船舶靠、离泊位时，需要码头前沿泊位的水位信息来选择合适的停靠泊位。目前，对于水位数据的获取，需要间隔时间安排人员去现场实地测量。该方法效率低，依赖勘察人员的经验，误差大，且在遇到大风等恶劣天气时容易造成测量数据错误。本文以西克微波雷达为主要部件来构建智能水位监测系统，进行水位监测和智能预警，重点介绍了西克传感器微波雷达在此领域的应用原理、实现方法和检测结果分析。

［ 关键词 ］ 微波雷达、港口码头、水位监测

## 一、项目简介

随着码头信息化智能化的发展，减少现场人员流动，增强数字化科学管理成为一种趋势。码头在不同时间存在不同水位差，需要经常性了解水位数据，一般采用人工读取刻在码头前沿的水位标线查看水位数据。因此，若有装置可以远程实时查看水位，且达到预警线时能自动实现报警功能，可以大大提高精度并减少人员的工作量和提高工作效率。

户外码头的水位监测不同于一般的液位测距场景，其存在雨、雪、雾、尘等复杂多变的环境因素，因此对传感器的环境适应性有较高的要求。经研究分析对比，本系统选用了西克 RMS1000 微波雷达传感器，该传感器在相当恶劣的环境条件下可以检测到障碍物，即使在强降雨或降雪、浓雾和多尘环境中也能可靠地检测到物体。它可以在其工作范围内灵活地设置监测区域，可以输出物体径向距离和物体径向速度，甚至可以同时针对多个物体。可调式孔径角和各种的接口为各种应用提供了较大的灵活性和适应性，使 RMS1000 微波雷达传感器成为苛刻应用中不可或缺的组成部分。

本系统以西克 RMS1000 微波雷达传感器为基础构建智能水位监测系统，该系统分为硬件和软件两部分，硬件部分由微波雷达、24V 直流电源、交换机模块和远程服务器组成，在码头前沿安装的微波雷达装置发出微波，接收器收集水面反射回来的距离数据，通过 TCP/IP 通信将数据报文发送至远程服务器。软件部分为服务端和 Web 前端。服务器解析数据包后，对数据分析并将有效数据传输到前端界面，实现实时地监测水位变化、智能报警的功能。

RMS1000 微波雷达传感器和主要参数如图 1 所示。

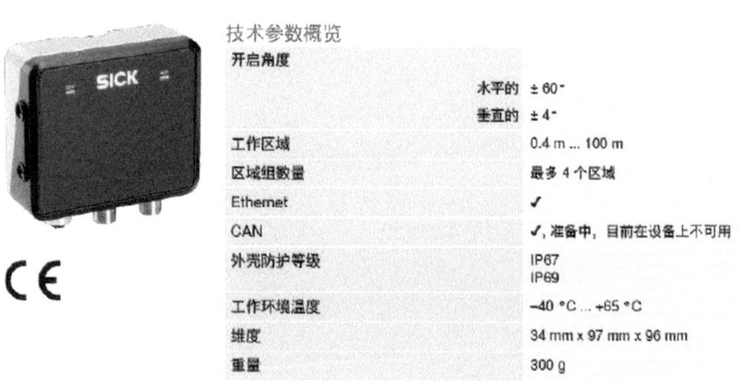

技术参数概览

| 开启角度 | |
|---|---|
| 水平的 | ± 60° |
| 垂直的 | ± 4° |
| 工作区域 | 0.4 m ... 100 m |
| 区域组数量 | 最多 4 个区域 |
| Ethernet | ✓ |
| CAN | ✓，准备中，目前在设备上不可用 |
| 外壳防护等级 | IP67<br>IP69 |
| 工作环境温度 | –40 °C ... +65 °C |
| 维度 | 34 mm x 97 mm x 96 mm |
| 重量 | 300 g |



图 1　RMS1000 微波雷达传感器和主要参数

RMS1000 微波雷达传感器应用场景如图 2 所示。

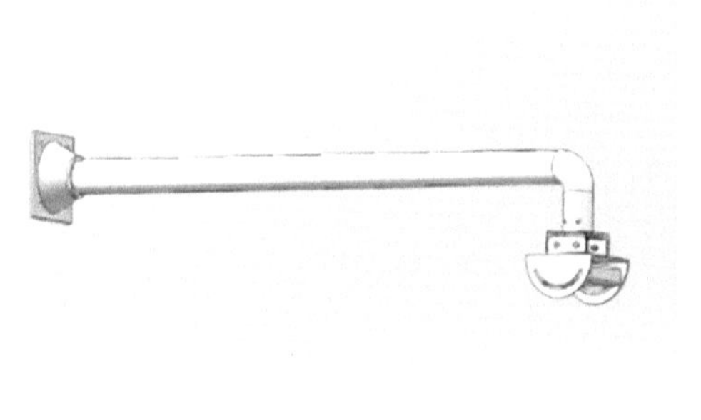

图 2　RMS1000 微波雷达传感器应用场景

RMS1000 微波雷达测量原理图如图 3 所示。

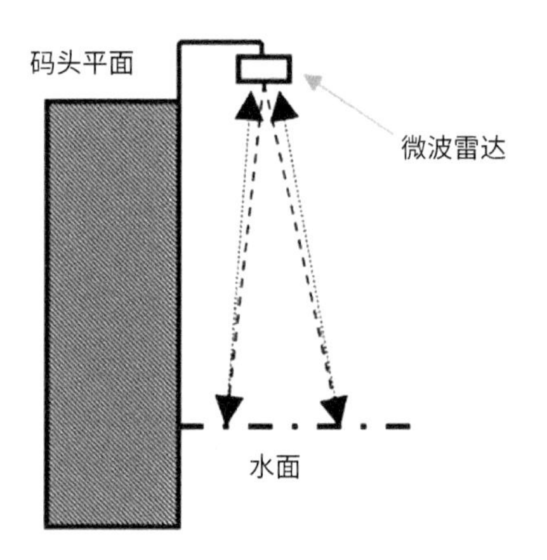


图 3　RMS1000 微波雷达测量原理

微波雷达利用多普勒原理，以平板天线发射高频电磁波并接收反射回来的回波，以电磁波的往返时间，计算并得到阻波物的距离。微波雷达性能稳定，误报率低，可以全天时、全天候监视，作用距离远可实现精准定位检测。

## 二、系统结构

为实现项目功能需求，系统主要分为硬件和软件两部分。硬件部分包括交换机和微波雷达传感器，软件部分包括警报装置和远程服务器。使用网线连接微波测距装置和警报装置，通过 TCP/IP 通信协议与远程服务器进行通信。当水位下降过低时，服务器解析微波水位测量装置发送的数据判断为水位过低时，控制器发送信号至警报装置控制电源驱动警报装置声光报警，提醒即将停靠船舶地点的水位过低，防止船舶搁浅发生。

当水位上涨过高时，服务器解析微波水位测量装置发送的数据判断为水位过高时，控制器发送信号至警报装置，控制电源驱动警报装置声光报警，提醒船舶和码头人员水位上涨的情况，防止危险发生。

系统结构如图 4 所示。

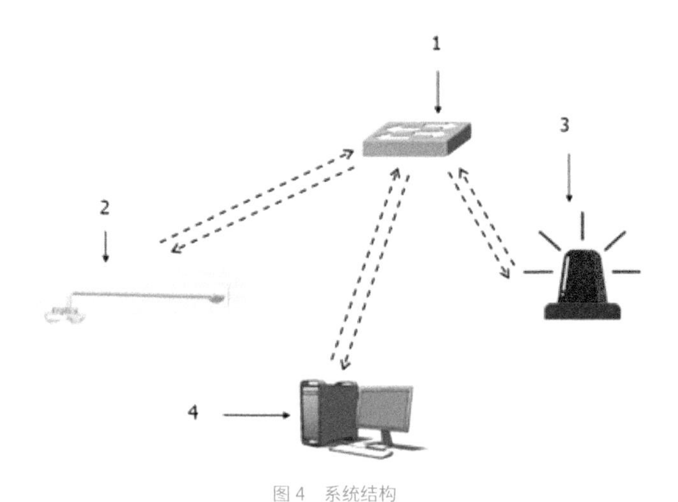


图 4　系统结构
1—交换机　2—微波雷达装置　3—报警装置　4—控制系统

系统软件部分使用开源软件 DataEase 进行前端界面开发，DataEase 是开源的数据可视化分析工具，帮助用户快速分析数据并洞察业务趋势，从而实现业务的改进与优化。DataEase 支持丰富的数据源连接，能够通过拖拉拽方式快速制作图表，并可以方便地与他人分享。优点为可权限统一配置。平台统一控制权限，如业务包权限、数据表行权限、数据表列权限等，权限控制的粒度更细致、更科学。通过配置主表权限，所有关联的业务表权限也会生效。满足不同场景，不同场景对数据权限的要求是不同的，用户可以选择是否权限继承、分享时权限再设置、集团的多级权限管理等，比如总部制作的各大区销售汇总表，需要各大区用户都看到，权限智能继承的情况下是实现不了的，需要设置不继承权限。

使用已成熟的 spring boot 框架，能够被任意项目的构建系统所使用。它使用“习惯优于配置”(项目中存在大量的配置，此外还内置一个习惯性的配置）的理念让你的项目快速运行起来。Spring boot 其实不是什么新的框架，它默认配置了很多框架的使用方式，就像 maven 整合了所有的 jar 包，spring boot 整合了所有的框架，为所有 Spring 开发提供一个更快、更广泛的入门体验；零配置。无冗余代码生成和 XML 强制配置，遵循“约定大于配置”；集成了大量常用的第三方库的配置，Spring Boot 应用为这些第三方库提供了几乎可以零配置的开箱即用的能力；提供一系列大型项目常用的非功能性特征，如嵌入式服务器、安全性、度量、运行状况检查和外部化配置等。

## 三、功能与实现

本系统可以实现在浏览器中输入 IP 地址并通过 Web 网页查看水位信息，其中有实时数据、数据分析和数据预警等功能。具体包括以下功能：

1）实时监测码头水位高度，可扩展对水面进行监测。

2）水位越限时，会进行警告提示。

3）记录并生成水位过程曲线、水位数据统计报表。

4）统计每日、每月、每年平均水位进行分析。

5）通过测量数据计算不同泊位的水位数据。

安装微波雷达传感器时应使用支架固定并伸出码头平台，接入电源线，连接计算机后对传感器进行功能调试，如图 5 所示。

图 5 功能调试

RMS1000 微波雷达传感器调试完成后，通过以太网 TCP/IP 协议与服务器进行通信，获取水位监测的报文信息，如图 6 所示。报文解析、处理后存储至 Mysql 数据库。

ASCLL:<STX>sSN LMDradardata 2 1 1444108 0 0 DA29 DA29 67D348E0 68874C77
0 0 E 0 86A0 0 1 0 0 3 P3DX1 41800000 00000000 5 180E 74 EE 167 1C4
V3DX1 3DCCCCCD 00000000 5 0 0 0 0 0 OBLE1 3C23D70A 00000000 5 32 32 32
32 2 OBID1 3F800000 00000000 5 23 24 25 26 27 OBCO1 3F800000 00000000
5 5F 60 60 60 60 0 0 0 0 0<ETX>

图 6 报文信息

解析报文数据后，可以得到传感器到水面的距离，通过计算得到水位数据，将水位数据每 15min 在前端网页上更新显示，实现数据的随时查看和水位数据分析等功能。

## 四、运行效果

通过 6 个月的实地测量，对数据进行整合分析得出传感器测量距离和实际距离相比误差小于 1%，符合精度要求。打开网页可以实现监测码头水位高度、高度预警和数据分析等功能，系统持续运行半年多没有出现故障。水位监测系统如图 7 所示。

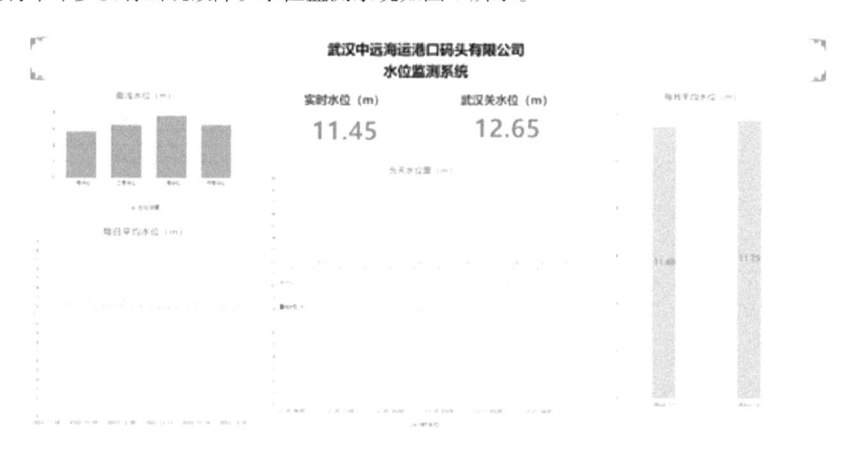


图 7 水位监测系统

图 7 是截取的系统某个时刻的监控界面，在网页中可以看到此刻的实时水位为 11.45m，当日平均水位 11.47m 等信息。

## 五、应用体会

RMS1000 微波雷达传感器是水位监测系统中的关键部件，在水位监测系统中表现出了较高的稳定性和抗干扰能力，1% 测量精度同样相当出色；设备采用的 TCP/IP 通信，数据传输稳定，连接性强，能较好地适应我司现场的网络连接。基于微波雷达实现的码头智能水位监测系统，实时、可靠、稳定地对水位的监测功能给港口码头数字化建设添砖加瓦。

## 参考文献

[1] 西克传感器官网 [Z/OL]. https: //www. sick. com/cn/zh/catalog/products/lidar-ad-radar-sensors/radar-sensors/rms1000/c/g555591.

[2] 王雪松，李盾，王伟 . 雷达技术与系统 [M]. 北京：电子工业出版社，2009.

[3] 杨振霞 . 微波技术基础 [M]. 北京：清华大学出版社，2009.

[4] 赵春晖，张朝柱 . 微波技术 [M]. 北京：高等教育出版社，2007.

# 自动化下料斗系统

（常州基腾电气有限公司）

## 一、总则

自动化下料斗系统改造项目实现对下料斗的远程控制全自动化操作。

## 二、方案概况

方案主旨：

• 改造汽车下料斗控制方式，增加 PLC 及相关电控系统，实现设备智能控制和全自动操作，如图 1 所示。

• 增加相应的检测设备，包括激光传感器和电磁波雷达，如图 2 所示。

图 1　汽车下料斗控制方式实现设备智能控制和全自动操作

图 2　激光传感器和电磁波雷达

## 三、实施内容

### 1. 全自动控制

1）首先对料斗电控的 PLC 控制进行改造，增加 PLC 控制箱和相应的控制线路，实现通过新增 PLC 模块控制料斗门的开闭、振动电机和照明等。

2）给料斗门安装开、闭位置限位和急停操作，可实现料斗门到位安全控制的交叉作业，避免造成恶性工伤事故。

3）改造汽车下料斗控制方式，增加车辆检测激光和物料高度检测雷达，实现车辆进入料斗后自动放料，根据物料高度自动判断结束放料。

控制方式转变成计数脉冲，用脉冲的个数表示位移的大小，从而实现控制。该款编码器为 7 ~ 30V 宽电压，适合多种电压的场合；外壳防护等级为 IP65，让人安心；具有极性反接保护和输出端短路保护，让人省心；共有 8 个安装螺纹孔 90° 和 120° 任意选择；接口连接类型为通用型 8 芯电缆连接，最长支持 5m ；输出频率≤ 300kHz 等诸多优点。

### 2. 车辆检测

采用 DT35 激光传感器，在料斗侧面位置安装多个 DT35 激光传感器，用于检测车辆位置信息。

PLC 通过采集传感器信号，经过软件的多点滤波、模拟算法之后，判断自卸车的位置情况与下料斗完成联动。定位激光如图 3 所示。

图 3　定位激光

### 3. 堆料高度检测

采用 SICK RMS1000 微波雷达传感器，检测运输车内物料的高度，作为与料斗门的联锁控制。物料雷达如图 4 所示。

图 4　物料雷达

RMS1000 微波雷达传感器作为服务器端，西门子 S1200 PLC 作为客户端。西门子 S1200 PLC 主动连接 RMS1000 微波雷达传感器。通过 TCP/IP（协议），在此应用中采用不定长的二进制报文方式，获取雷达检测的距离数值，如图 5 所示。

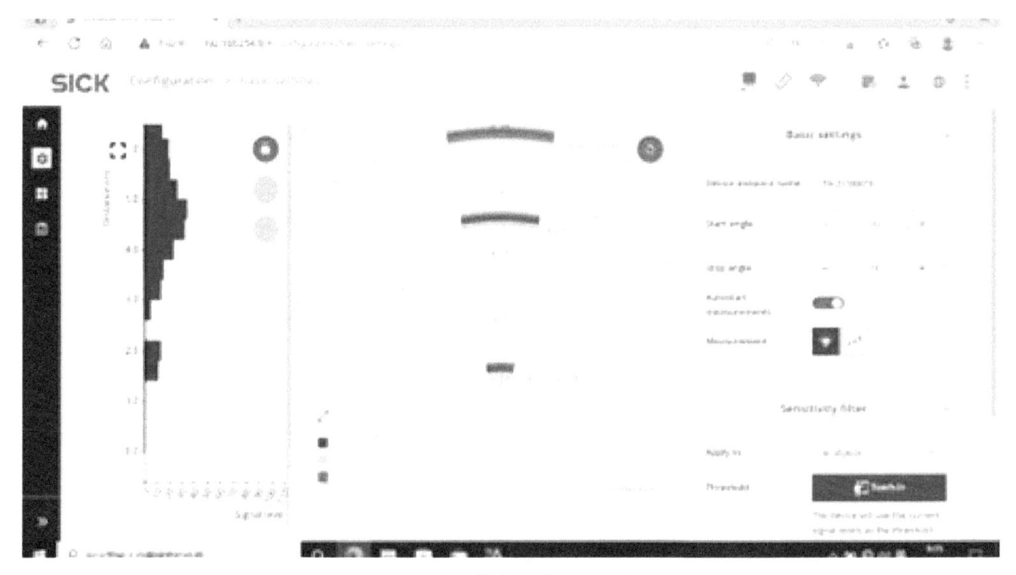


图 5　获取雷达检测的距离数值

### 4. 自动控制软件

设置自动控制访问平台，可以设置物料堆料高度、堆料数量、料斗打开幅度等相关参数。物料信息与作业物料物种形成数据记录的关系，系统根据所选作业物料物种，加载物料高度、堆数和打开幅度。

## 四、应用体会

1）RMS1000 微波雷达传感器的检测性能不受雨水、雾气、灰尘、雪或复杂温度的影响，因此适用于散货卸料现场，包括煤以及矿石等复杂环境。RMS1000 微波雷达传感器不依赖于光照条件，因此可以在白天和晚上使用。

2）即使在不利环境条件下也具有高可用性，并且物体识别可靠性非常高。

3）RMS1731 微波雷达传感器提供了一整套转为不定长数据的 Binary 指令，是 PLC 擅长处理的数据格式，为此项目带来了通信数据长度管理的方便。

4）基于西门子 S1200 强大的 TCP/IP 通信，通过实际运用测试，虽然通信数据量很大，但是在数据的实时性和稳定性上面还是有较好的保证，给项目的实现带来强大的硬件基础。

## ◆ 机器视觉

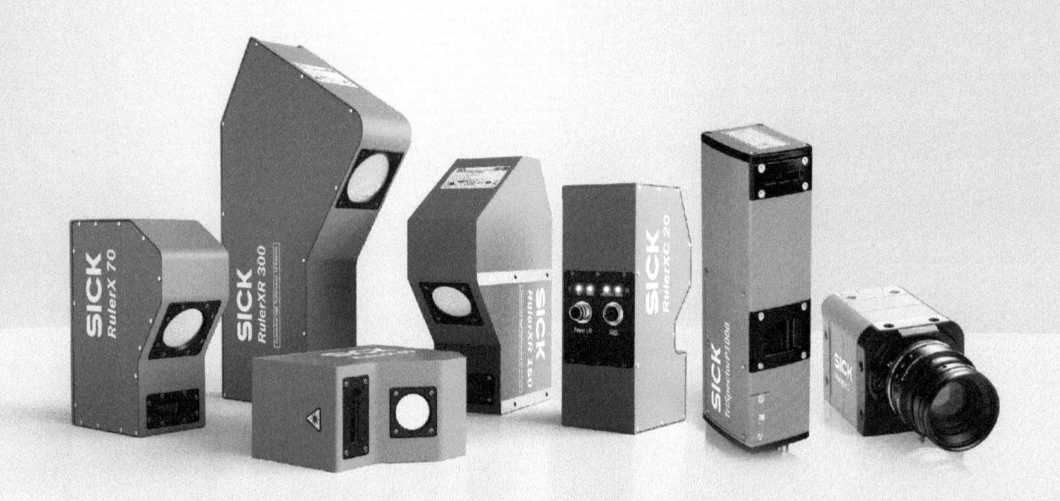
SICK
RulerX 70
SICK
RulerXR 300
SICK
RulerXR 160
SICK
RulerXC 20
SICK
TriSpectorP1000
SICK

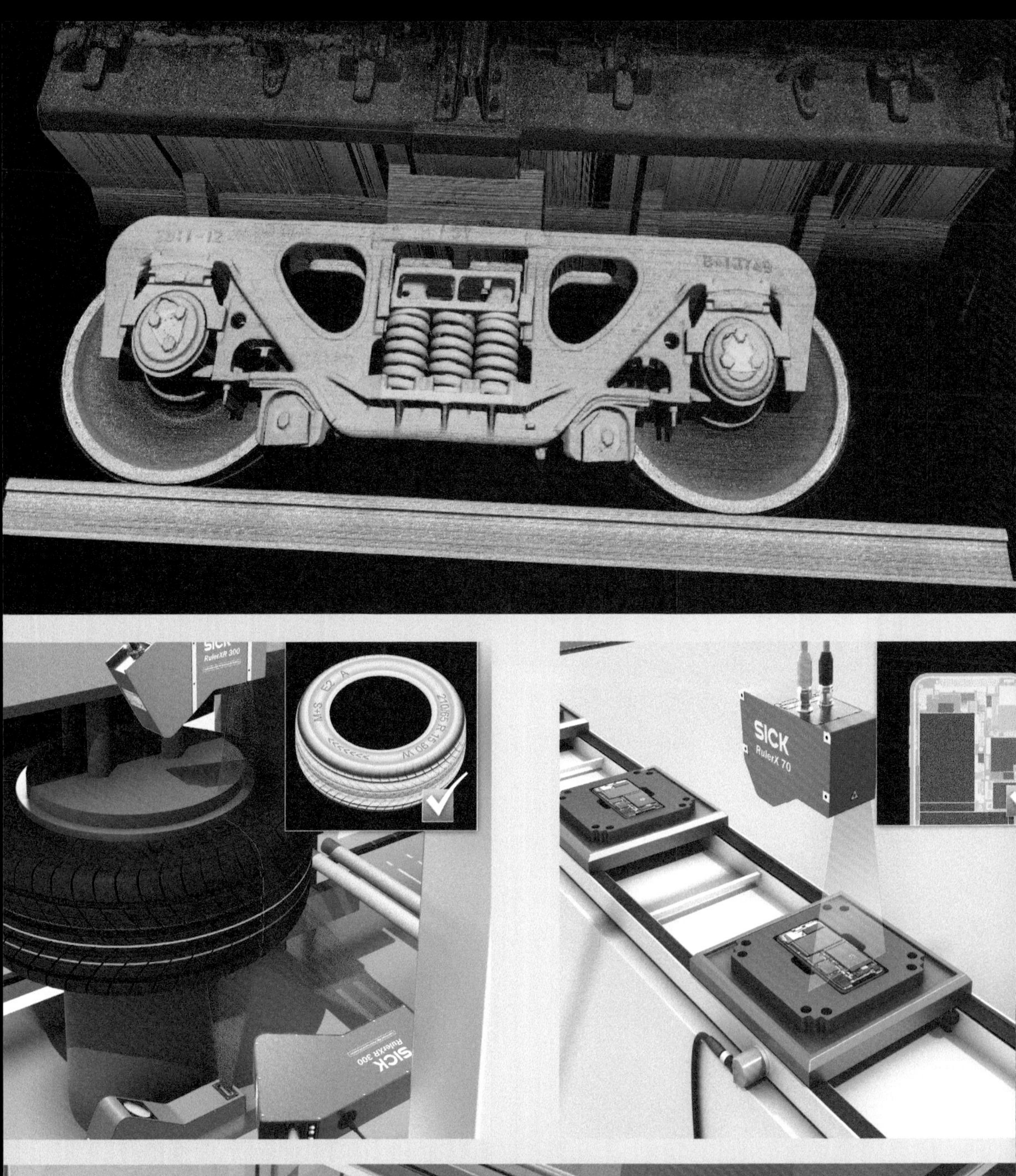
SICK
RulerXR 300
SICK
RulerX 70

SICK
RulerXC 40

# 西克 3D 线激光轮廓传感器在钢铁管材表面缺陷检测的应用

（北京科技大学设计研究院有限公司　检测技术部）

[ 摘 要 ] 钢铁管材是工业生产中应用广泛的原材料，在管材制造过程中，由于坯料、轧制设备、加工工艺等多方面的原因，导致表面出现翘皮、划伤、裂痕等不同类型的缺陷，直接影响到产品的质量和性能。随着外表面缺陷检测技术的发展，很多二维检测技术满足不了当前的检测需求，同时二维检测存在很多缺陷漏检的现象，因此需要改进缺陷检测方法，并且从二维检测过渡到三维检测。在对管材产品质量要求越来越高的同时，新型的检测方法变得尤为重要。本文以钢厂钢管生产为应用点，重点介绍西克 3D 线激光轮廓传感器 RulerXR330 相机在此领域的应用原理和实现方法。

[ 关键词 ] 3D 相机、轮廓扫描、点云数据、钢管表面质量

## 一、项目介绍

本项目采用西克 3D 相机 RulerRX330 为成像基础，以非接触方式获取目标图像、专门算法处理图像数据，获取目标图像的 $Z$ 方向深度特征进行分析、识别和做出缺陷识别及判断。所开发设计的检测系统基于激光 3D 机器视觉技术及钢管表面缺陷检测技术，关键检测指标可达到国际先进水平。钢管材料如图 1 所示。

图 1　钢管材料

通过多组相机分布在钢管周围，实现 360° 扫描钢管外表面，获得钢管表面的点云数据和二维图像，通过 TCP/IP 通信将点云数据和二维图像传输到服务器，实时地分析点云数据实现对外表面缺陷的检测和测量。所选取的西克线激光轮廓传感器（3D 相机）从一个角度探测目标上的激光线，并捕获从目标上反射回来的激光。相机每次曝光捕获一个轮廓，从某种意义上说是捕获一个截面。激光反射回相机的不同位置，具体取决于目标与传感器之间的距离。传感器的激光发射器、相机和目标构成一个三角形。使用激光发射器与相机之间的已知距离以及两个已知角度（其中一个角度取决于相机上激光返回的位置）来计算传感器与目标之间的距离。该距离转换为目标的高度。

钢管在生产线辊道上运行时，多组传感器同步采集，沿着钢管运行方向（$Y$ 轴）实时采集钢管表面缺陷点云数据，后台软件系统实时分析表面点云数据，测量出缺陷的面积和深度，根据缺陷相关数据，对于超过规定深度或者面积的缺陷进行报警，此时代表钢管表面存在缺陷，并提醒人工进行干预，相机安装、原理示意图如图 2 所示。

该项目不仅实现缺陷的实时检测，同时涉及相机与相机之间数据的拼接，多个相机在同一个世界坐标系内，系统获取多组点云数据，实现不同规格钢管的外径测量、表面 3D 缺陷检测。检测系统综合应用了光、机、电多学科知识，涉及 3D 技术、图像采集、数字图像处理、模式识别、人工智能深度学习等诸多技术，能够准确、及时、有效地检出和识别管材表面的各类关注缺陷及

深度信息，是钢管类产品质量检测的先进智能装备。

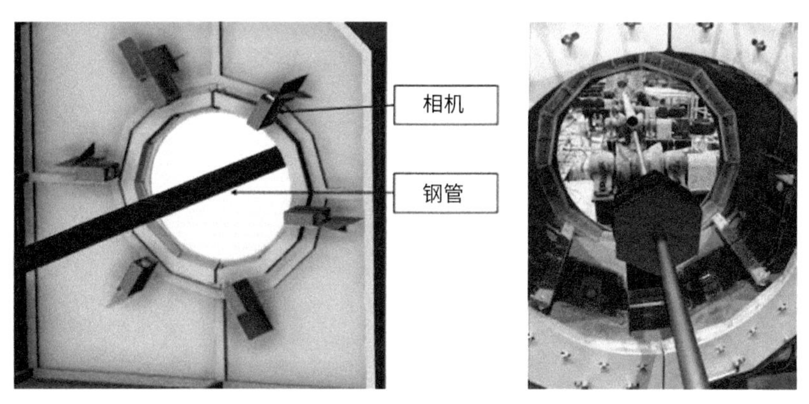


图 2　相机安装、原理示意图

## 二、系统结构

整体系统包括图像数据采集端、数据处理端、HMI 终端、冷却端、防护设备等组成。由图像数据采集端获取钢管相应数据后，通过千兆网络传输到数据处理端进行存储、分析、运算，将检测出的表面缺陷数据保存在数据库中，通过 HMI 终端进行显示。

其中成像系统是钢管表面缺陷 3D 检测系统中的核心模块，通过成像系统、检测装置能够以最佳分辨率、光路及成像方式获取满足最小缺陷检测的 3D 点云数据，保证客户关注缺陷，尤其是宽深比较大的浅平坑状缺陷同样的成像数据中足够灵敏。同时，能够克服表面的多样性、复杂型，达到较强的识别鲁棒性。成像设计的精确度决定了缺陷检出的程度，针对不同的应用场合、缺陷形貌、深度尺寸、钢管规格来设计相适应的相机数量、光路角度。成像系统如图 3 所示。

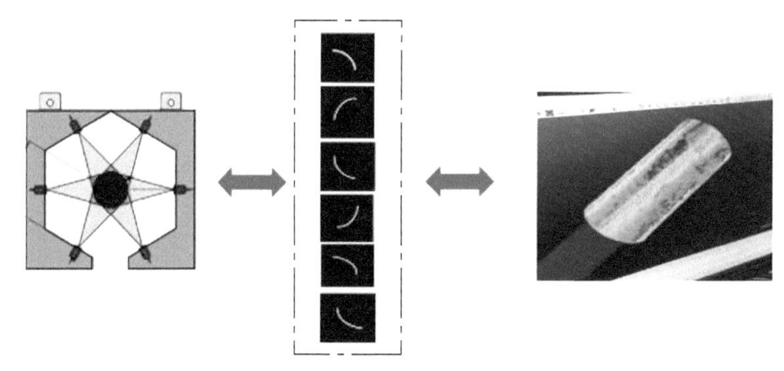

图 3　成像系统

钢管表面缺陷 3D 检测系统的机电计算机系统集成西克 3D 相机、三电设备控制设备、图像处理计算单元，保证各类设备紧密自动化控制并完成设定功能，电气集成将选用专用接口设备保证远距离、高速、海量图像数据传输的稳定性和可靠性。选用专用控制电缆、光缆及网络连接设备保证相机等图像采集设备与检测组件间的数据连接，以及 3D 相机的几个控制与采集；光源专用电源电缆设计，保证现场安装位置至配电控制柜内的恒流器件间长距离电源传输的有效性；保证表面检测组件与通用服务器数据通信连接。机械机构主要是起到除尘隔热防护、承载各类核心检测原件，同时具备在机械装置内的精密可调整。机械机构必须具备足够的强度、隔热防尘、抗震性和内部温度监控功能。机电及计算机系统设计如图 4 所示。

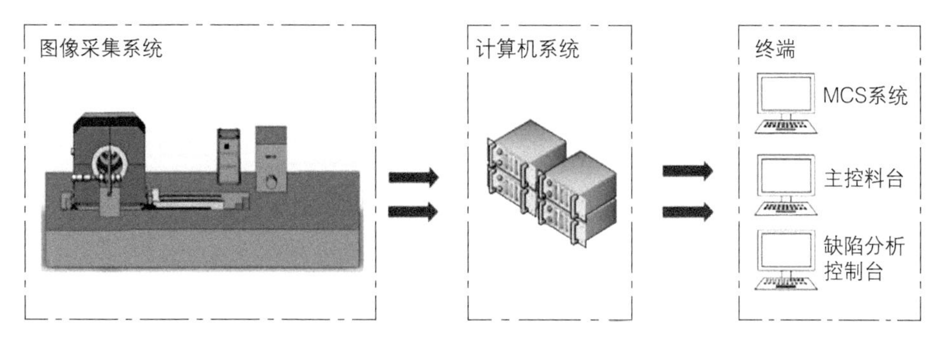


图 4　机电及计算机系统设计

## 三、功能实现

满足冷态钢管的全长、全圆周内 360° 全覆盖深度 3D 非接触式缺陷检测，包含宽深比较大的浅凹坑检测，缺陷可进行声光报警、自动喷标、优化分选。钢管表面点云数据的扫描，实时检测异常的点云数据，二维图像的分析，通过色差实现缺陷的检测，实现钢管外部全质量检测，即 3D 缺陷检测及外径测量。

1）可检测面状缺陷、纵向缺陷、横向缺陷等各类压痕、擦伤、修磨伤等。

2）优化的防护密封、吹扫设计，适应现场生产中粉尘恶劣环境。

3）针对钢铁管材类 3D 缺陷检测对象的图像处理算法、缺陷识别技术。

4）可适应 $\phi$30~ $\phi$300mm 的直径范围。

5）通过定制激光及西克 3D 相机视觉部件，满足冷态、热态钢管的检测与测量。

现场布置如图 5 所示。

图 5　现场布置示意图

## 四、运行效果

检测到的典型缺陷实物图对比如图 6 所示。

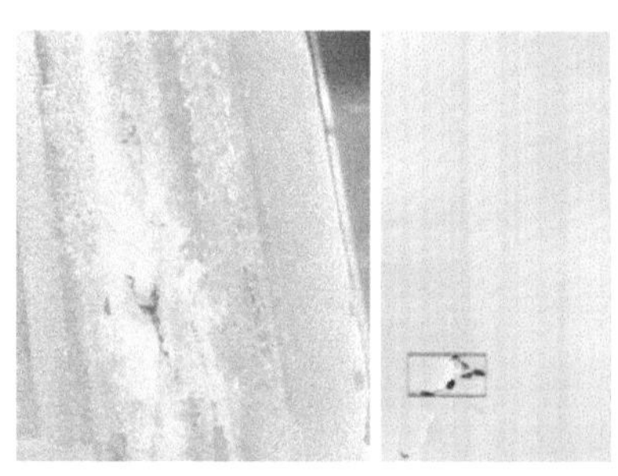

实物图　　检测效果

图 6　典型缺陷实物图

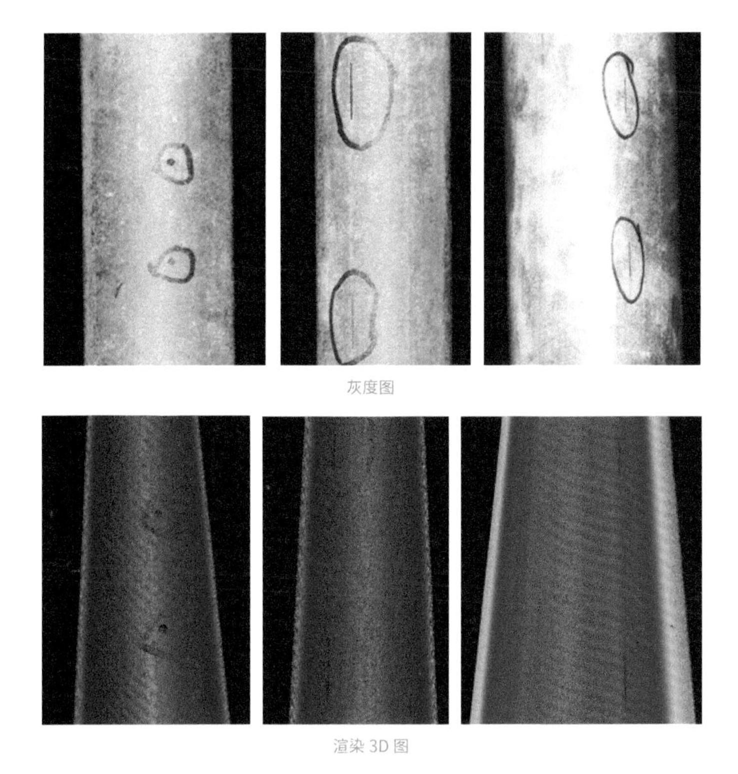

灰度图

渲染 3D 图

图 6　典型缺陷实物图（续）

## 五、应用体会

西克 3D 相机 RulerRX330 提供了高分辨率和适应产线速度的扫描频率，满足客户对缺陷检测精度的要求和现场的生产速度需求。

西克 3D 相机作为整套检测系统的核心部件，运行稳定，输出高精度的 3D 图像，在恶劣环境下提供可靠的运行稳定性，给整体设备系统正常运行提供了硬件支持。

西克 3D 相机所匹配的 EasyRanger、Ranger3 Studio 软件系统、视觉系统集成解决方案给与项目充分的集成支持工作。

北科工研团队深耕钢管用户的工艺需求及质量标准，深度挖掘西克 3D 传感器性能，所研发的钢管表面缺陷 3D 检测算法、软件系统架构深度充分融入钢管工艺质量标准，确保交付的整套钢管 3D 表面缺陷检测系统发挥功效，填补了国内技术空白，达到国际领先水平。

## 参考文献

[1] 西克手册：Ranger3 Studio_ 配置和取图 [Z].

[2] 西克手册：Ranger3 Profile 触发信号的三种使用方式 [Z].

[3] 西克手册：Ranger3 自动输出不同剖面数图像的设置说明 [Z].

[4] 西克手册：多相机使用编码器触发的连接方式 [Z].

[5] 西克手册：Ranger3 激光频闪功能的使用 [Z].

[6] 西克手册：CameraCali_ 点阵反标定验证 env 程序使用说明 [Z].

# 使用西克相机 Ruler XR300G 助力轮胎工厂工艺升级

刘海波　总经理
（上海崮德智能科技有限公司）

[ 摘　要 ] 在工厂自动化越来越高的今天，各个行业自动化的应用进一步得到普及。在传统工业轮胎制作行业，企业不仅追求高度自动化，而且对传统的生产工艺也提出了新的需求。本文以轮胎生产应用行业对轮胎生产工艺创新的升级需求为应用点，重点介绍了西克 3D 智能相机 Ruler XR300G 在此领域对传统轮胎模刻工艺替换革新的应用原理和实现方法。

[ 关键词 ] 3D 相机、橡胶轮胎生产线、TCP/IP 通信、轮廓扫描、AI 算法、坐标系映射等

## 一、项目简介

本项目以西克智能相机 Ruler XR300G 为基础，通过专用视觉软件 TireVision 和西门子 1200PLC 建立的 TCP/IP 通信。Ruler XR300G 对轮胎轮廓及位置进行实时扫描，建立轮胎 3D 模型，TireVision 在 3D 模型上找出轮胎想要识别的特征点，并且通过 AI 智能算法和坐标系映射，把轮胎表面的位置映射到实际的机器人坐标系下。TireVision 把特征点的位置通过 TCP/IP 通信和西门子 1200PLC 交互，西门子 1200PLC 再通过 profinet 通信把位置坐标传送给机器人，机器人带动激光刻字系统到达打标位置雕刻，实现对传统轮胎模刻工艺的替代。工作现场如图 1 所示。

图 1　工作现场

随着乘用车逐渐普及使用，汽车轮胎作为必备的耗材使用日益广泛。轮胎生产中标识生产日期的周期牌和硫化码作为轮胎生产工艺必备的工序，一直存在效率不高，人工放置安全隐患多，字体显示不清晰等弊端。

实现 3D 激光建模后可以对轮胎任意位置 *XYZ* 坐标精准定位。并对指定位置进行激光定制标刻。为轮胎橡胶行业提供不仅仅局限于替代传统硫化 ID 条码生产工艺的解决方案，是轮胎橡胶行业细分领域生产制造工艺的革新产品。

相机测量传感器如图 2 所示。

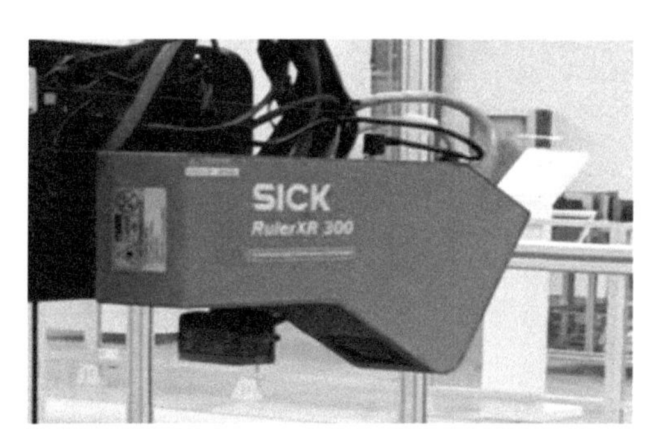


图 2　相机测量传感器

## 二、系统结构

1）本系统应用 SIMATIC Manager 进行编写，在 TCP/IP 调试、测试时应用 hercules 调试助手进行。系统结构如图 3 所示。

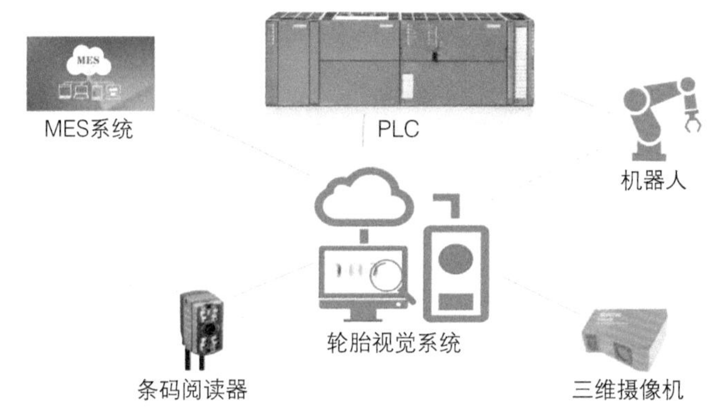


图 3　系统结构

2）工作流程图如图 4 所示。

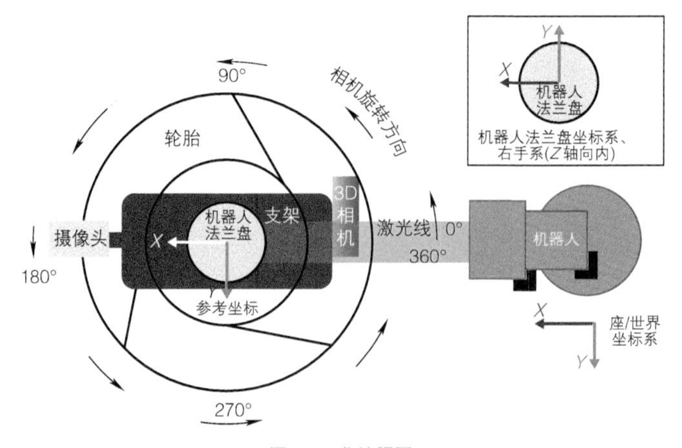


图 4　工作流程图

3）网络结构如图 5 所示。

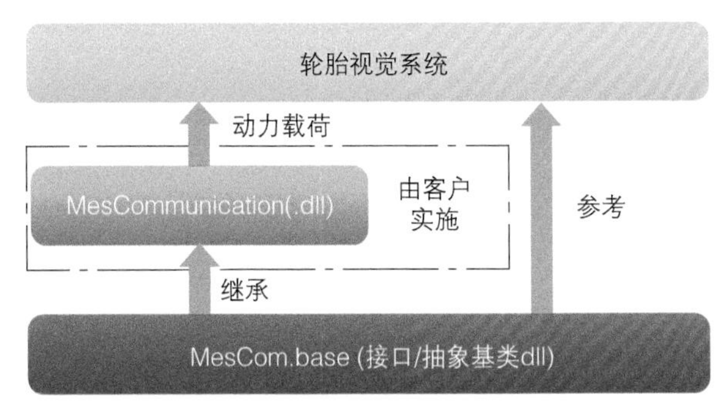


图 5　网络结构

4）工艺流程图如图 6 所示。

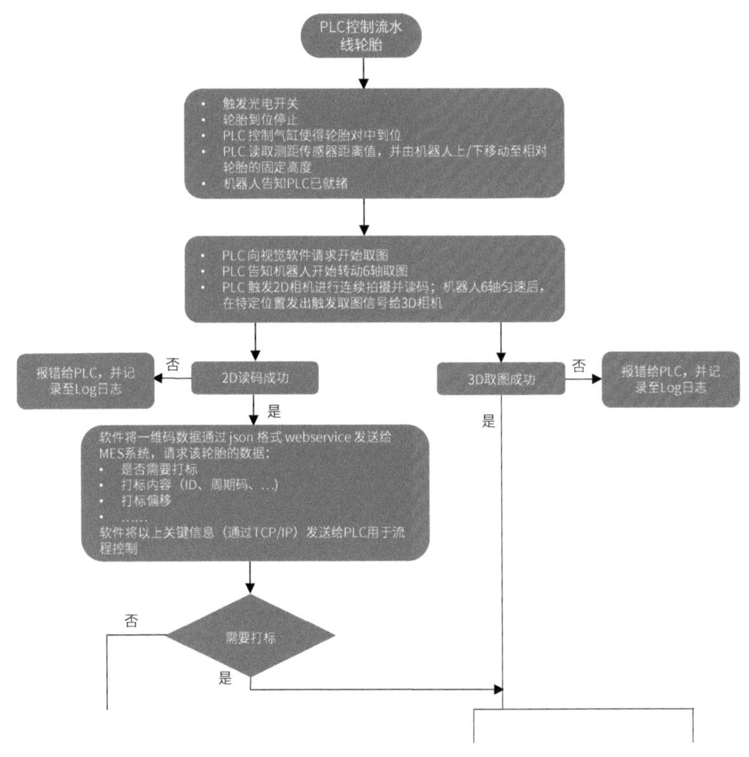


图 6　工艺流程图

## 三、功能与实现

本系统是基于 RulerXR 系列 3D 相机及 2D 读码器，为机器人引导中的轮胎字符定位及 OCR 识别 而开发完成的一套软件系统。系统可根据需要与 RulerXR 系列相机通信以获取 3D 图像数据，与 2D 读码器通信以获取轮胎成型条码信息，与 MES 系统通信以获取轮胎对应的生产信息，与 PLC 通信使其以指令形式调用本系统的功能，与机器人通信以发送当前定位数据至机器人。

## 四、运行效果

相比较市面上其他品牌的视觉相机 Ruler XR300G 拥有超高的 2560X 方向像素点数，扫描频率全幅可达 7kHz. 保证了系统拥有了独一无二的高清晰图像，而且取图时间也保持了高响应性，充分解决了轮胎建模的行业难题。Ruler XR 系列相机如图 7 所示。

| 型号 | | RulerXR 100 | RulerXR 150 | RulerXR 200 | RulerXR 300 | RulerXR 600 |
|---|---|---|---|---|---|---|
| 订货号P/N | | RulerXR 100-4035-120600(PN1120418)<br>RulerXR 100-6035-120660(PN1113620) | RulerXR 150-4016-120660(PN1112513)<br>RulerXR 150-6016-120660(PN1108150) | RulerXR 200-4016-120660(PN1115704)<br>RulerXR 200-6016-120660(PN1112740) | RulerXR 300-4016-120660(PN1120244)<br>RulerXR 300-6016-120660(PN1112741) | RulerXR 600-4016-120660(PN1116808)<br>RulerXR 600-6016-120660(PN1114775) |
| 性能（可自由搭配） | | Pro/Prime/Core | | | | |
| X像素点数（可自由搭配） | | 2560 | 2560 | 2560 | 2560 | 2560 |
| 基准安装高度 | | 186mm | 115mm | 187.5mm | 310mm | 555mm |
| X轴测量范围 | 近 | 92mm | 106mm | 135mm | 240mm | 330mm |
| | 基准距离 | **97mm** | **126mm** | **185mm** | **310mm** | **535mm** |
| | 远 | 102mm | 146mm | 235mm | 380mm | 740mm |
| Z轴测量范围 | | **48mm** | **60mm** | **125mm** | **180mm** | **390mm** |
| X轴分辨率 | | 36~40μm | 41~57μm | 53~92μm | 94-148μm | 129~289μm |
| Z轴分辨率 | | **4~5μm** | **4~7μm** | **7~12μm** | **11~18μm** | **22~44μm** |
| 激光（可更换） | | 红色 | 红色 | 红色 | 红色 | 红色 |
| 扫描帧率/全幅（可更换） | | 7kHz | 7kHz | 7kHz | 7kHz | 7kHz |
| 扫描帧率/最快（可更换） | | 46kHz | 46kHz | 46kHz | 46kHz | 46kHz |

图 7　Ruler XR 系列相机

## 五、应用体会

通过对视觉相机 Ruler XR300G 的项目应用，这款相机的高可靠性给我们留下了深刻的印象。对比之前用过的其他品牌相机，这款相机无论从外观的工业感，还是到使用过程中的高可靠性，最终实现了轮胎环境的拍照要求，获得了满意的应用体会。

## 参考文献

[1] 西克传感器：LMS1XX 常用指令以及解析 [Z].
[2] 西门子自动化：S7-1200 与第三方的 TCP 通信 _Clint[Z].
[3] MES 接口文档 [Z].
[4] Ranger3 Studio_ 配置和取图教程 [Z].

# 自由跟随的 3D 成像系统

李其昌　技术总监
（深圳西顺万合科技有限公司　liqichang8@126.com）

[ 摘　要 ] 随着工业 4.0 的发展浪潮，在工业与信息化融合的背景下，新的工业发展形态不断加速，工厂自动化水平逐步提高。机器视觉的应用日渐广泛。本文以 3C 产品点胶检测中的转角盲区为切入点，结合运动控制和自由跟随式的 3D 成像系统，重点介绍了 SICK 3D 机器视觉产品的应用原理及解决方案。

[ 关键词 ] 机器视觉、自由跟随、3D 成像系统

## 一、项目简介

激光三角测量法是获取深度信息的重要方法（见图 1），已经被广泛运用于科研、工业生产等领域。运动机构带动 3D 成像系统（激光、相机和它们的固定机构），对目标物体进行扫描，获取深度信息。深度信息精度和可信度，受制于成像系统和运动触发的协同统一。

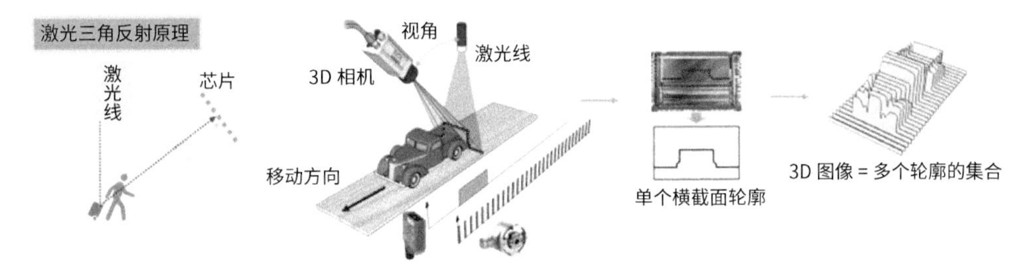


图 1　激光三角测量法

业界较为成熟的是直线（$x$, $y$, $z$）式的扫描方案（见图 2）。其存在最为明显的缺陷是无法适应圆形物体或转角目标的扫描。核心的痛点是无法对目标实现均匀采样，同时经常产生较大区域的遮挡盲区。

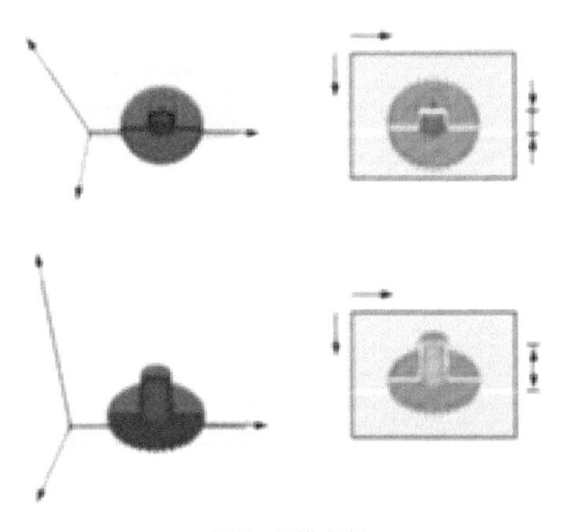

图 2　扫描方案

本文提出并实现的自由跟随式（$x$，$y$，$z$，$w$）的 3D 成像系统如图 3 所示，能较好地解决上述的问题点。

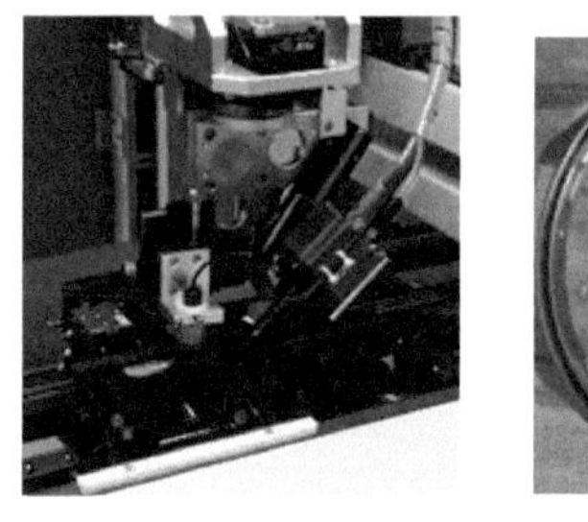

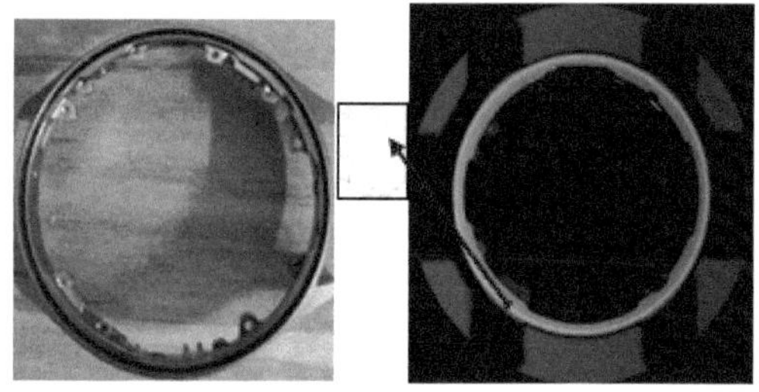

图 3　3D 成像系统

## 二、系统简介

首先规划好被测量目标的扫描轨迹，然后通过四轴联动协同控制成像系统，跟随轨迹切线方向，实现切线方向的匀速扫描。

自由跟随 3D 成像系统能获取更多形状（圆形、圆角等）目标物体的深度信息，不仅能实现更大范围的均匀采集，而且能更大程度地解决遮挡。最后，按照轨迹信息，将深度图像数据复原成实物分布形式，复原后的深度图像素位置与几台坐标系统实现明确的一一映射关系。所以自由跟随式的 3D 成像系统，能有效地实现动作引导和目标质量检测。

自由跟随 3D 成像系统能在转角或圆弧区域连续获取深度信息（见图 4），时间效率上也有较大提升。为了实现高效产能，本系统采用了 SICK Ranger3 作为系统的成像模块。Ranger3 是目前业界最快的三角测量法的 3D 相机，重复测量数据较优。

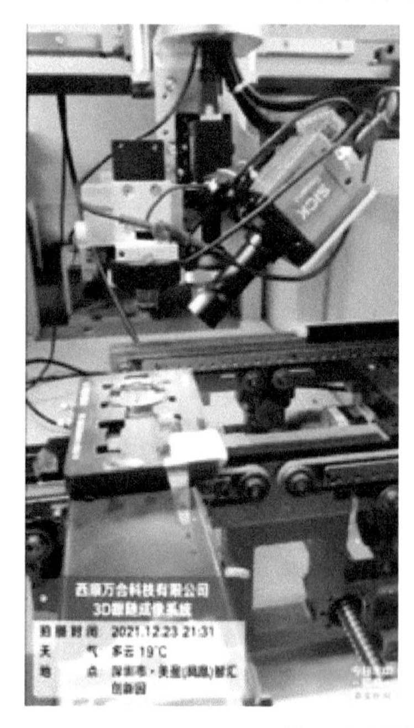


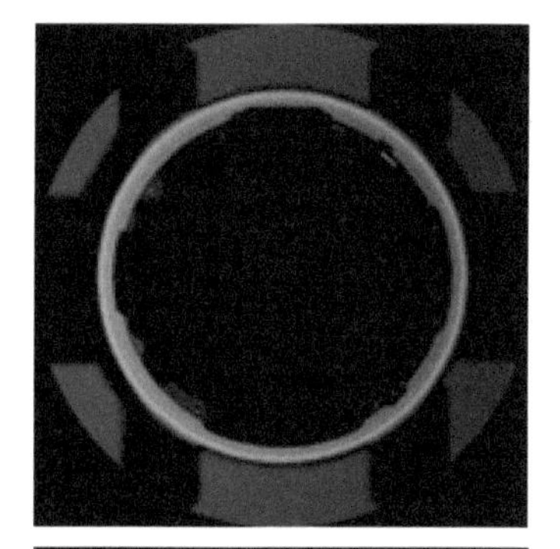

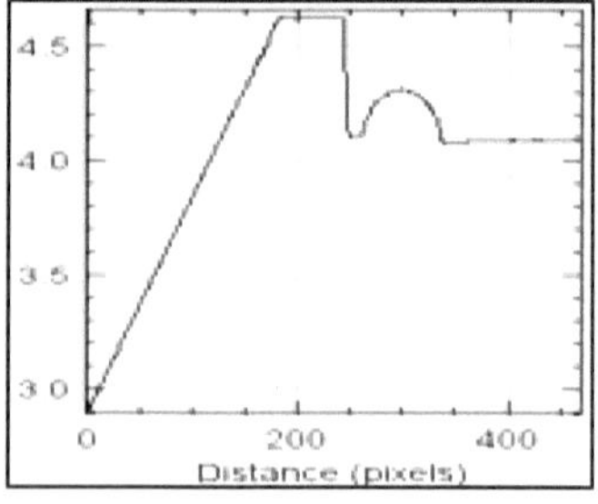


图 4　自由跟随 3D 成像系统

## 三、功能实现与运行效果

本文的重点功能：

1）目标物体基本不存在盲区，直线区域和圆弧圆角区域均呈现均匀性，效果处于业界较好水平。

采用 Ranger3 实现的自由跟随 3D 成像系统，对铝电池区域零件（见图 5）和手机中框（见图 6）进行扫描，获取深度图。

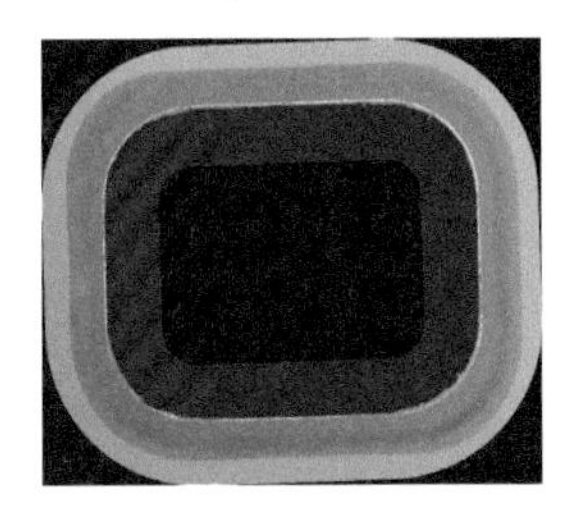

图 5　铝电池区域零件

图 6　手机中框

2）滤波及局部修复。

原始深度图存在噪声和局部无效值。首先在全图范围内，进行无方向的图像滤波，去除噪声。选择合适的滤波半径，尽可能地保持原有深度的梯度变化。在检测区域，对深度图进行方向性的数据局部修复，如图 7 所示。

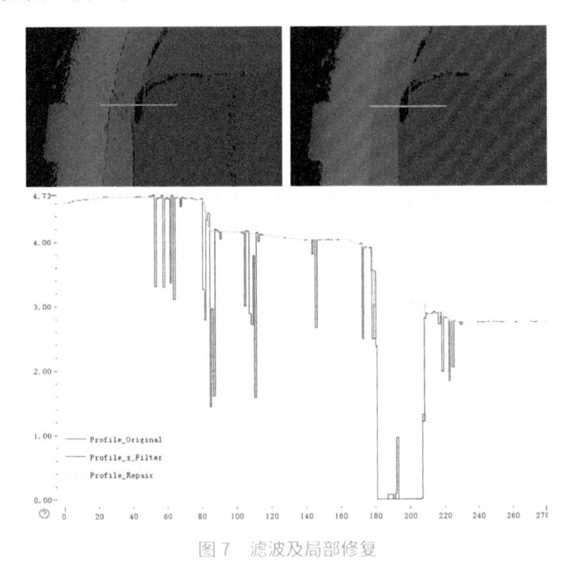


图 7　滤波及局部修复

## 四、应用体会

未来，自由跟随 3D 成像系统将搭载电控透镜（液晶透镜或液体透镜），实现焦面电控切换，对有较大高度差目标物体，获取整体深度信息。加入焦距可变的自由跟随式（$x$，$y$，$z$，$w$，$f$）的 3D 成像系统，或许能进一步扩大 3D 测量法的运用场景，期待与 SICK 一起，为业界提供更多可行性可落地的方案。

# RulerX40 3D 相机在白车身焊后质量检测中的应用

程思　技术总监
张仕磊　软件工程师
（武汉新耐视智能科技有限责任公司　焊接部）

**[ 摘　要 ]** 快速发展的汽车工业促使焊装汽车车身的生产线不断趋于全自动化，为尽可能地追赶国际水平，在提高产量的基础上应想办法保证其制造质量。实施自动化生产一直以来都对零部件制造提出较高的精度要求，希望减小其焊接变形，同时保持清爽的外观，因而对焊接技术要求也越来越高。由此产生的焊接后质量检测变得越来越重要。本文以焊后质量检测的需求点为应用点，重点介绍了西克 3D 相机 RulerX40 在此领域的应用原理和实现方法。

**[ 关键词 ]** 3D 视觉、机器人、高速、焊缝

## 一、项目简介

本项目通过利用西克 3D 相机 RulerX40 与视觉算法对缝焊外观质量进行检测，可有效地识别气孔、边缘焊、漏焊、焊瘤、焊坑、飞溅等典型焊接缺陷，并提供实时动态图像显示与在线诊断。同时可实现焊缝长度、宽度、深度 / 高度测量，有助于提高车身焊接质量，提高生产效率。

## 二、硬件组成

西克 3D 相机参数如图 1 所示。

RulerX 40/RulerXC 40
紧凑型高性能一体式3D相机



详细技术参数

功能

| | RulerX 40 | RulerXC 40 |
| --- | --- | --- |
| 工作任务 | 定位、检查、测量 | |
| 技术 | 三维 | |
| 视场宽度 | 40mm···50mm | 32mm···39mm |
| 工作距离 | 60mm···82mm | 60mm···82mm |
| 光源 | 405nm蓝色激光 | |
| 激光等级 | 3R | |
| 相机镜头夹角 | 38° | |
| 数据同步 | 自由运行、编码器触发 | |
| 3D测量 | I | |
| 灰度测量 | I | |
| 散射测量 | I | |
| 光谱范围 | 400 nm ···950 nm | |
| 校准 | 已完成出厂标定 | |

性能

| | RulerX 40 | RulerXC 40 |
| --- | --- | --- |
| 图像传感器 | CMOS | |
| 传感器分辨率 | 2560*832 px | 2000*832 px |
| 扫描/帧率 | 46,000 3D profile (剖面) /s, AOI模式<br>7,000 3D profile (剖面) /s, 全幅 | 20,000 3D profile (剖面) /s, AOI模式<br>1,500 3D profile (剖面) /s, 全幅 |
| 像元大小 | 6μm * 6μm | |
| 最大三维分辨率 | 2560 | 2000 |
| Z方向分辨率 | 1μm···2μm | |
| Z方向重复度* | 2μm | |

图 1　西克 3D 相机参数

## 三、硬件工作原理

1）3D 相机的工作原理见图 2。

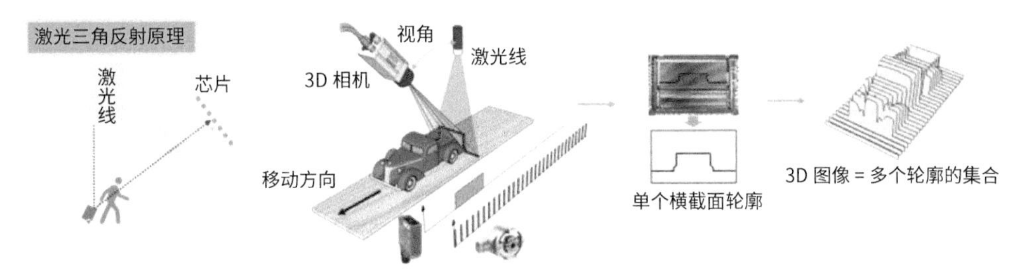


图 2　3D 相机的工作原理

2）RulerX40 3D 相机在机器人上的安装位置见图 3。

图 3　RulerX40 3D 相机在机器人上的安装位置

3）现场工作场景见图 4。

图 4　现场工作场景

## 四、系统结构

### 1. 系统结构组成（见图 5）

本系统采用 PLC、机器人、视觉检测工艺控制柜和 3D 相机搭配使用，利用 3D 相机采集焊缝数据，通过 C++ 程序算法软件在 2D 焊接检测的基础上，可实现焊缝长度、宽度、深度测量，具有缺陷检测精准，测量精准的双重特性。

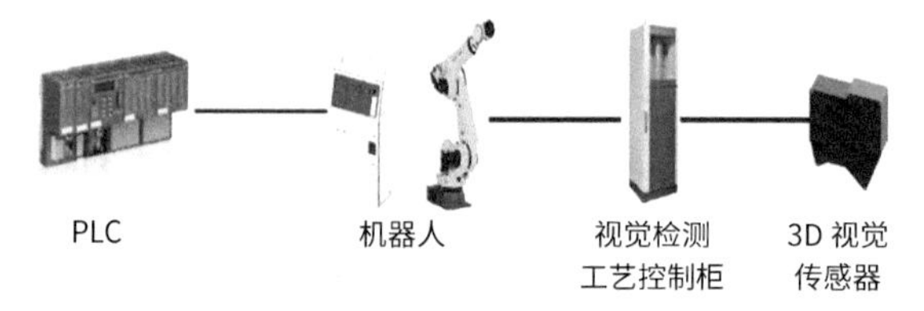


图 5　系统结构组成

### 2. 工艺流程

#### （1）3D 焊缝测量寻位

通过 3D 相机将焊缝测得实物图进行扫描和分析单个截面，在软件界面进行展示，利用软件进行实时监控，如图 6 所示。

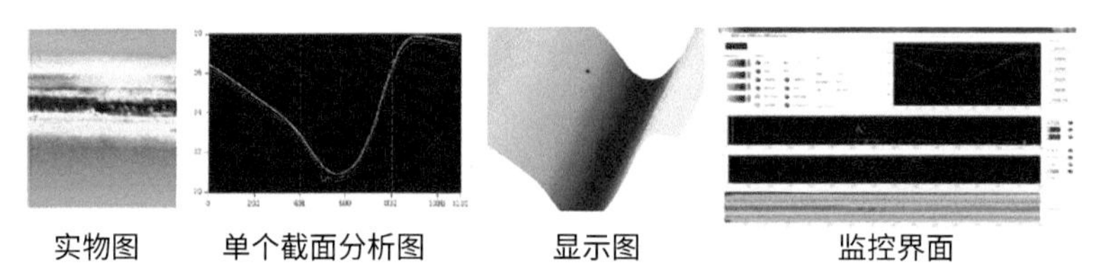


图 6　对实物扫描、分析、展示、监控

#### （2）3D 焊缝缺陷的检测

利用软件对 3D 相机采集的数据、图像进行分析。缺陷分为上凸缺陷和下凹缺陷两大类，上凸缺陷包括焊瘤与余高过高，下凹缺陷包括咬边、表面塌陷、裂纹与气孔等，如图 7 所示。

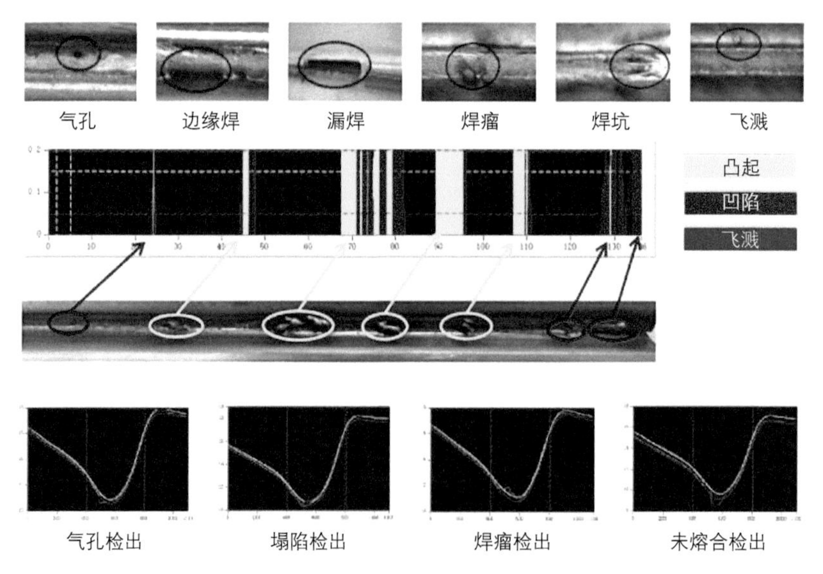


图 7　3D 相机采集的数据、图像

**（3）算法模型的处理**

在实际生产中，机器人不稳定的运动和车身装配精度的变化等因素给焊缝表面截面高度的测量带来潜在影响。基于最小二乘法的数值拟合模型虽然能在一定程度上自适应这种变化，但对于焊缝表面形状复杂、截面轮廓斜率变化剧烈的情况下其建模精度难以保证，也无法有效地分离缺陷数据。因此，新耐视通过对焊缝建模特点的分析，提出了一种动态自适应回归算法，能有效地对复杂形状的焊缝表面进行高精度建模。部分模型如图 8 所示。

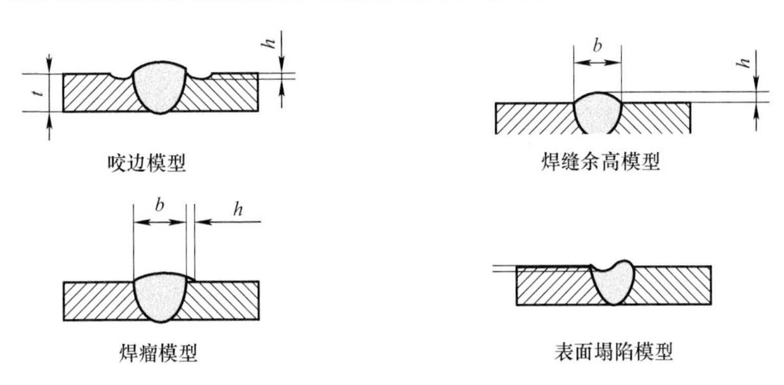


图 8　部分模型

咬边缺陷的尺寸定义为咬边的深度 $h$（虽然判断咬边缺陷时只关注咬边的深度 $h$，但实际在算法中判断咬边缺陷时也同时需要关注其宽度、长度），焊缝质量为 B 级时不允许有咬边，质量等级为 C 级和 D 级时，咬边的深度应为 $h \leqslant 0.1t$、$h \leqslant 0.2t$，其中 $t$ 为板厚。

焊缝余高的尺寸定义为焊缝表面的堆高 $h$，其对所有余高的尺寸要求均为 $h \leqslant 1.5\text{mm} + 0.2b$，其中 $b$ 为焊缝余高的宽度。焊缝余高 $h$ 的阈值应实际生产需求，车顶棚的正面余高 $h$ 小于 2mm，反面余高 $h$ 小于 3mm。

焊瘤的尺寸定义为焊瘤的高度或焊瘤的高度 $h$。要求焊缝质量为 B 级和 C 级时不允许存在焊瘤缺陷，质量等级为 D 级时 $h \leqslant 0.2b$，其中 $b$ 为焊缝余高的宽度。

表面塌陷的尺寸定义为塌陷的深度（高度方向的尺寸）$h$。表面塌陷尺寸阈值在不同焊缝质量等级时分别为 $h \leqslant 0.05t$、$h \leqslant 0.1t$、$h \leqslant 0.2t$，其中 $t$ 为板厚。

**（4）3D 焊缝视觉检测系统参数（见表 1）**

表 1　3D 焊缝视觉检测系统参数

| 规格型号 | LBO-3D |
|---|---|
| 检测速度 | 60~100mm/s |
| 3D 点速率 | 约 70~1500 万点 /s |
| 最大检测速度 /V | 24μm |
| 水平分辨率 | 19μm |
| 垂直分辨率 | 1.6μm |
| 激光波长 | 450nm |
| 激光级别 | 2M |
| 接口 | 高速以太网 100Mbit/s |
| 输入电压 | 24V 直流，纹波小于 15% |
| 工作温度 | 0~40℃ |
| 重量 | < 1kg |

## 五、3D 焊缝视觉检测系统的特点

1）高效、可靠地识别和检测缺陷。
2）自定义焊缝几何尺寸的测量。
3）焊缝位置变动的检测。
4）在线 / 离线分析，结果可视化。
5）2D/3D 图形化再现焊缝细节。

## 六、3D 焊缝视觉检测系统的独有价值

1）大视野范围和高速检测。
2）优化工艺的依据。
3）在线动态 2D 图形化检测。
4）极为稳定的焊缝检测。
5）应用领域包括汽车、航空等。

## 七、应用体会

RulerX40 相机在 *X* 轴有 2560 的数据点，最高可达 46kHz 的采样频率在高速运行模式下仍然可以稳定采集数据，提高产线节拍效率使客户受益非常大。功能强大的 EasyRanger 软件便于开发者进行调试。

## 参考文献

[1] 西克传感器官网 [Z/OL].https: //www.sick.com.
[2] Easyranger 使用手册 [Z].
[3] Halcon 算法开发示例 [Z].

# 西克 3D 相机 RulerXR300 在新能源领域的广泛应用

刘柱　视觉工程师
（上海倚诺自动化设备有限公司　技术部）

[ 摘　要 ] 随着近些年新能源的快速发展和进步以及国家的大力推广和支持，新能源技术也在不断突破，各企业纷纷参与到这一行业的竞争，其中新能源汽车在这一市场中占据着较大的份额，对新能源汽车各部件及工序的质量把关也更加严格。本文主要针对新能源汽车 Pack 线组装打包出库的工艺质量要求，介绍了西克 3D 相机 RulerXR300 在此时发挥的重要作用。

[ 关键词 ] 新能源汽车、西克 3D 相机、点云图像、涂胶检测、Pack 外观检测

## 一、项目介绍

本项目使用西克 3D 相机 RulerXR300 与罗克韦尔的 AB PLC 进行 EIP 通信，通过 3D 激光位移传感器的高帧率扫描，形成 3D 立体点云图像，通过图像反馈的深度信息进行图像处理，实现新能源 Pack 车间的异物检测，涂胶检测，Pack 外观检测，有效地防止了不良品的流出。

### 1. 异物检测

Pack 箱体通过 AGV 小车自动进入工站并进行涂胶，便于后续的电池模组入箱，完成组装；在涂胶之前，需检测箱体内有无金属颗粒异物，防止模组入箱时刮破底部蓝膜，造成安全隐患。扫描区域如图 1 所示。

图 1　扫描区域（模组入箱位置）

SICK RulerXR300 相机安装在 ABB 机器人的机械手上（见图 2），随着机器人的移动，对以上 4 个区域依次扫描，扫描完成后生成点云图像并进行检测，若检测出区域内存在异物，将不良结果反馈给 ABB PLC，设备发出报警，提醒员工清理区域内异物。

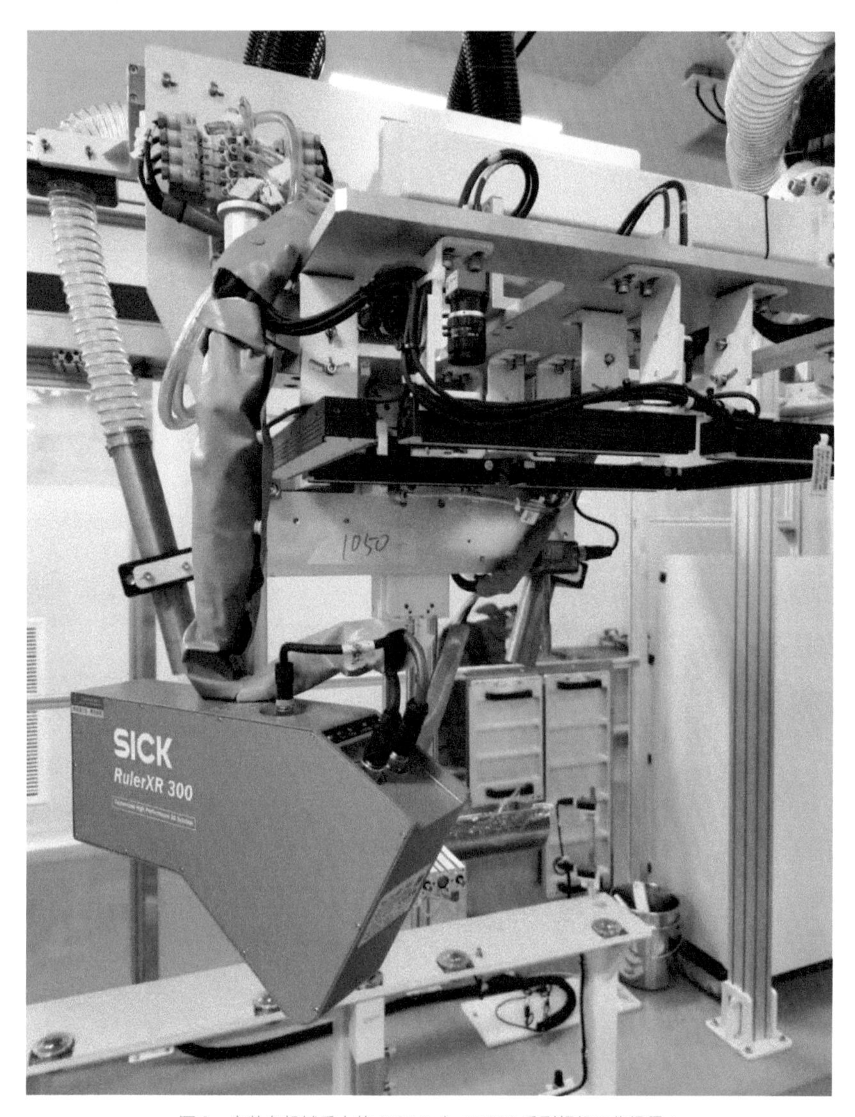


图 2　安装在机械手上的 SICK RulerXR300 系列相机工作场景 1

### 2. 涂胶检测

以上 4 个检测区域内确认无异物后，反馈合格的信号给 PLC，PLC 反馈给机器人进行涂胶，待涂胶全部完成后，再次请求 3D 相机进行拍照，采集检测有无断胶、堆胶等不良情况，若有，则再次报警，否则合格放行，箱体随 AGV 小车进入下一工序进行模组入箱。

### 3. Pack 外观检测

在各工站执行完成后，一个完整的电池包将流入最后一个工站进行出货前的最后一道质量把关和 Pack 外观检测，检测有无破损、磕伤、异物和脏污等不良现象。

安装在机械手上的 SICK RulerXR300 系列相机工作场景 2 如图 3 所示。

图 3　安装在机械手上的 SICK RulerXR300 系列相机工作场景 2

安装在机械手上的 SICK RulerXR300 系列相机工作场景 3 如图 4 所示。

图 4　安装在机械手上的 SICK RulerXR300 系列相机工作场景 3
①—在伺服轴上的 3D 相机　②—检测产品　③—机械手上的 3D 相机

对产品表面箱盖与底部底护板同时进行扫描，顶部机械手变换不同姿态进行全方位扫描，待全部扫描检测完成后将结果反馈给 PLC，若合格则出库打包，若不合格则由 AGV 小车带着进入返修工位。

## 二、系统结构

本次系统结构主要分为两大工位，涂胶工位和 Pack 外观检测工位，均采用 EIP 通信进行数据交互。系统流程图如图 5 所示。

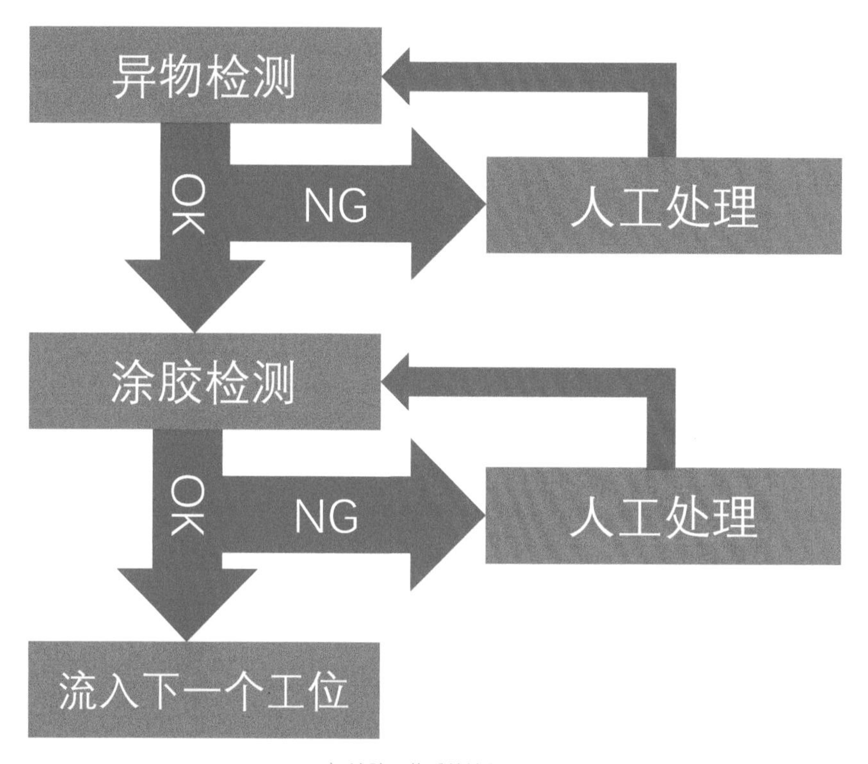


a）涂胶工位系统流程图

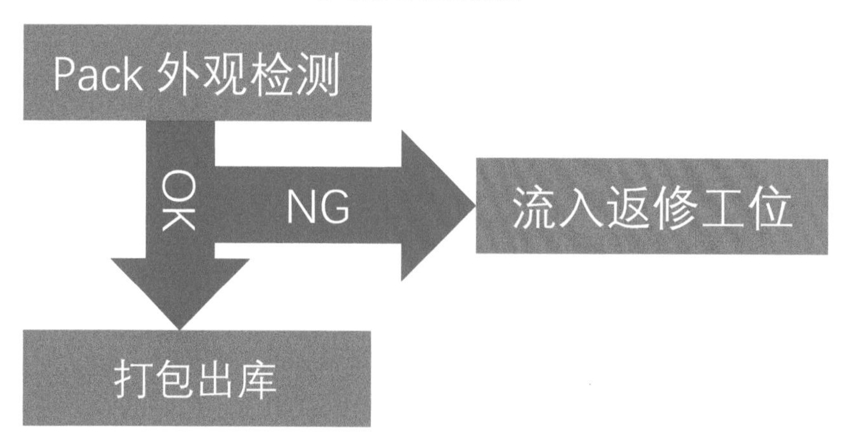


b）Pack 外观检测工位系统流程图

图 5　涂胶工位系统和 Pack 外观检测工位系统流程图

## 三、功能与实现

使用SICK 3D相机RulerXR300实现各工位检测的功能如下：

1）使用 SICK 软件 Ranger3Studio 连接相机（见图 6），修改 IP 地址为固定 IP。

2）打开激光，调节相机安装高度。

3）确认需要扫描的高度范围，调整扫描区域。

4）调节曝光时间等各参数。

5）确认采集频率及采集行数。

6）采集一张产品图像，查看效果。

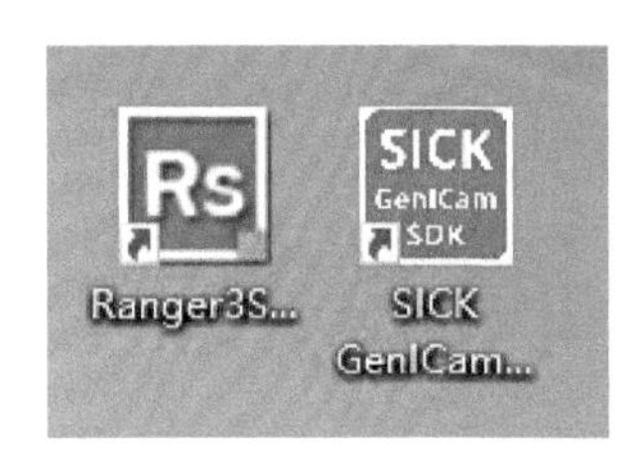

图 6　软件图标

相机配置软件—相机连接如图 7 所示。

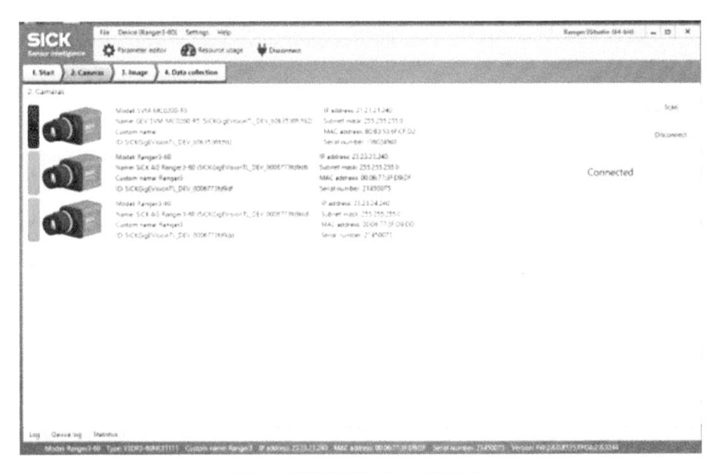

图 7　相机配置软件—相机连接

通过扫描后找到需要连接的相机，连接后修改 IP 地址为固定 IP。相机配置软件—参数设置如图 8 所示。

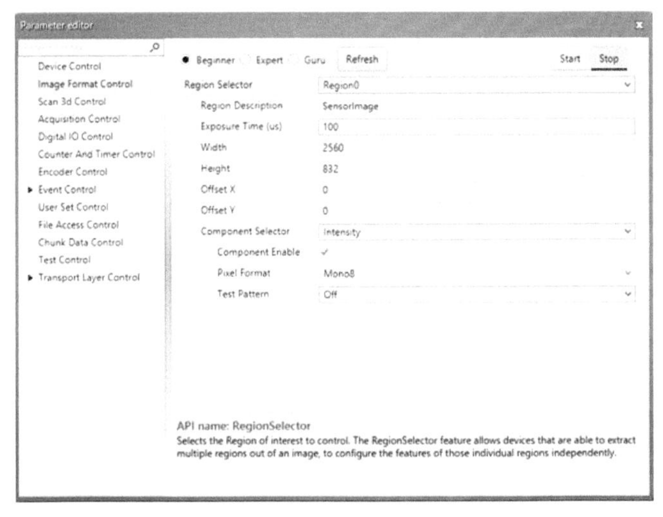

图 8　相机配置软件—参数设置

在 Parameter editor 里单击“Image Format Control”模块，设置的参数为“Region Selector”，这个参数有三个下拉选项，需要分别设置包括 Region0、Region1、Scan3DExtraction1。

Region0 里主要设置 Exposure Time，在实时模式下观察曝光是否合适，此曝光时间只是在实时模式下查看效果，并非最终设置的时间。Region1 里需要设置 Exposure Time 以及 OffsetX 和 OffsetY，这里的曝光时间才是实际采集时的曝光时间，OffsetX 和 OffsetY 用来设置 $X$ 和 $Y$ 方向上的起始位置，剔除不需要扫描的区域，默认最大值为 2560 和 832。Scan3DExtraction1 里主要设置的是 Height 参数，是为了确认实际扫描多少行，主要根据扫描产品的长度来定，最高行数为 8472。相机配置软件—参数设置如图 9 所示。

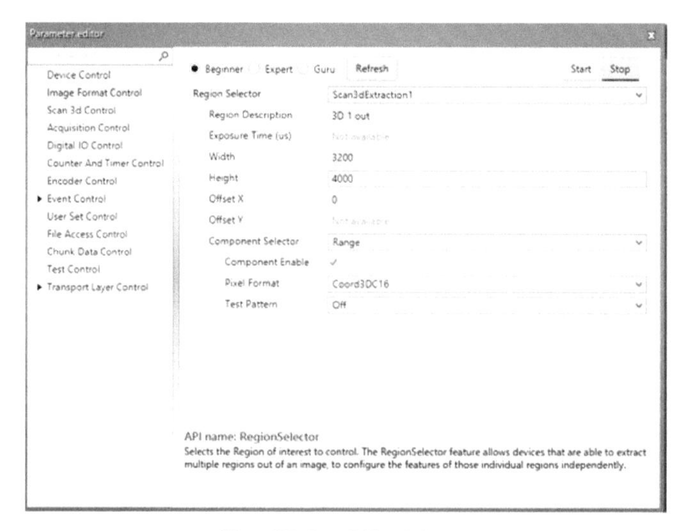


图 9　相机配置软件—参数设置

## 四、运行效果

应用软件上显示的涂胶检测情况如图 10 所示。

图 10　应用软件上显示的涂胶检测情况

应用软件上显示的箱体检测情况如图 11 所示。

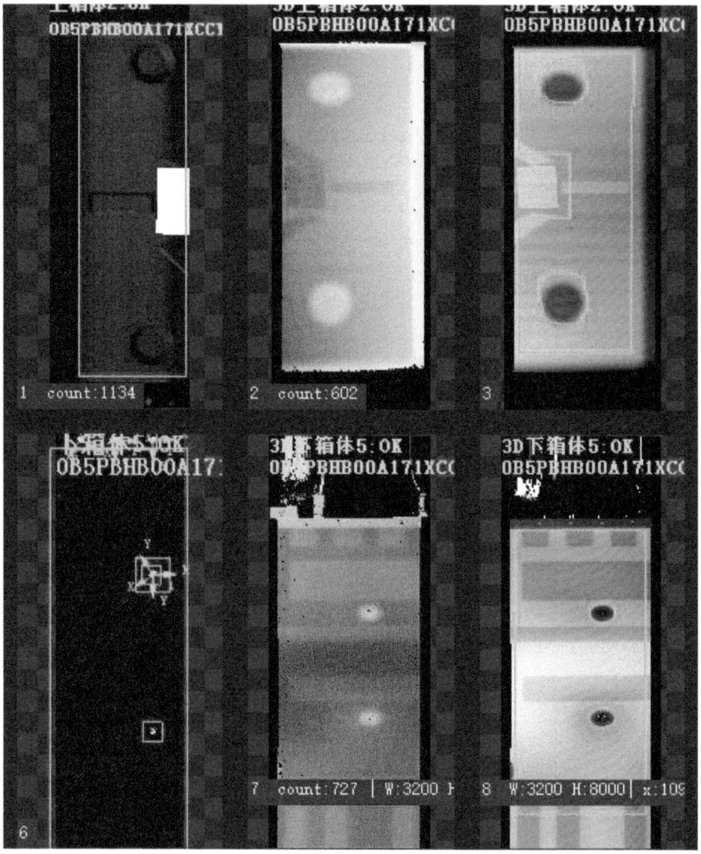

图 11 应用软件上显示的箱体检测情况

若出现不良现象，将 NG 结果反馈给 PLC，图像显示红色，将 NG 区域标记出来，方便员工及时查看锁定。

## 五、应用体会

SICK 3D 相机具备高精度、高速度的显著优势，是工业图像处理领域的不二之选，广泛应用于新能源、3C 电子、轨道交通等各领域。具有高效、快捷的显著特点，可轻松地完成复杂的检测和测量要求。

## 参考文献

[1] 西克传感器 .SICK 新一代高性能一体式 Ruler3D 相机 [Z].

[2] 西克传感器 .Ranger3 图像数据格式说明 _V2.0[Z].

[3] 西克传感器 .Ranger3 产品介绍手册 _CH_202007[Z].

# 用 SICK RulerX40 3D 相机检测电池模组的应用

张方
（苏州凯尔达智能技术有限公司　技术支持部）

[ 摘　要 ] 在工厂自动化越来越高的今天，各个行业自动化的应用进一步得到普及。在一些工业制造行业，企业不仅追求高度的自动化，还对安全防护提出了新的需求。本文以电池电芯检测应用行业升级需求为应用点，重点介绍 SICK 3D 相机在此领域的应用原理和实现方法。

[ 关键词 ] 3D 激光、TCP/IP 通信、激光扫描、三菱

## 一、项目介绍

本项目以 SICK 3D 相机为基础，通过三菱 Q 系列的 DP 通信进行高度位置测量，通过 TCP/IP 通信和三菱 PLC 进行数据交互进行对电池电芯的高度检测。

1）项目所在地：某动力电池有限公司。

2）项目简要工艺介绍：装在三轴上的 3D 相机移动拍摄进行 3D 焊点凸起检测。

3）项目中使用的 SICK 工业产品型号为 SICK RulerX40、数量 1、类型 3D 激光，具体应用在检测电芯高度产品上。

4）应用场景实体图见图 1。

图 1　应用场景实体图

5）电芯圈住区域为高度扫描位置，总共需要扫描四次（见图 2）。

图 2　高度扫描位置

6）SICK EasyRanger Program Editor 查询 3D 图像（见图 3）。

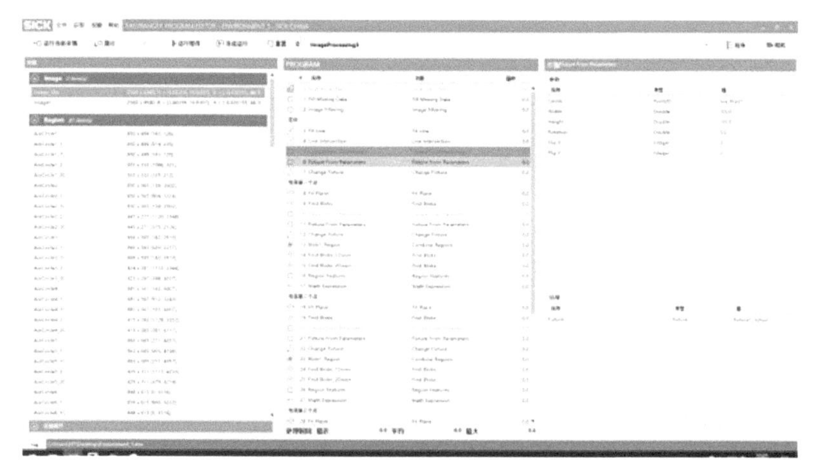

图 3　3D 图像

7）以铁片为基准圈住的为检测区域相互对比，以此来判断高度差（见图 4）。

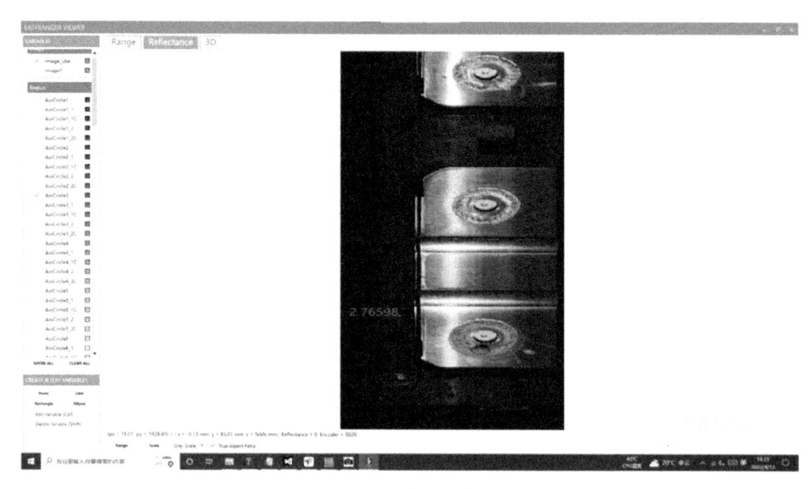


图 4　检测区域

8）电芯高度凸起 NG 画面箭头指向处见图 5。

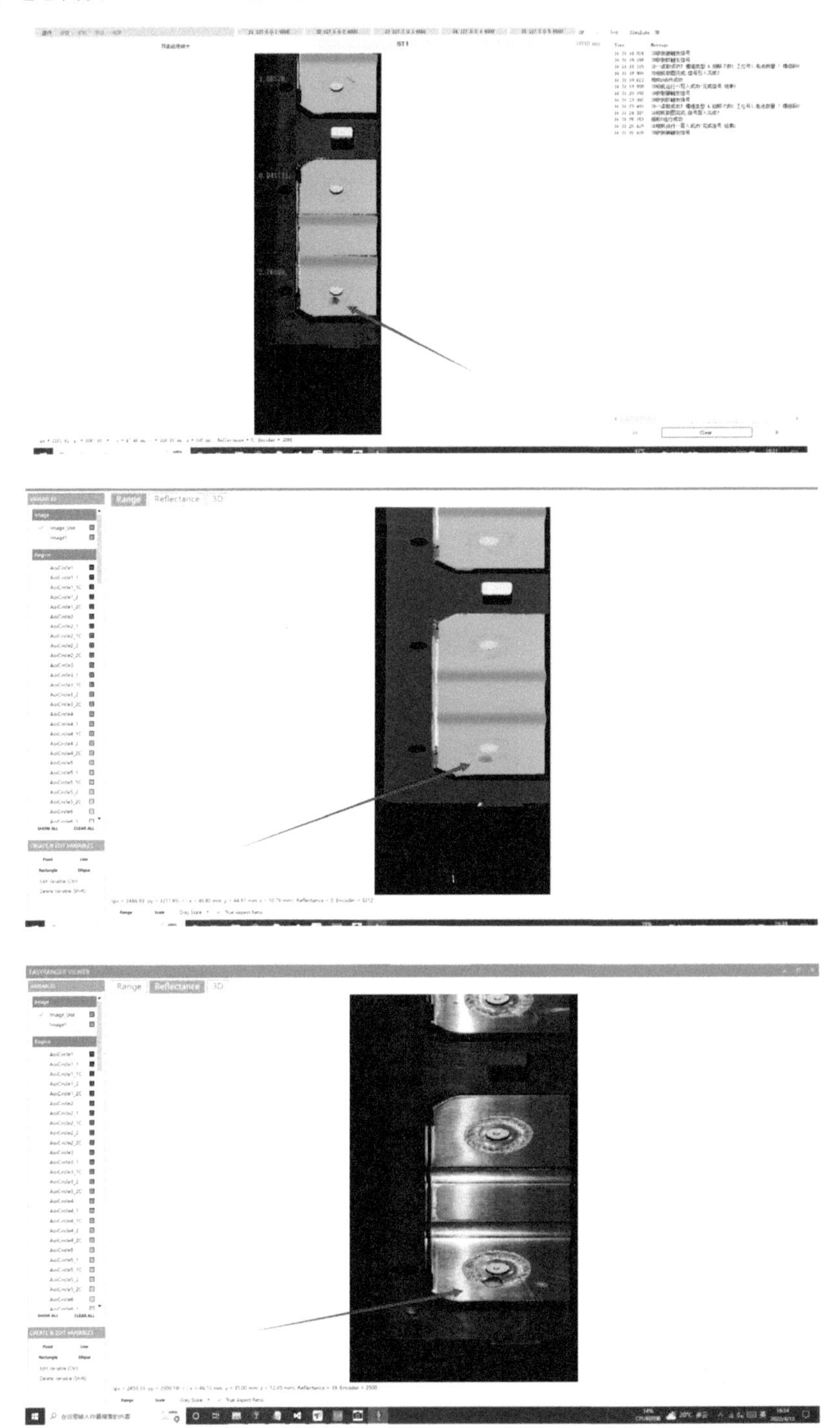

图 5　电芯高度凸起 NG 画面箭头指向处

图 5 电芯高度凸起 NG 画面箭头指向处（续）

9）PLC 设备 3D 使用循环见图 6。

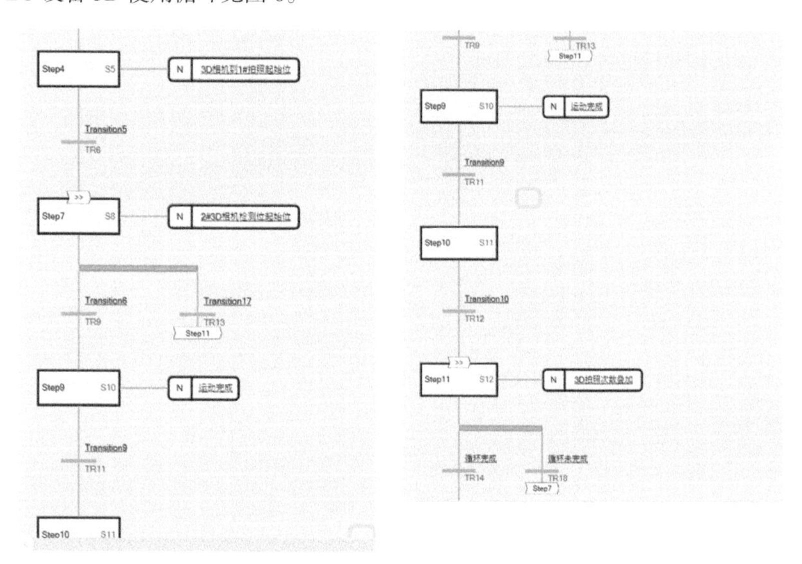


图 6 PLC 设备 3D 使用循环

SICK RulerX40 3D 相机安装位置和型号如图 7 所示。

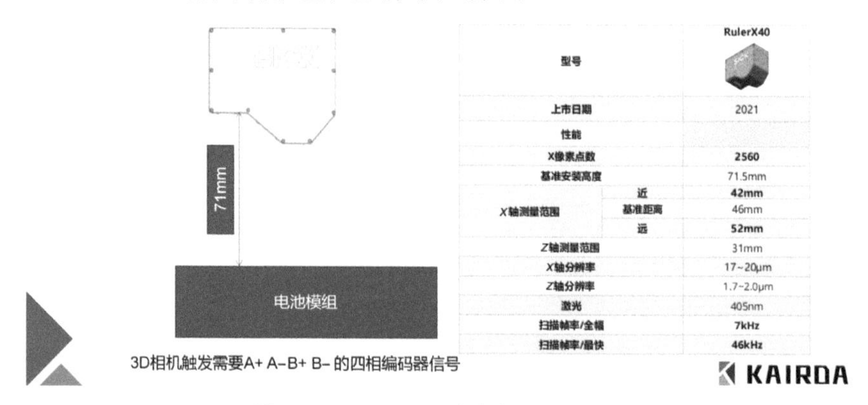


| 型号 | | RulerX40 |
| --- | --- | --- |
| 上市日期 | | 2021 |
| 性能 | | |
| X像素点数 | | **2560** |
| 基准安装高度 | | 71.5mm |
| X轴测量范围 | 近 | **42mm** |
| | 基准距离 | 46mm |
| | 远 | **52mm** |
| Z轴测量范围 | | 31mm |
| X轴分辨率 | | 17~20μm |
| Z轴分辨率 | | 1.7~2.0μm |
| 激光 | | 405nm |
| 扫描帧率/全幅 | | **7kHz** |
| 扫描帧率/最快 | | **46kHz** |

图 7 SICK RulerX40 3D 相机安装位置和型号

SICK RulerX40 3D 相机工作原理如图 8 所示。

➢ 首先定位中心圆孔，根据圆心位置生成检测区域圆环。
➢ 对圆环区域拟合平面。
➢ 利用高度值分别提取孔、洞、凸起等缺陷。
➢ 对中心圆孔内区域拟合平面，然后在圆孔外侧取若干区域，并计算区域到该面的高度值来判断是否存在间隙缺陷。

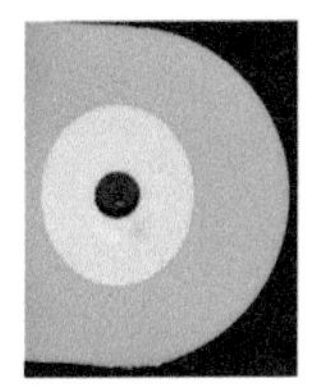

黄色圆环检测区域

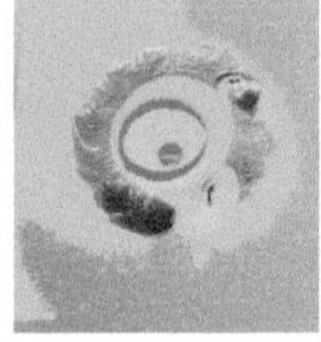

青色区域为拟合平面

KAIRDA

图 8　SICK RulerX40 3D 相机工作原理

SICK RulerX40 3D 相机扫描效果如图 9 所示。

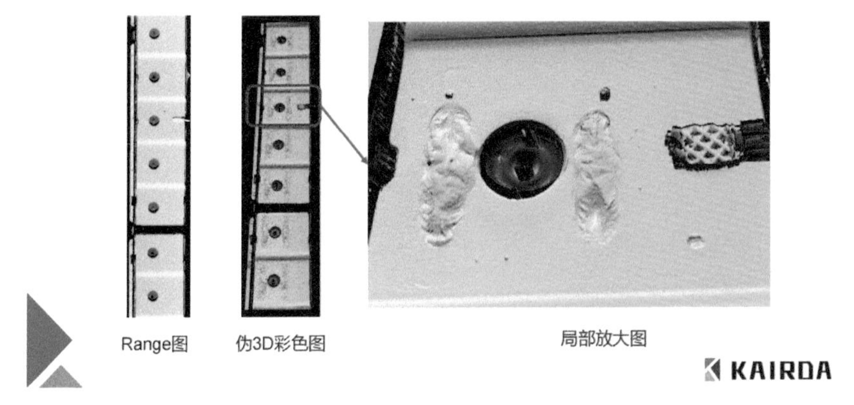


图 9　SICK RulerX40 3D 相机扫描效果

## 二、应用体会

1）高速检测，扫描帧率快，高灵活性，定制化服务。

2）分体式产品，可根据客户检测的特定视野、工作距离、特殊材质等条件，优化角度或者激光光源，提升性能。

# 用西克 RulerXR 系列 3D 相机实现汽车新能源电池外观检测及尺寸测量的应用

鲁新华　技术员

（苏州凯尔达智能技术有限公司　技术部）

[ 摘　要 ] 当前新能源汽车行业正处于高速发展的黄金期，在高需求驱动下，各大锂电池制造商纷纷布局产能扩建，同时对产线及设备提出更高速度、更高节拍的运行指标要求。产能的急速扩张，背后是对速度的更高追求，西克 RulerXR 系列 3D 相机，凭借高速、高精度的关键性能指标，为众多锂电池制造商及设备商提供了高性价比的视觉选型方案。本文以生产产线上的工艺要求把控为主，重点介绍了西克 RulerXR 系列相机在此领域的应用原理和实现方法。

[ 关键词 ] 西克 RulerXR 相机、相机参数、相机对区间取像、尺寸测量、外观检测

## 一、项目介绍

1）本包胶项目分为包胶前外观检测和包胶后的外观检测及电芯尺寸的测量，包胶前外观检测主要检测来料电芯表面是否有刮痕、凹陷和突起，如果有将会直接影响下一步包胶的质量，包胶前的检测工位就是要将存在的不良产品截断，阻止不良品流入下道工序。

2）包胶后的检测是对成品出货质量的最后把控，此工位将对电芯包胶后的包膜，包括褶皱、气泡、凸起等一系列不良产品做出分类，同时相机还将对包膜后的电池重新进行尺寸测量，保证成品电芯的出产质量，从而从源头上避免不良品流到终端客户。

3）工位运转时，电芯被放到指定的位置后，两组 RulerXR100S 和 RulerXR150 相机在伺服的带动下向一个方向移动，取图对电芯进行检测，同时一对相机取到的两个电芯面通过标定及面距可算出电芯的尺寸，然后通过每块电芯特定的“身份证”将检测的数据绑定到电芯上，最后将数据发送到通信的上位机，上位机通过数据处理即可实现对各类电芯的分类处理。

RulerXR 系列相机平面图如图 1 所示。

RulerXR100S 和 RulerXR150 相机的安装布置如图 2 所示。

相机的安装要求，一对相机对立安装，将两台相机的取像口相对在同一直线上，伺服带动两个相机同时移动取图，使两个相机的检测得以同步执行；该项目工位涉及 RulerXR100S 和 RulerXR150 各两台相机。

4）相机检测路径如图 3 所示。

取像效果及图像处理结果如图 4 所示。

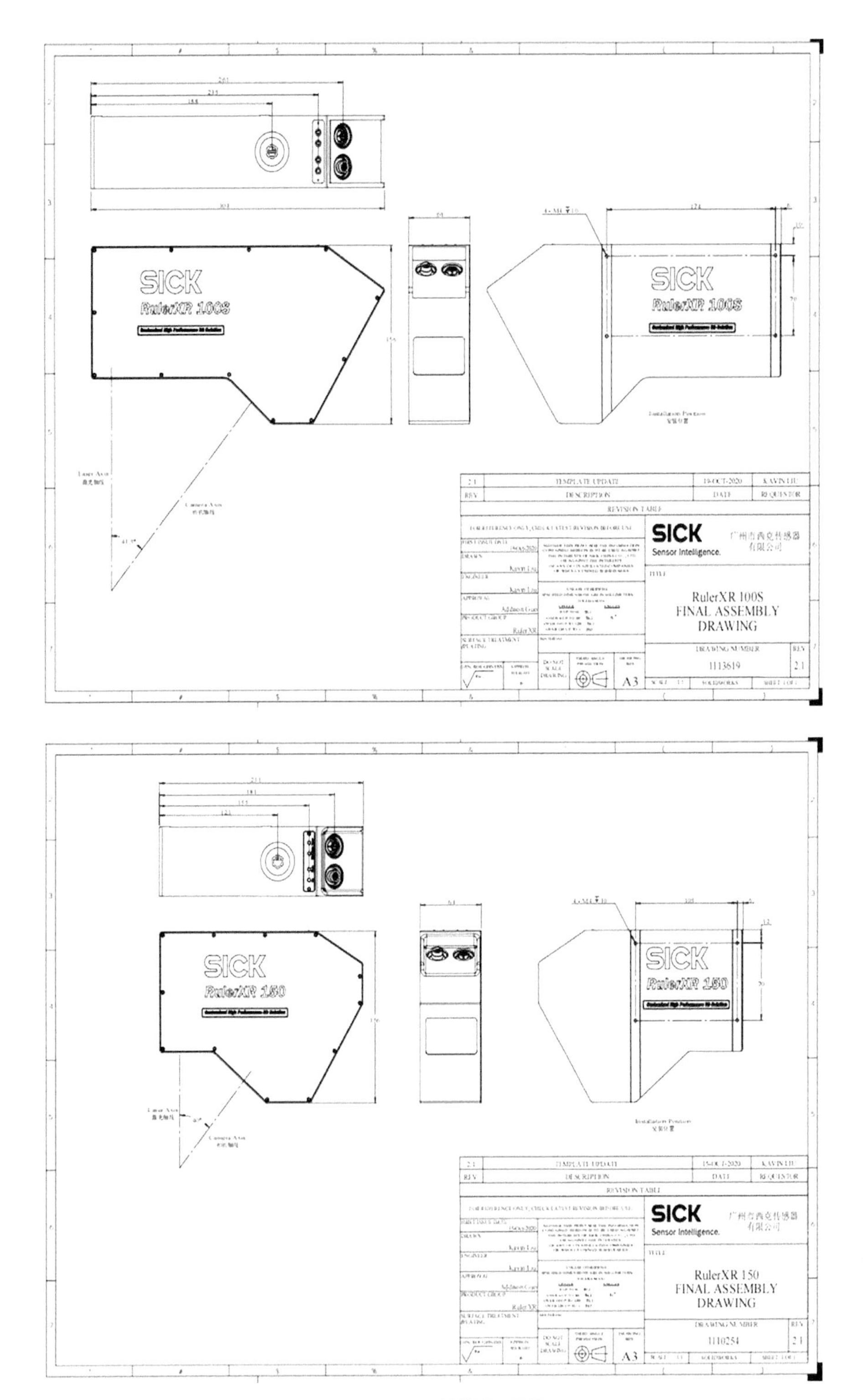


图 1 RulerXR 系列相机平面图

图 2　RulerXR100S 和 RulerXR150 相机的安装布置

图 3　相机的检测路径

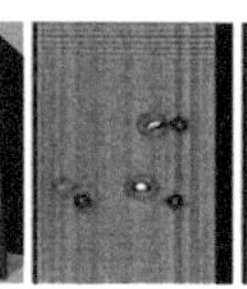
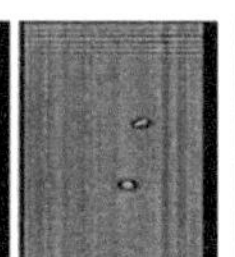
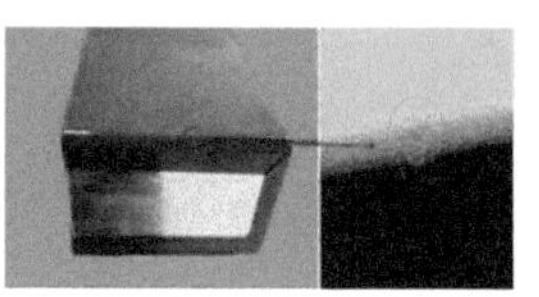

图 4　取像效果及图像处理结果

## 二、系统结构

1）工作流程图如图 5 所示。

图 5　工作流程图

2）程序部分内部运行设置如图 6 所示。

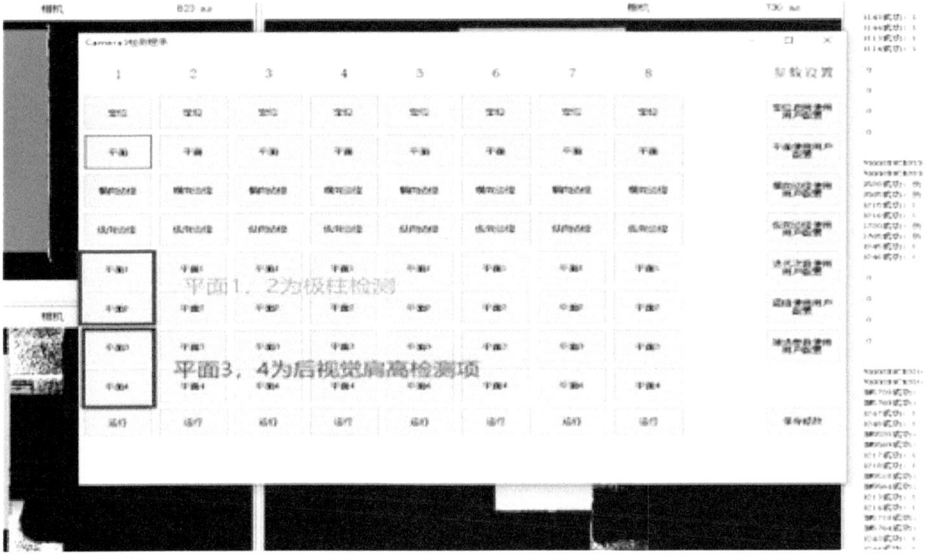

图 6　程序部分内部运行设置

## 三、功能与实现

### 1. 本案例重点功能

1）视觉处理结果和上位机的交互。
2）相机脉冲触发信号的稳定。
3）相机在伺服路径上兼容每个电芯的位置都能正常取到图像。

### 2. 相机安装前的相关设置

相机在安装前需要事先确定好电芯正常生产流程下的摆放位置，从而确定取像视野成像距离，这一步直接影响到相机的安装位置，下一步就是对相机两边网口的地址设置，即给网口设置唯一地址；此后应结合现场电气硬件的需求，对相机参数做出硬件需求性设置，具体参数相关设置如图 7 所示。

在“Image Format Control”参数栏中，“Region Selector”参数筛选栏下的“Width”和“Height”处设置成像的高度和宽度，如图 8 所示。Height 参数需要根据现场实际情况设定，需要考虑到现场待检测电芯的平整一致性，如果设置过小，电芯一致性过差会导致取像不全。

另在同栏 Scan3dExtraction1 下的 Width 和 Height 处设置相机取像（见图 9）的视野长宽的大小，以保证取像能完整显示出来。

Device User ID 处可设置相机 ID 名称。

程序内部运行设置如图 10 所示。

行车在车间运行时，根据 LMS511 实时的点云数据和行车所在位置的历史数据进行轮廓比对，程序如下所述。

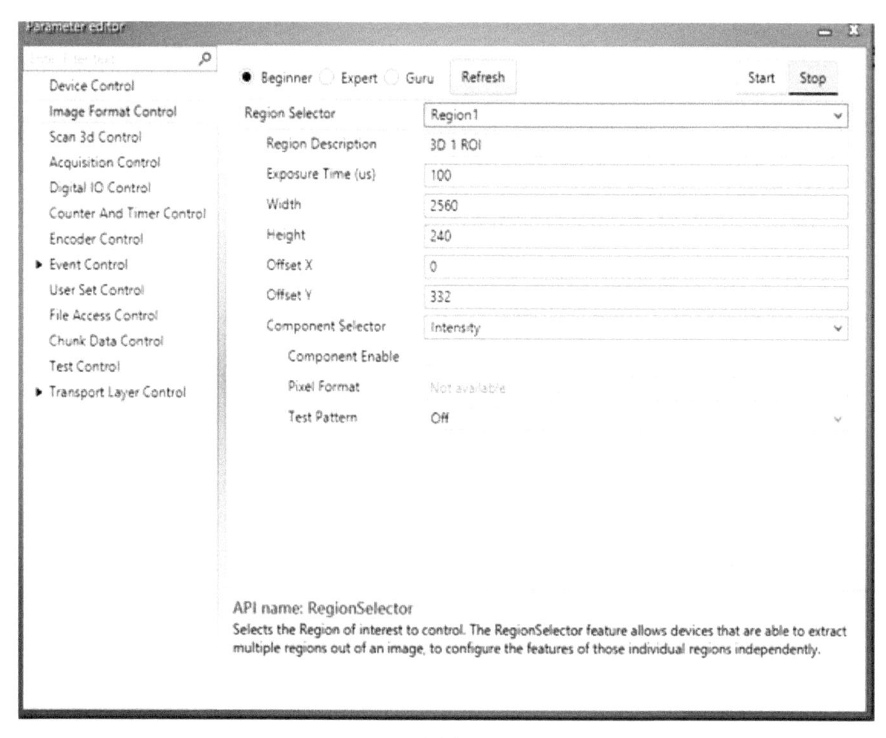


图 7　参数相关设置

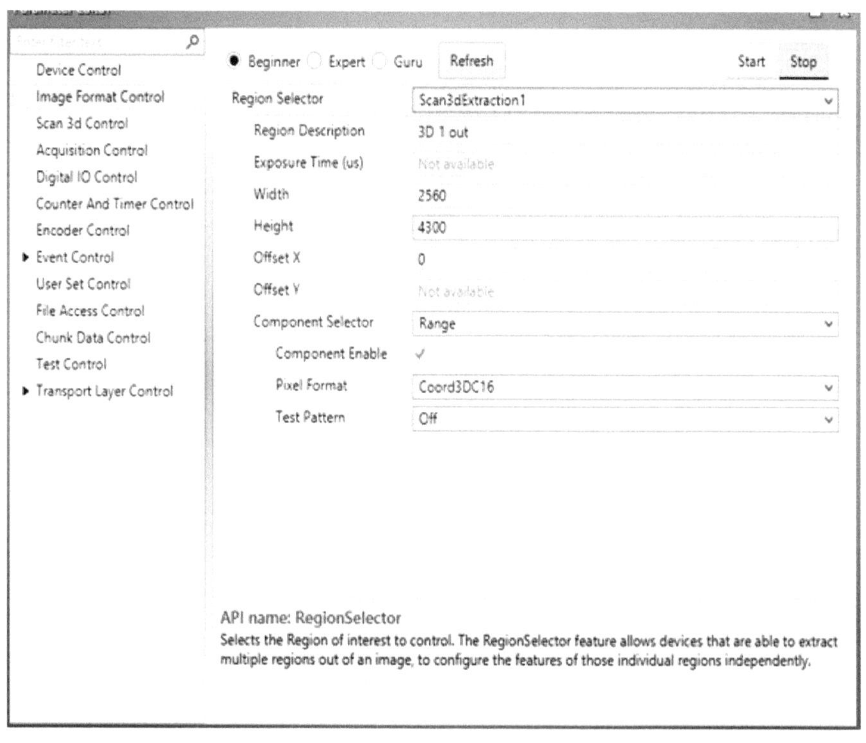


图 8　设置成像高度和宽度

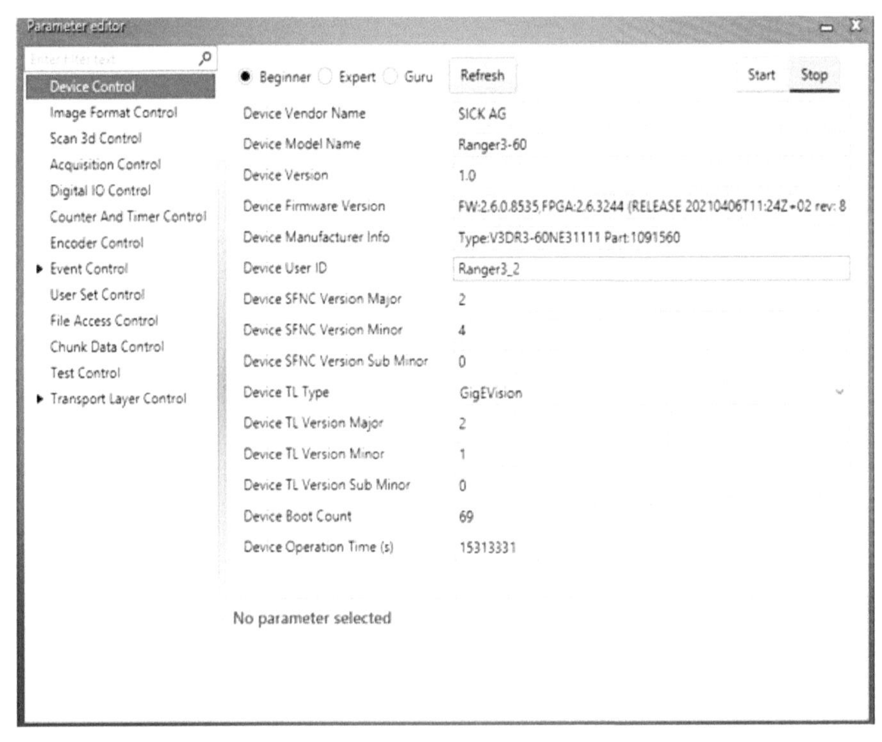


图 9　设置相机取像的视野

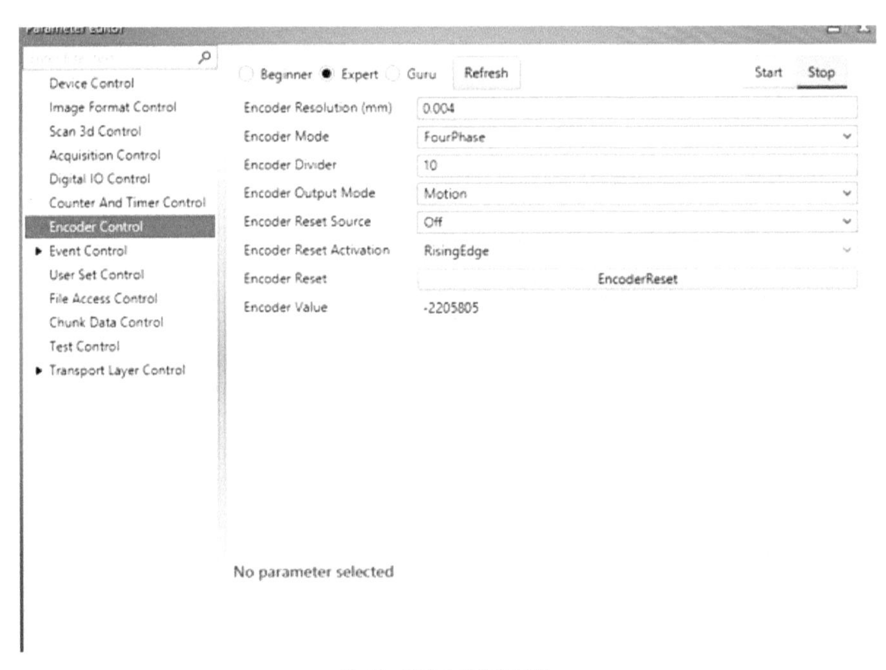


图 10　程序内部运行设置

## 四、运行效果

相对某特定位置的历史轮廓数据，有物体闯入后的新轮廓数据在中间部位距离变化明显，电芯检测面到达取像位置后图 11 中间黑色区域会出现实时取像位置。

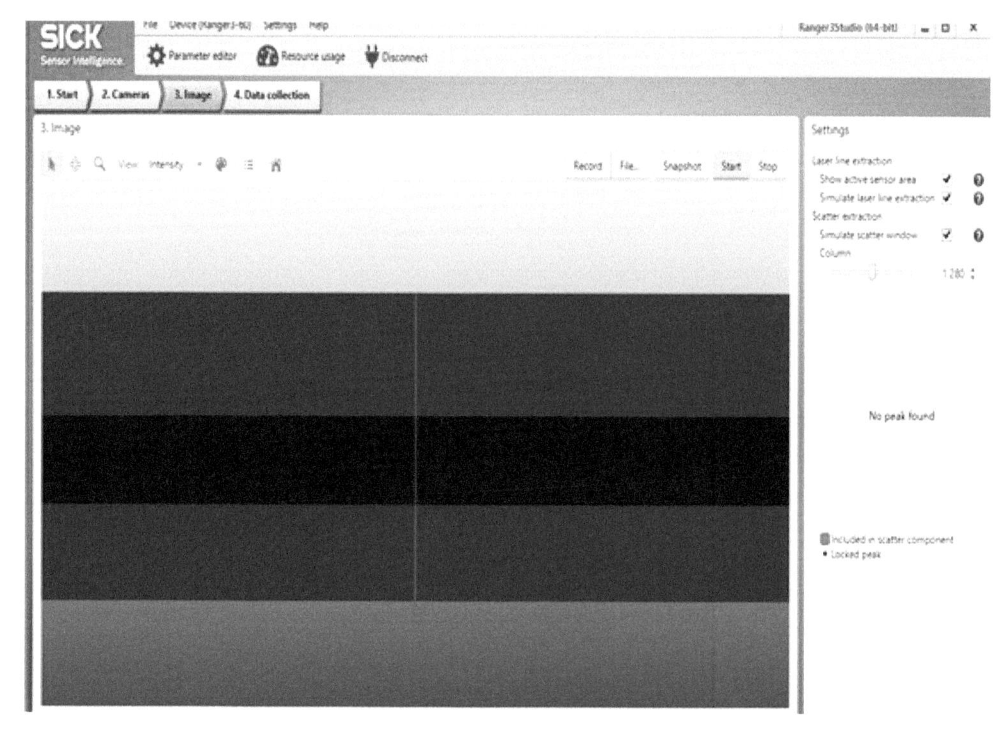


图 11　比对程序

## 五、应用体会

1）3D 视觉产品提供了 2D 视觉不能获取的信息，给很多检测需求带来了可行性，诸如相对高度、体积计算，物体表面平面度和厚度测量以及机器人的无序抓取等等，从而开拓了视觉的检测领域，也大大地刺激了 3D 技术的革新。

2）3D 传感技术实现了物体实时三维信息的采集，为后期的图像分析提供了关键特征。智能设备能够据根据 3D 传感复原现实三维世界，并实现后续的智能交互。

3D 视觉被认为是“人工智能终端的眼睛”。聚焦 3D 视觉感知的底层关键技术，聚焦产业链、创新链、价值链的最核心环节是我们从未改变的追求。

融合来自多个来源的数据是 3D 机器视觉的优势之一，因为它具有强实时性。从广义上讲，机器视觉涵盖了所有工业和非工业应用，其中硬件和软件共同提供基于图像捕获和处理的操作指导。这种工业视觉系统虽然使用类似于学术和军事计算机视觉应用的算法和方法，但需要更高的鲁棒性、可靠性和稳定性——这些属性通过有效的 3D 视觉系统得到改善。

# 轨道交通行业自行走巡检小车项目

罗威　技术总工
（长沙铭准　技术部）

［ 摘　要 ］ 在轨道交通高度普及的今天，为保障列车安全、稳定的运行，安全可靠、快速的轨道巡检必不可少。轨道巡检车提供轨道的巡检记录，可以发现轨道平顺状态不良的地点，以便采取紧急补修或限速措施，并确定应进行计划维修的里程段落，编制维修作业计划。本文以轨道交通行业轨道高速巡检升级需求为应用点，重点介绍 SICK 高速 3D 相机 Ranger3 在此领域的应用原理和实现方法。

［ 关键词 ］ 3D 相机、点云、数据拼接、轨道

## 一、项目简介

项目使用 SICK Ranger3 kit（见图 1）3D 组件来获取道轨点云数据，使用提供的数据接口配合终端客户上位机进行点云拼接以及数据处理，实现包括轨道间距检测以及轨道表面瑕疵、异物等异常项的检测。

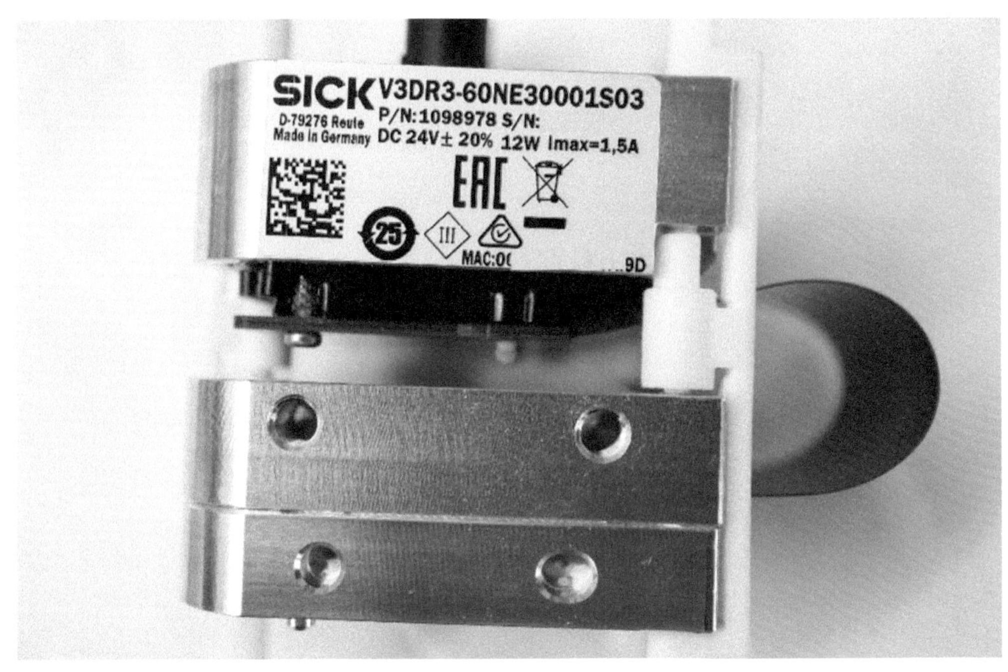


图 1　SICK Ranger3 kit

## 二、系统结构

1）本系统使用两台 Ranger3 kit 相机增加视野以覆盖整个轨道宽度，应用主要使用 C++ 进行编写。首先使用 SICK 自带软件对 Ranger3 进行内部标定，然后获取两条道轨的点云数据（经过高精度标定），结合 SICK 的 API 使用 OPENCV 开源算法融合自研算法进行点云数据拼接及数据处理，分析建模，最终实现对异常项进行检测。

2）系统流程图（见图 2）

上位机发送指令启动两台 Ranger3 获取两条道轨的点云数据，并将两台相机的点云数据拼接显示；对点云数据进行分析建模；并对异常项进行检测；遇到异常提供报警提示。

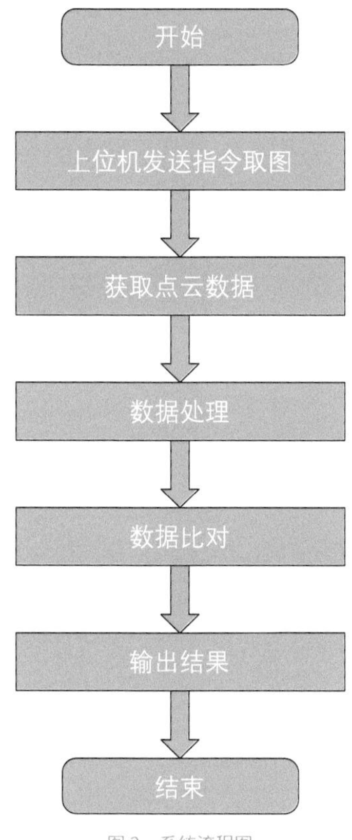


图 2　系统流程图

## 三、功能与实现

本案例重点功能：

### (1) Ranger3 Kit 系统架设及内部标定

得益于 SICK Ranger Setup Assistant 软件（见图 3），在软件中填入相机、镜头及激光等相关信息，即可实时地获取此时相机的视野大小，为相机系统架设提供了很多参考信息，特别是对于初次架设系统会提供很多便利。

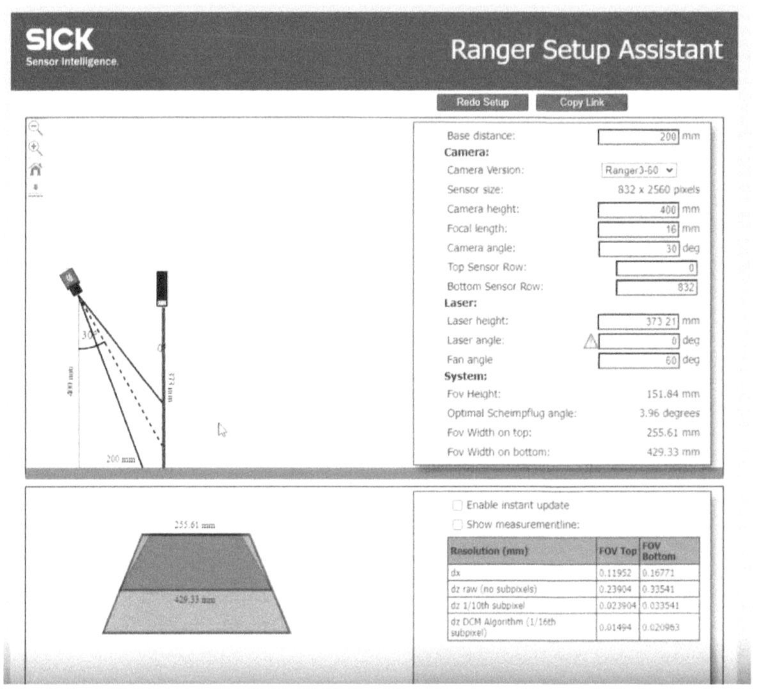


图 3 SICK Ranger Setup Assistant 软件界面

### （2）相机标定

SICK 提供了相机参数设定及标定的 Stream Setup 软件，可以实现在线标定或离线标定；同时标定算法也提供了锯齿标定和点阵标定；由于检测轨道需要的视野较大，此项目采用的是锯齿标定方法。SICK 还提供了保姆级的相机标定的手册（见图 4），为后续现场调试提供了非常多的帮助。

**锯齿标定**

收集图像Collect images

**1/3 锯齿放置**

› 锯齿形靶标不能绕着它的垂直轴倾斜或旋转的方式放置在激光平面中。

› 围绕水平轴的微小旋转是可以的。

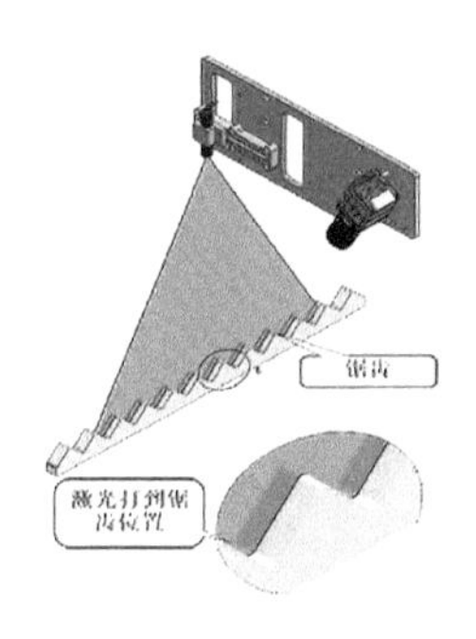


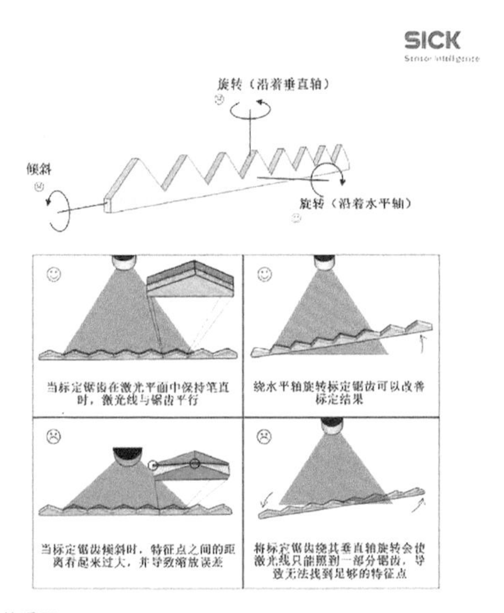


图 4 SICK 部分手册

**（3）点云拼接与数据处理**

经过单体相机的标定后，上位机发送指令同时获取两台 Ranger3 Kit 的 3D 图，使用 OPENCV 开源算法融合自研的数据处理算法（由于目前正在申请专利，暂时不在此做详细说明）进行点云数据拼接处理，可以实现数据比对。

另外，轨道表面的凹痕、裂纹等异常的检测无法通过简单的数据比对确定是否异常，所以此项目还整合深度学习算法，也需要特别感谢车检所的支持与配合，在长达半年的时间与车检所沟通合作，使用 3D 相机获取大量轨道表面的数据，并对大量的数据进行标定、训练最终获取轨道的数据模型，从而满足了轨道表面瑕疵检测的应用需求。

**（4）与旧系统的兼容性**

以前的巡检车系统使用的是线扫相机拍摄 2D 图像，然后进行处理，得益于 SICK Ranger3 Kit 强大的性能，可以在输出 3D 图像的同时输出 2D 图像，这样可以完美地解决与以前旧系统的兼容性问题。相机架设及系统图如图 5 所示。

图 5　相机架设及系统图

## 四、运行效果（见图 6~ 图 8）

经过测试此系统可以作为 30~40km/h 的日常巡检使用，得益于 Ranger3 Kit 全幅最高 7kHz 的 3D 图像输出，系统最高运行速度可以达到 100+km/h，可以满足多种巡检要求，如轨距检测、轨面瑕疵检测等。

得益于 SICK Ranger3 Kit 相机支持 2D 图像（见图 6）输出，可以完善地兼容以前的巡检车系统。

图 6　2D 图像

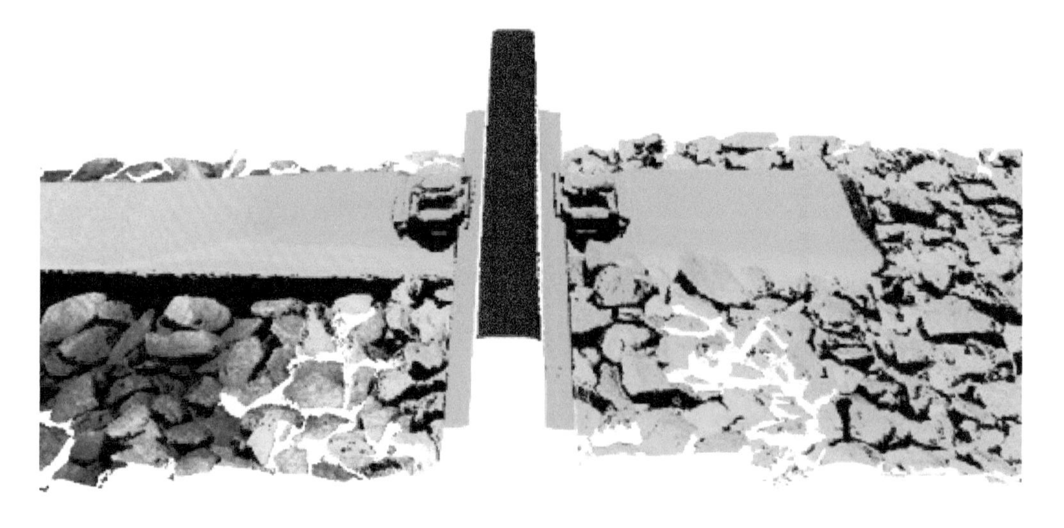

图 7　数据拼接后的效果图

图 8　运行测试

## 五、应用体会

1）SICK Ranger3 系列产品在做到高分辨率：2,560px * 832px 的同时做到高速：7kHz 全幅，46kHz（128 行）输出，为实现高速高精度在线检测提供可能，提高铁路稽查效率以确保行车安全；在提高巡检速度的同时还可以解决以前传统 2D 图像巡检无法解决的深度方向的品质检测问题。

2）SICK Ranger3 系列产品支持同时输出 3D 图像和 2D 图像，可以兼容以前的巡检车系统。

3）本项目使用的 Ranger3 Kit 是分体式封装，其灵活的安装方式为视觉系统的机械设计提供了更多的灵活性，搭配不同镜头和激光来满足终端客户苛刻的要求。

4）完善的 API，可以配套多种第三方算法（OpenCV / Halcon / Matlab 等）。

## 参考文献

[1] 西克传感器
操作手册 [Z/OL]. https://cdn.sickcn.com/media/docs/2/12/412/operating_instructions_ranger3_3d_vision_zh_im0081412.pdf.

[2] CPPreference [Z/OL]. https：//zh.cppreference.com/w/%E9%A6%96%E9%A1%B5.

# ◆ 激光雷达

SICK

# LMS511 3D 云台及相关测量类传感器在自动行车中的应用

司成林　电气工程师
姚　鹏　软件工程师
杨鲲鹏　软件工程师
（洛阳卡瑞起重设备股份有限公司　技术部）

[ 摘　要 ] 随着时代的进步，人类社会迈入了信息化时代，对于起重机行业来说也正在经历着由人工操作到自动化、智能化的变革。自动化起重机不仅可以降低劳动力成本、跟踪库存信息、优化存储方案、减少生产损失、提高生产力，还可削减相关配套设施的资金费用。一些常见的应用领域包括钢材生产、造纸、废料再生能源、造船、集装箱处理、食品生产、金属加工和一般制造。本文以仓库行车自动装卸货物的需求为应用点，重点介绍西克定位传感器及搭载激光雷达 LMS511 的 3D 云台系统在此领域的应用原理和实现方法。

[ 关键词 ] 激光雷达、3D 云台、工厂行车、TCP/IP 通信、轮廓扫描、点云数据等

## 一、项目简介

本项目通过西克 LMS511 3D 云台对进站的火车、卡车进行全程扫描，上位机应用程序获取火车的点云数据，对其进行处理，通过数据库对比，获得火车的车厢数量、车厢型号以及每节车厢上盖子的中心坐标等信息，这些信息通过汇总，传送给库管系统，由库管系统发送调度信息给行车 PLC，实现行车的自动开闭火车车厢顶盖，然后抓取车厢中的罐体。通过西克 LMS 3D 云台对卡车进行实时扫描，分析卡车的点云数据，获取卡车上鞍座的中心坐标，实现罐体精准地落入鞍座中，完成卸车。用同样方法能够完成装车。

## 二、硬件组成

行车各个机构的定位传感器是西克产品如图 1 所示。

1）起升机构采用 AFM60 系列绝对值编码器，编码器通过 PN 总线与 PLC 通信，反馈位置数据给 PLC，实现行车起升机构的精确定位。

2）大车、小车机构采用 OLM100 条码定位传感器，通过读码器扫描一维码带如图 2 所示，实施测量大小车位置，反馈位置数据给 PLC，PLC 通过算法实现大小车的精确定位。

3）西克 LMS511 3D 云台如图 3 所示。

图 1　定位传感器

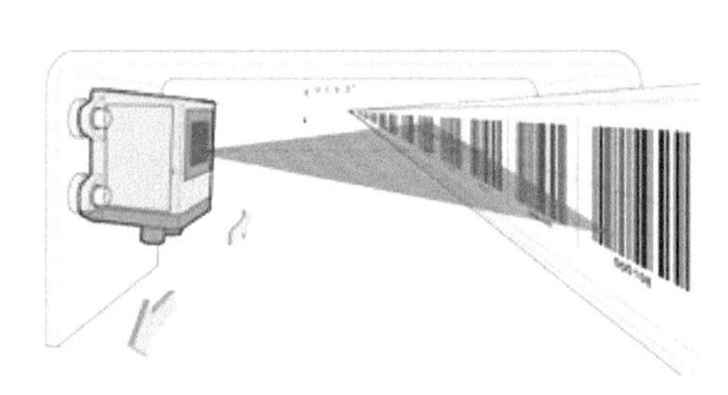

图 2　读码器扫描一维码带

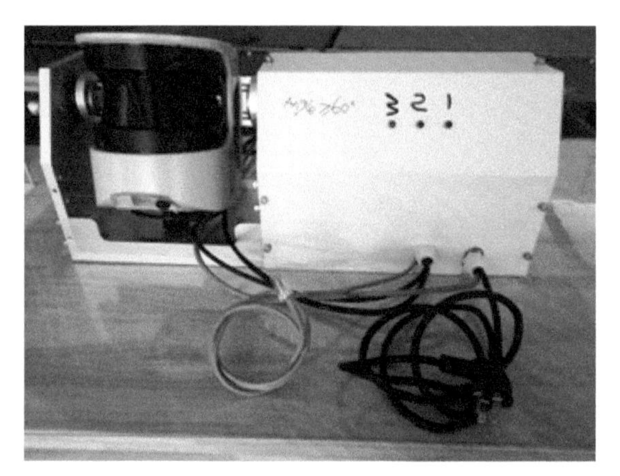

图 3　西克 LMS511 3D 云台

## 三、硬件工作原理

1）LMS511 3D 云台工作原理如图 4 所示。

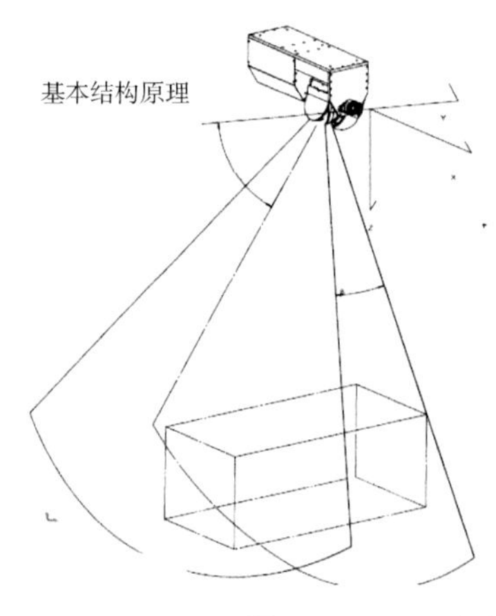


基于 PCL Point Cloud Lib 开发，生成 3D 点云数据，并将数据所构成的轮廓现实出来。所建模型与实际物体进行还原对应，让单层二维画面变成多层三维立体，解决实际生产生活当中的实际问题。

图 4　LMS511 3D 云台工作原理

2）LMS511 3D 云台在行车上面的安装位置如图 5 所示。

图 5　LMS511 3D 云台在行车上面的安装位置

3）LMS511 3D 云台对行车 X 方向运行布局示意图如图 6 所示。

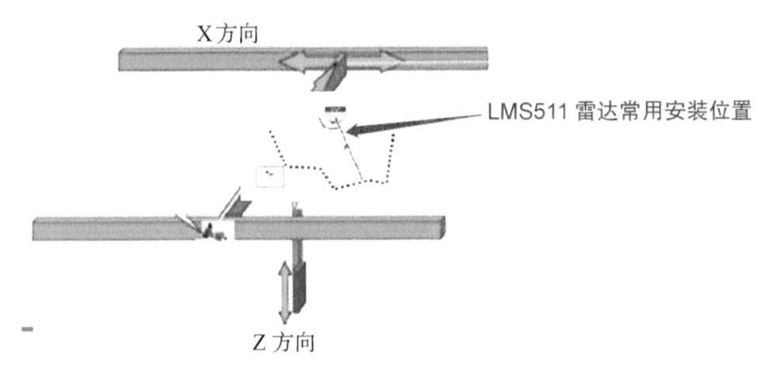


图 6　LMS511 3D 云台对行车 X 方向运行布局示意图

4）激光雷达 LMS511 3D 云台测量原理如图 7 所示。

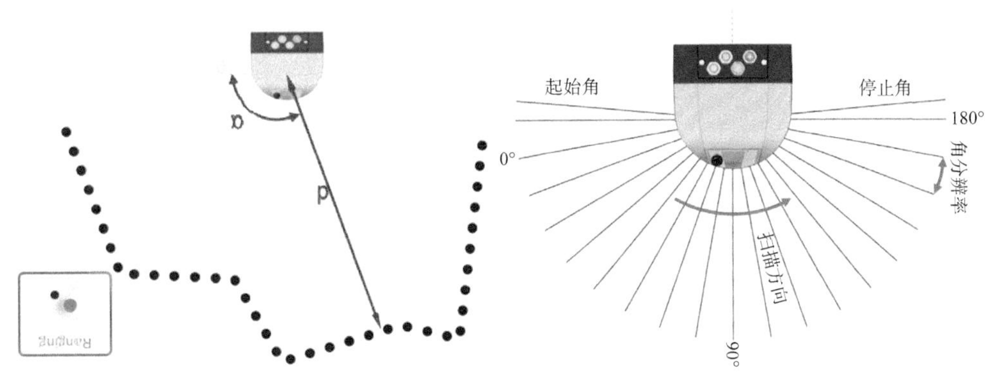


图 7　激光雷达 LMS511 3D 云台测量原理

5）该项目应用了两台行车，两台行车之间独立工作，每台行车都装有一台 LMS511 3D 云台，同时还涉及 LMS511 3D 云台和 PLC 的 TCP/IP 通信，在此项目中应用的是西门子 S1500 系列 PLC。

6）现场的工况图如图 8 所示。

图 8　现场工况图

# 四、系统结构

## 1. 系统内容

本系统应用 TIA V15.1 软件进行 PLC 程序编写；点云处理用 C++ 语言进行编写，对点云的处理应用 PCL（The Point Cloud Library）点云库算法；库管程序用 C# 进行编写；与 PLC 通信方面应用 snap7 通信库，在 TCP/IP 调试测试时应用 hercules 调试助手进行 LMS511 3D 云台通信指令测试。

## 2. 工作流程

PLC 采集各个机构编码器实际位置，LMS511 3D 云台上位机、库管上位机通过 OPC（OLE for Process Control）读取行车实际位置，根据用户操作指令，库管上位机发送命令给 LMS511 3D 云台上位机，云台上位机控制云台进行扫描、计算，将汇总的信息发送给库管，库管统一调度行车进工作。流程图如图 9 所示。

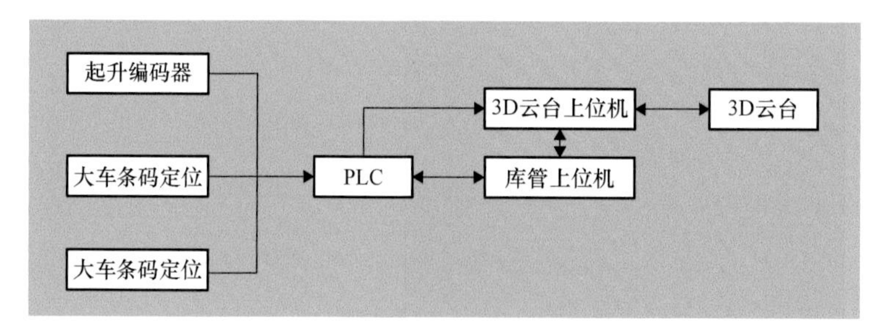


图 9　流程图

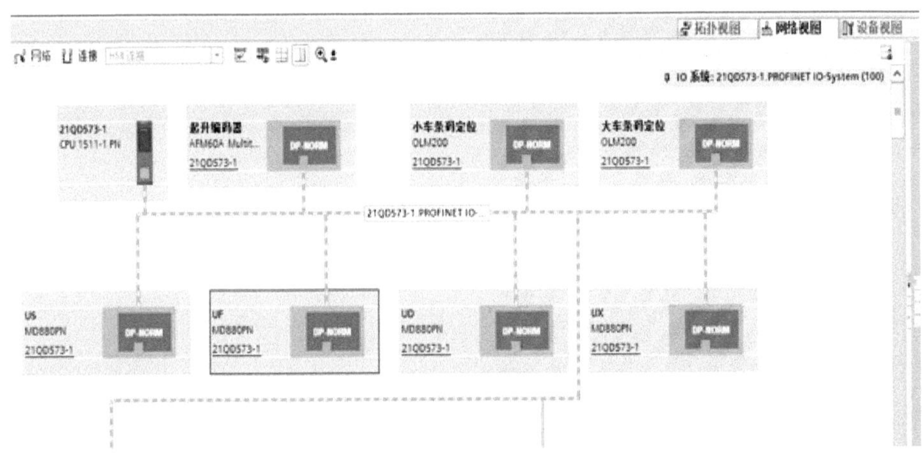


图 9　流程图（续）

## 五、功能与实现

### 1. 本案例重点功能如下：

a）上位机和 LMS511 3D 云台之间的 TCP/IP 通信。
b）上位机对 LMS511 3D 云台指令的封装。
c）上位机对 LMS511 3D 云台的点云数据接收及点云数据的处理。
d）控制行车的自动运行。

### 2. IP 地址和端口配置

默认 IP 地址及端口号：
PC：192.168.0.100 端口：8080
LMS：192.168.0.7 端口：2112/2111
云台（作为服务器）：192.168.0.10 端口：5000

注：云台上电前，按下控制电路板上 Button_S2 按键再上电，则云台使用默认 IP。

云台 IP 及端口号设置（见图 10）指令格式：IPS IP1IP2IP3IP4IP5S_PORTD_PORT
IPS[SP]：报文头
IP1IP2IP3：网段
IP4：云台 IP 地址
IP5：PC IP 地址
S_PORT：云台端口号
D_PORT：PC 端口号

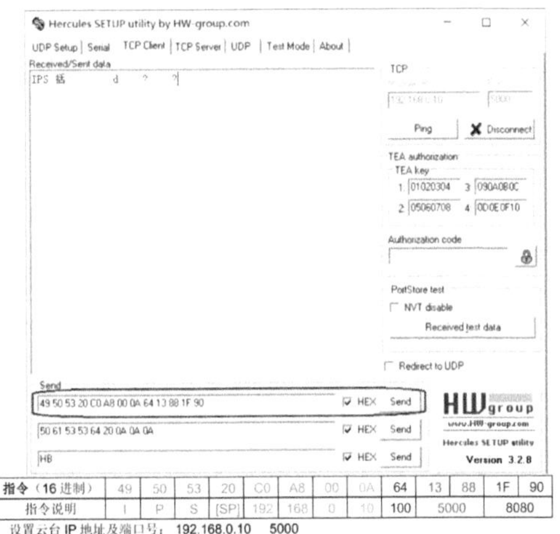


| 指令（16 进制） | 49 | 50 | 53 | 20 | C0 | A8 | 00 | 0A | 64 | 13 | 88 | 1F | 90 |
|---|---|---|---|---|---|---|---|---|---|---|---|---|---|
| 指令说明 | I | P | S | [SP] | 192 | 168 | 0 | 10 | 100 | 5000 | | 8080 | |

设置云台 IP 地址及端口号：192.168.0.10　5000
设置 PC IP 地址及端口号：192.168.0.100　8080
新的 IP 地址在指令发送完成后，重新上电后生效。

图 10　云台 IP 及端口号设置

## 3. 上位机对点云数据的处理

由于 LMS511 3D 云台在安装过程中一定会存在某个方向上的偏差，为了提高数据的精度，应对云台进行标定处理，将云台所处的坐标系转换到行车的坐标系下。通过四对同名点，利用 SVD 算法求得转换矩阵，如图 11 所示。

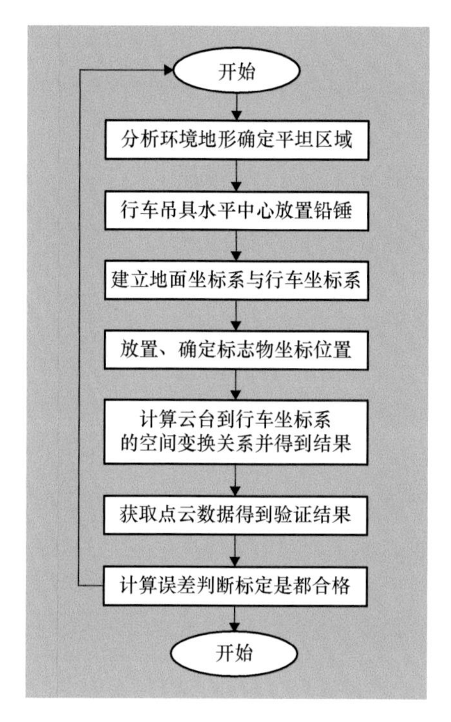


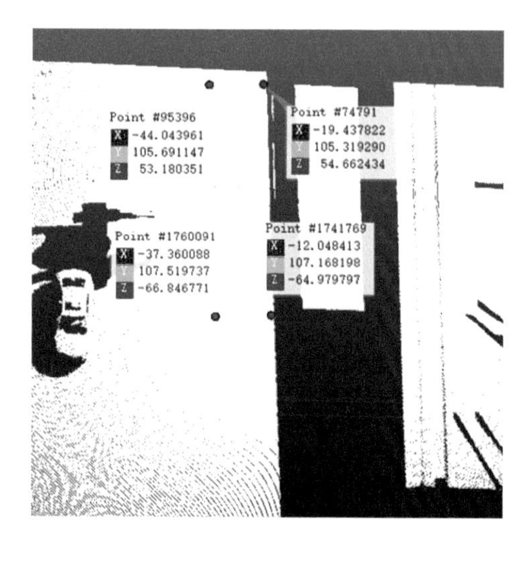


图 11　转换矩阵

在复杂的场景中分割出我们关注的物体并求得中心点是困难的，要经过滤波处理，提取特征点，圆柱的拟合，模板匹配等算法的处理。制作的模板如图 12 所示。

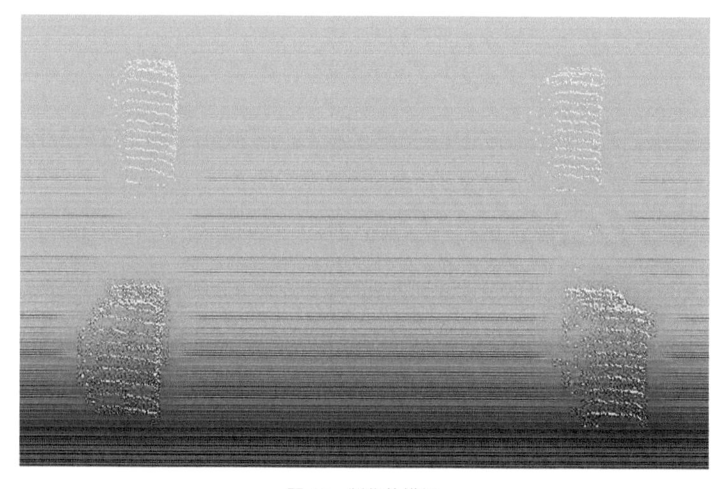

图 12　制作的模板

## 六、运行效果

LMS511 3D 云台采集的数据如图 13 所示。

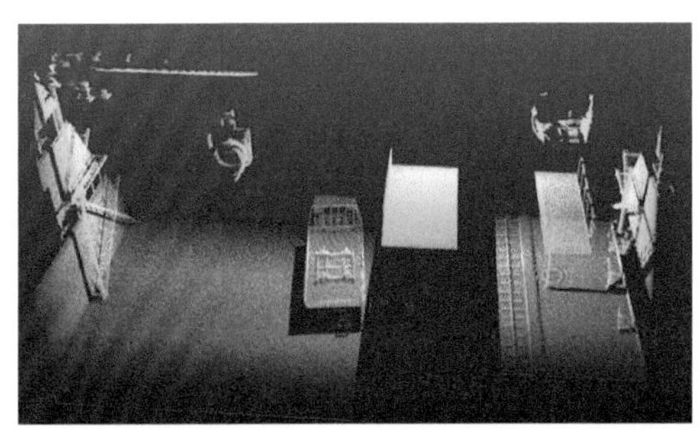

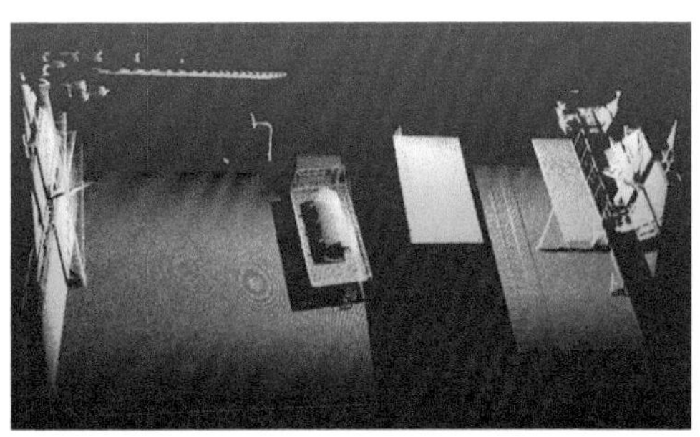

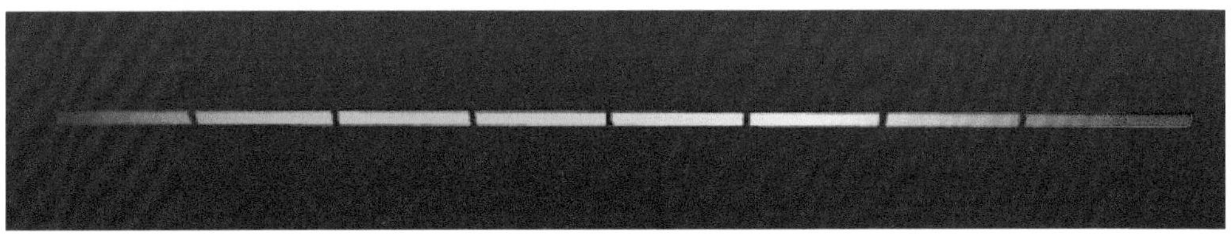

图 13　LMS511 3D 云台采集的数据

LMS511 3D 云台操作简单，采集到的数据也比较精准，为后续的点云数据的处理奠定了良好的基础，减少了测量的误差。

## 七、应用体会

1）LMS511 3D 云台系统提供了一整套完整的控制激光雷达采集点云数据的解决方案，采集到的数据经过处理就是我们熟悉的直角坐标系下的数据，大大地解决了从极坐标到直角坐标转换的复杂工作；并且还提供了详细的 LMS511 3D 扫描云台的 SDK 接口文档，方便我们将 LMS511 3D 扫描云台集成到系统中。

2）基于西门子 CUP 强大的 TCP/IP 通信，通过实际运用测试，虽然通信数据量很大，但是在数据的实时性和稳定性有较好的保证，给项目的实现带来的强大的硬件基础。

## 参考文献

[1] 西克传感器 [Z].
[2] SICK LMS 3D 点云系统操作手册 [Z].
[3] 设置 LMS 的数据传输协议 [Z].
[4] 点云库 PCL 从入门到精通 [Z].

# SICK 激光三维成像技术在柔性智能制造中的应用

黄陆君

（四川吉埃智能科技有限公司　总经理）

[ 摘　要 ] 工业时代前期的规模化大批量生产在刚性生产线的支撑下满足了社会对工业品的海量需求，随着自动化技术向更多应用领域的扩张，自动化系统的柔性要求越加明显。本文分享了四川吉埃智能科技有限公司以 SICK 系列化激光雷达为基础的多个三维尺寸测量、识别及其衍生的系统应用案例，对 SICK 激光雷达在柔性智能制造中的有益效果进行了分析。

[ 关键词 ] SICK 激光雷达、三维扫描成像、点云分析、柔性智能制造

## 一、应用（项目）简介

四川吉埃智能科技有限公司（简称吉埃智能）是一家以激光三维成像集成应用为主要业务方向的科技型企业，公司团队在激光雷达系统集成、点云数据分析应用和自动化系统集成领域有大量的工程应用经验，具备较强的软硬件集成能力，公司长期致力于以激光三维成像的柔性智能制造相关应用开发。吉埃智能先后以 SICK LMS 系列激光雷达、Ruler 3D 相机等激光三维成像传感器为基础，开展了多项面向智能制造系统集成的应用，在三维结构测量检测和基于激光三维测量技术的柔性智能制造应用方面有多个工程应用。

### 1. 开放式货运车辆全特征检测应用

以 SICK LMS511 为核心的传感器，针对袋装物料全自动装车应用开发的开放式货运车辆全特征检测系统，用于提升全自动装车机系统对各种复杂车型的自适应检测、识别和测量，有效提升了全自动装车机对复杂车型的适应性。目前，吉埃智能所开发的开放式货运车辆全特征检测系统，所设计的点云分析算法能够适应 98% 以上的各类开放式货运车辆检测需求，完成现场应用 40 余个，现场运行稳定可靠。

### 2. 散料堆体三维盘点、抓取引导和自动装车

以 SICK LMS511 的散料盘点、抓取引导和自动装车应用，以 LMS511 配合大型行车的进行散料堆体的快速扫描，通过点云数据的分析和抓取规则的植入，实现不规则的复杂堆体的全自动三维盘点，并以三维数据为基础完成自动行车抓取任务决策规划，实现行车自动抓取和散料全自动装车应用。完成 3 个不同行业的现场应用，复杂堆体三维扫描点云精度优于 ±2cm，自动抓取决策和装车任务规划能够有效保证现场应用。

### 3. 大型锻造 / 锻压工件快速三维测量分析应用

以 SICK LMS 4000 激光雷达和 Ruler XR600 相机为基础的锻造 / 锻压工件快速三维测量应用，通过系统深度集成实现快速三维点云获取、快速点云分析等功能。针对能源装备制造快速三维数字化应用，完成 1 项以 LMS 4000 为基础的大型锻件快速三维信息化系统应用。

### 4. 激光三维成像技术在数字化基建中的应用

以 SICK LMS151 系列激光雷达为基础的数字化基建施工检测应用，在隧道超欠挖检测、隧道数字化全景施工等领域，目前完成两个典型现场应用。

## 二、系统结构

在系统硬件方面，针对不同应用设计了以旋转扫描、摆动扫描和滑移扫描等不同运动方式的多种扫描系统，以自主设计的 ARM 嵌入式单元作为主控系统，结合增量式编码器等传感器实现了快速三维扫描；在系统软件方面，设计了以 open DDS 为数据和指令交互的统一软件框架，针对不同硬件传感器实现了数据采集控制、数据解析和三维点云计算；在功能应用方面，以计算的三维点云数据为基础，设计了点云分析算法实现了点云分类、点云对齐、特征参数化等多个基础功能，并基于基础功能完成了不同应用场景下的点云全自动分析功能。系统结构如图 1 所示。

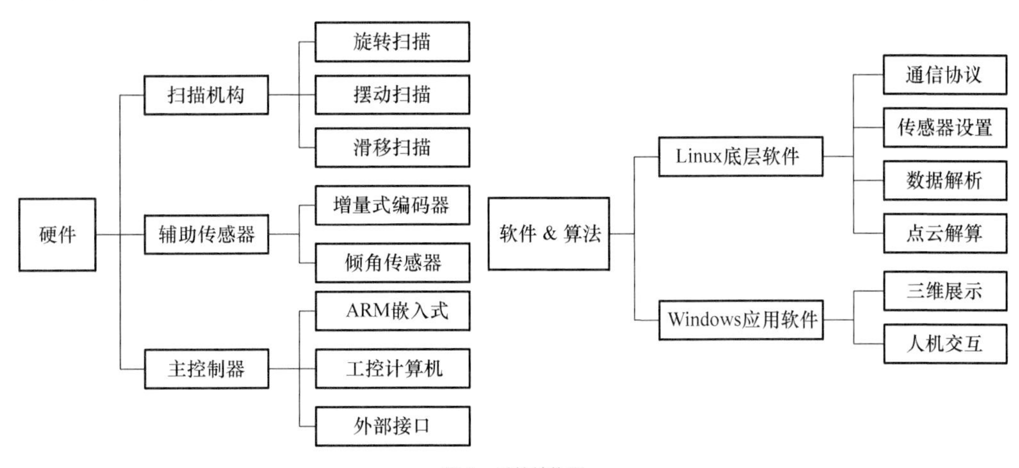


图 1　系统结构图

### 1. 硬件集成

针对不同的应用场景，设计了以电控转台、伺服摆动台和丝杠滑轨模组为基础的多种扫描方式（见图 2）硬件系统，不同的扫描方式均以增量式编码器作为同步信号，通过 SICK 传感器所提供的 IO 接口实现同步，完成点云的快速采集。

a）旋转扫描

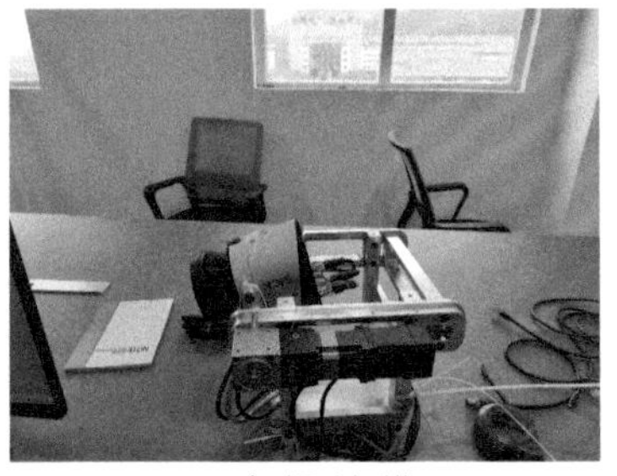

b）摆动扫描

c）滑移扫描

图 2　多种扫描方式

### 2. 控制和数据采集

针对不同的应用设计了以 ARM 为核心的多种嵌入式主控单元（见图 3），以满足不同应用场景下通信、控制和数据采集的需求，同时，结合 FPGA 和 ARM GPIO 实现底层运动控制。嵌入式选用多核心 ARM 处理器保证数据分析计算能力，同时通过通信接口的引出和外扩实现多通信接口的对外通信。

### 3. 数据分析

点云数据分析是实现应用的关键问题，也是激光三维成像应用的难点。不同应用需求下的点云分析功能要求差异巨大，但点云数据分析通常涉及到点云坐标对齐、点云快速分类、基于分类的参数化等基本功能。吉埃智能在大量应用场景的积累下，形成了坐标对齐、快速分类等点云分析的基础功能函数库，有利于不同应用场景下的算法快速开发应用。

图 3　嵌入式主控单元

## 三、功能与实现

### 1. 开放式货运车辆全特征检测的应用

水泥、化肥等常见袋装物料的全自动装车（主要面向开放式货运车辆）有利于减少生产企业人工劳动强度，对于企业控制用工成本具有十分重要的作用。开放式货运车辆的类型和结构十分复杂，车辆的改装情况十分常见，针对全自动装车应用来车全特征检测和定位问题，吉埃智能经过近 3 年的持续优化改进，形成了稳定可靠的"开放式货运车辆全特征检测、定位和码垛规划系统"。系统以 SICK LMS 系列激光雷达为基础，采用 ARM 和 FPGA 完成控制和数据采集处理，实现了车辆全特征检测、定位和码垛规划。

• 内置稳定的数据处理算法：内置高性能 ARM 单元和 Linux 系统，超过 30000 辆各类型车辆检验的识别算法，保障无需任何先验知识的车辆全特征检测结果稳定性；

• 深度集成化系统设计：对外仅需一根线缆即可完成通信和供电，无需额外辅助设备设施，TCP/IP 控制和数据交互，实现可靠的控制交互和检测结果交互，UDP 点云实时广播，可实时监控检测结果；

• 完善的系统标定和控制软件配套：无需任何专业知识和复杂操作，现场挂接安装后经简单标定即可工作；

• SICK 激光雷达，提供超强的稳定性和环境适应性，重尘、强光环境下仍能长时间免维护稳定工作，提供可靠的扫描数据，进口电控转台，提供长达 8000 小时的免维护连续运转寿命，全闭环控制保障系统精度。开放式货运车辆全特征检测装置和现场应用如图 4 所示，参数见表 1。

图 4　开放式货运车辆全特征检测装置和现场应用

表 1　开放式货运车辆全特征检测装置性能参数表

| 型号 | GE-TR80 | GE-TR30 |
|---|---|---|
| 作用距离 | 80m | 30m |
| 扫描仪型号 | LMS511 | LMS111/LMS151 |
| 水平角精度 | 0.18 | 0.18 |
| 点云精度 | 2cm | 3cm |
| 水平扫描速度 | 20s/ 转 | 15s/ 转 |
| 扫描方式 | 360 度旋转 | 360 度旋转 |
| 细节探测能力 | 15m 内 5mm 直径拉筋 | 6m 内 5mm 直径拉筋 |
| 处理单元 | ARM | ARM |
| 检测时间 | 40s（从接收到启动检测指令到结果输出） | |
| 供电要求 | 48V，100W | |
| 通信接口 | 标准 RJ45 接口，支持 TCP/IP 控制和数据交互，支持 UDP 点云实时广播 | |
| 安装方式 | 固定点安装 | |

系统支持无任何先验知识的各种类型车辆检测，输出车辆长、宽、高、位置（以车厢 4 个定点为基准）等基础信息的基础上，可实现拉筋、油缸、栏板立柱、车厢内异物识别，特征全部参数化输出。通过系统深度集成和算法内置，现场安装只需一根电源和网络一体化线缆即可实现工作，系统安装于车辆停放区域正上方。系统和装车机之间的控制和数据交互采用指令实现，系统支持实时点云数据输出；系统内建车辆全特征检测算法可自动实现不同类型车辆特征检测数据处理，提供车辆长宽高等基础尺寸信息、拉筋和油缸等异形特征信息输出，同时提供车辆定位信息；支持基于检测信息的码垛规划输出，可直接由装车机执行码垛任务。复杂特征检测和全自动码垛规划如图 5 所示。

针对不同的现场使用条件，开放式货运车辆全特征检测、定位和码垛规划系统提供前端和后端安装两种使用方式。前端安装指系统安装于车辆进场前端，系统坐标系不和装车机统一，系统只提供扫描检测等数据，完成检测后车辆移动到指定的装车区域，装车机进行二次车辆定位；后端安装指系统安装于装车车道内，系统坐标和机器人统一到同一个坐标系，车辆停稳后检测并直接装车，车辆无需二次挪动和定位。

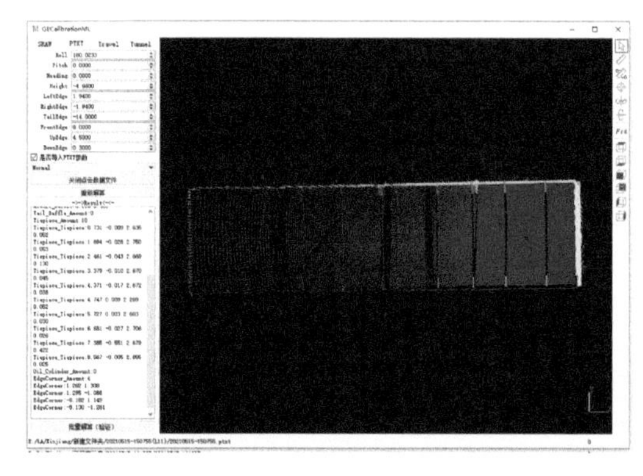

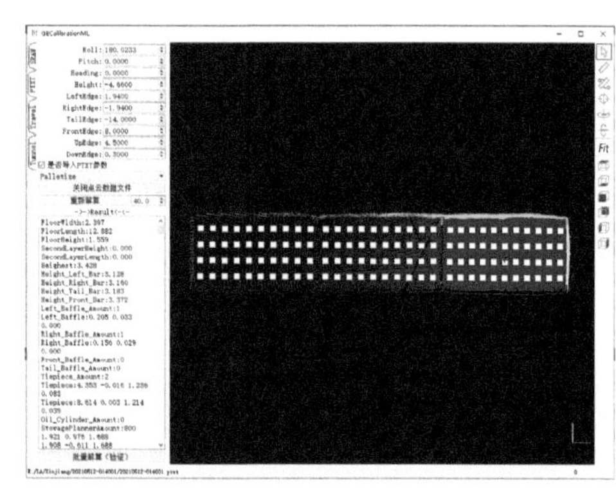

图 5　复杂特征检测和全自动码垛规划

使用说明书

FloorWidth:2.323##　车厢底宽

FloorLength:4.477##　车厢底宽

FloorHeightToGround_1:1.122##　车厢第一层高

FloorHeightToGround_2:0.000##　车厢第二层高

LengthSecondLayer:0.000##　车厢第二层长度

Heighest:2.727##　车最高点高度

Height_Left_Bar:0.795##　左栏板净高

Height_Right_Bar:0.798##　右栏板净高

Height_Tail_Bar:0.814##　尾栏板净高

Height_Front_Bar:1.590##　前栏板净高

Front_Baffle_Amount:1##　前立柱数量

Front_Baffle:0.482 0.770##　前立柱宽度、对车栏板高

Middle_Baffle_Amount:1##　中间立柱数量

Front_Baffle:0.482 0.750##　中间立柱宽度、对车栏板高

Tail_Baffle_Amount:1##　尾部立柱数量

Tail_Baffle:0.335 0.165##　尾部立柱宽度、对车栏板高

Tiepiece_Amount:4##　拉筋数量

Tiepiece_Tiepiece:1.189 -0.022 0.810 0.019## 依次：拉筋栏板到前篮板的距离、拉筋宽度（左-右）、对地高度、拉筋直径

Tiepiece_Tiepiece:3.085 0.110 0.798 0.026##

Tiepiece_Tiepiece:5.744 -0.053 0.806 0.031##

Tiepiece_Tiepiece:8.117 0.039 0.810 0.022##

Oil_Cylinder_Amount:1##　油缸数量 1

Oil_Cylinder:0.164 0.692 0.681 1.555##依次：油缸厚度、到左栏板距离、到右栏板距离、油缸的高度

EdgeCorner_Amount:4##　车厢角坐标数量

EdgeCorner:2.003 0.590##　车厢左前角坐标（X，Y）

EdgeCorner:2.001 -1.696##　车厢右前角坐标（X，Y）

EdgeCorner:-2.473 0.603##　车厢左后前角坐标（X，Y）

EdgeCorner:-2.477 -1.735##　车厢右后角坐标（X，Y）

第 16 页 共 21 页

图 5　复杂特征检测和全自动码垛规划（续）

## 2. 散料堆体三维盘点、抓取引导和自动装车

面向无人值守行车全自动抓取和装车应用，利用高精度激光扫描设备实现抓取库区精准三维扫描，同时对待装车辆进行尺寸检测和定位，进而实现抓取和装车卸料的全自动化。某矿区全自动行车转料抓取和装车应用如图 6 所示。

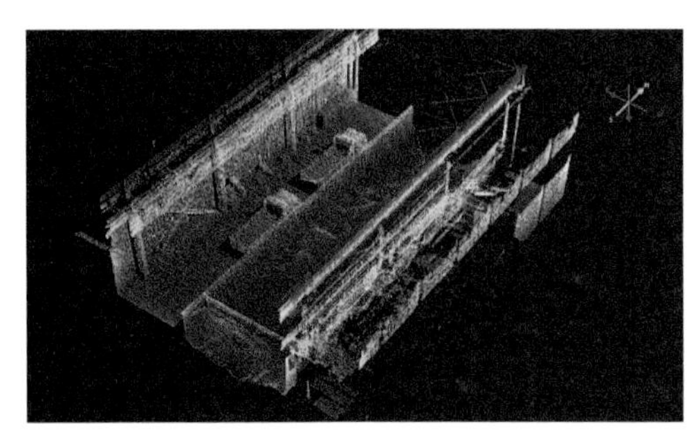

图 6　某矿区全自动行车转料抓取和装车应用

## 3. 大型锻造 / 锻压工件快速三维测量的分析应用

锻造 / 锻压生产在国家重大装置研发中发挥了重要的作用，针对大型工件在锻造 / 锻压过程中的快速三维测量分析问题，以 SICK LMS 激光雷达和 Ruler 3D 相机开展了工件快速测量分析应用。针对超大型锻造工件生产过程中（1200℃高温件）的三维测量问题，以吉埃智能集成的 GE-TR80 激光三维扫描设备为基础开展快速三维测量应用，系统主要功能包括：

1）快速点云采集：以 GE-TR80 激光三维扫描设备实现 20s/ 转的快速三维扫描，获取稠密

的三维点云数据；

2）多设备同步：采用多个扫描设备同步扫描技术，实现多个 GE-TR** 设备的扫描数据自动拼合；

3）数据分析：通过应用 PolyWorks 软件实现点云的快速分析功能，通过点云和设计模型的快速对比，完成工件尺寸分析、多肉少肉分析，提供热力图直观展示。自动对齐的多站点扫描点云如图 7 所示。

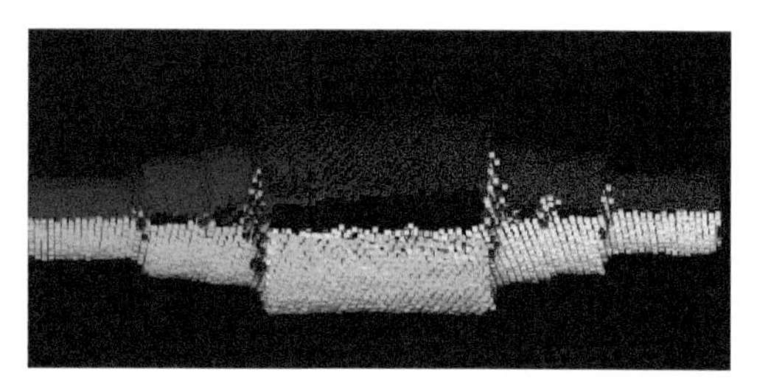

图 7 自动对齐的多站点扫描点云

将扫描点云和设计模型导入 PolyWorks，使用软件的自动对准功能对齐工件和模型，对锻件的多肉和少肉分析可采用 PolyWorks 中的点云 / 模型直接对比，亦可使用点云生成锻件的表面三维模型后，使用扫描生成模型和设计模型进行对比。大型锻件三维测量分析如图 8 所示。

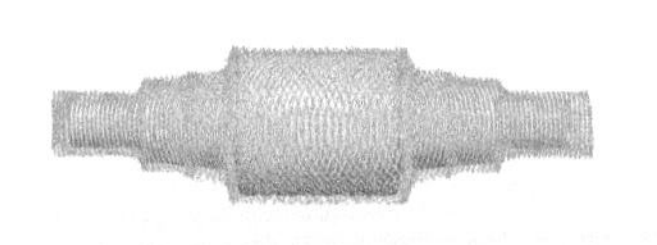

a）点云和设计模型的对准

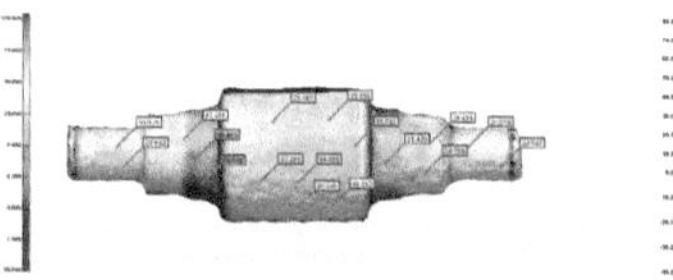

b）点云和设计模型偏差的直接对准 c）点云转换为模型和设计模型的对准

图 8 大型锻件三维测量分析

SICK LMS 激光雷达采用 905nm 脉冲光源作为探测信号，激光雷达回波信号处理算法较为稳定，能够很好地适应锻压工件高温测量环境。LMS 激光雷达在高温条件下能够稳定地实现点云数据采集，有效地解决了高温锻件远距离三维测量问题。

## 4. 与机器人联合在自动化焊接的应用

传统的焊接生产都是焊工手动焊接操作完成，在焊接过程中产生的烟尘、气体、焊接弧光和噪声直接影响焊接人员的身体健康，同时焊接人员的技术水平决定了焊接质量的好坏，批次产品质量一致性较差。为解决焊接安全、质量和环保的问题，使用 SICK LMS 激光雷达和 SICK Ruler 结构光相机开展对待焊接工件的三维定位、焊接路径规划等分析，通过与机器人的结合实现工件的无人干预焊接，具有生产效率高、焊接质量稳定、环保节能等优点。

**(1) 工件的三维轮廓定位**

工件及焊接工作台如图 9 所示。

针对工件的轮廓定位问题，使用自主集成的 GE-TS** 摆扫激光雷达对吊入工作台的工件进行快速三维扫描，主要功能包括：

1）快速三维扫描及轮廓提取：设备可使用 15s/ 转的快速三维摆动扫描，完成工件三维扫描只需 8s。自主算法，实现工件的参数计算只需 1.5s。

2）工件轮廓提取：待焊接工件均为各种不规则形状，算法结合机器学习对工件的轮廓进行拟合计算，滤除无效区域和四周凸起。

3）自动分区：算法对工件斜面、曲面、垂直面等多种类型快速分类，并计算机器人可达性，自动对工件分区，由机器人执行分区焊接。

图 9　工件及焊接工作台

**（2）焊接路径规划及全自动焊接**

前面使用 LMS 集成的摆扫设备实现工件的轮廓提取及分区计算，但焊接精度要求达到 0.2mm，针对高精度的焊接计算 LMS 精度无法满足要求，使用机器人搭载 Ruler 结构光相机，对焊接区域进行三维扫描，规划机器人焊接方案。焊接及焊接效果如图 10 所示。焊接主控监测如图 11 所示。

图 10　焊接及焊接效果

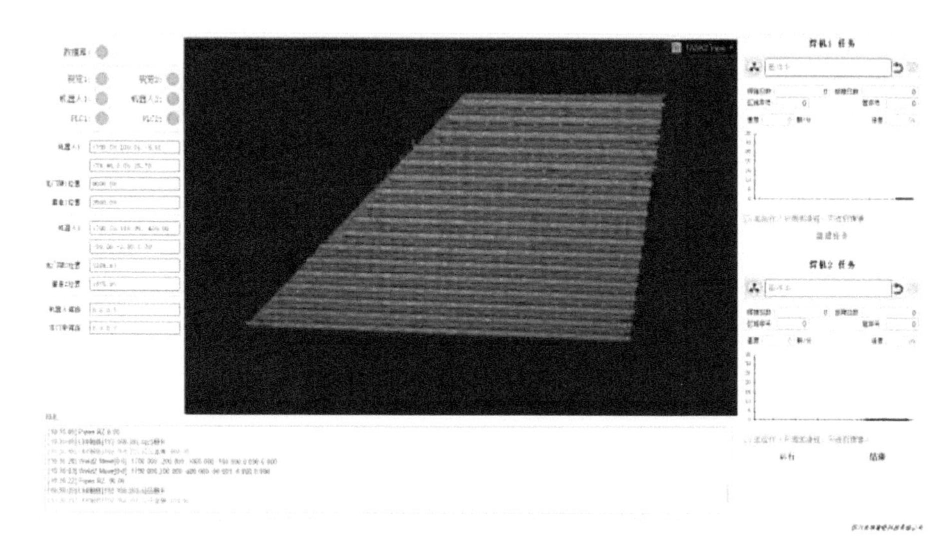

图 11 焊接主控监测

**其主要特点：**

1）高精度扫描：采用机器人搭载 Ruler 相机运动扫描的方式实现对焊接区域的三维测量，Ruler 相机与机器使用采用高精度时间同步方式，机器人的位姿数据和 Ruler 相机基于时间同步，生成的点云精度优于 0.2mm。

2）自动规划焊接方案：自主算法设计，采用人工智能结合生产工艺流程自主规划焊接方案。

3）控制端可视化监测：主控端实时监测、显示焊接路径及效率。

该系统为中国国内首个投产机器人销钉自动焊接系统，已经无故障运行 1 年，平均每分钟焊接次数达到 32 次，是一个焊接工人焊接效率的 1.7 倍，大大提高了生产效率；同时采用机器焊接后机器人规划并焊接的效果更加美观，取得了多个客户的认可。

## 5. 激光三维成像技术在数字化隧道建设中的应用

在隧道施工过程中，需要频繁地测量隧道壁的超欠挖量和超欠挖位置。传统测量超欠挖采用的是全站仪测量方式，使用全站仪密集采集隧道壁的坐标位置，通过专用软件和隧道轮廓图对比计算超欠挖量，该方式对测量人员的要求较高，需要专业的测量人员，测量时间和处理时间较长，不能快速出结果，并且为施工保证安全，在施工过程中与施工无关的人员需要退出隧道，这种全站仪测量方式效率相对较低。吉埃智能采用自主集成的 GE-TR30 扫描仪作为三维测量传感器，对隧道进行三维扫描，设备内置的算法可直接给出超欠挖量和相对位置，无需专业测量人员也能测量掘进、二次浇筑等施工过程质量，并指导施工人员施工操作，如图 12 所示。

**系统特点如下：**

1）快速三维测量：使用 GE-TR30 扫描仪，扫描速度达 10 度 /s，40s 内可完成隧道的三维测量。

2）环境适应性好：LMS 扫描仪内部特定的算法可以在隧道重尘和潮湿环境下，依旧可以正常地测量点云结果。

3）点云精度高：经过和全站仪对比测量，GE-TR30 扫描点相对精度为 0.015m。

4）测量结果准确：在隧道内可以获取分辨率优于 0.05m 的稠密点云，可以直观地观察隧道轮廓，虽然点精度低于全站仪，但点云密度优于全站仪，采集点密度计算的超欠挖量更加准确。

5）系统操作简单：无需专业人员操作，只需施工人员在平板上一键启动，就可完成扫描、测量、出图。施工人员凭超欠挖图施工。

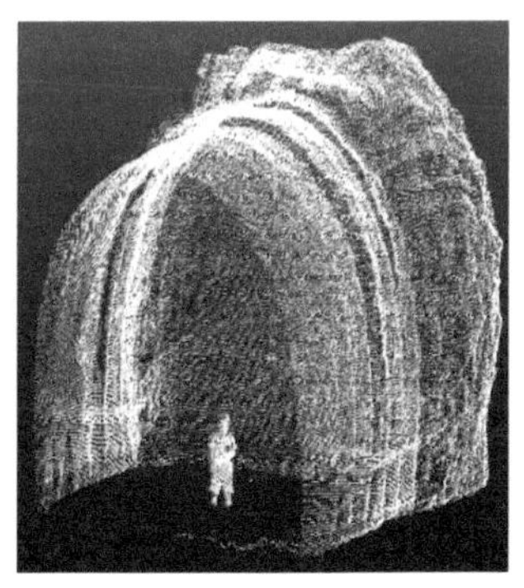
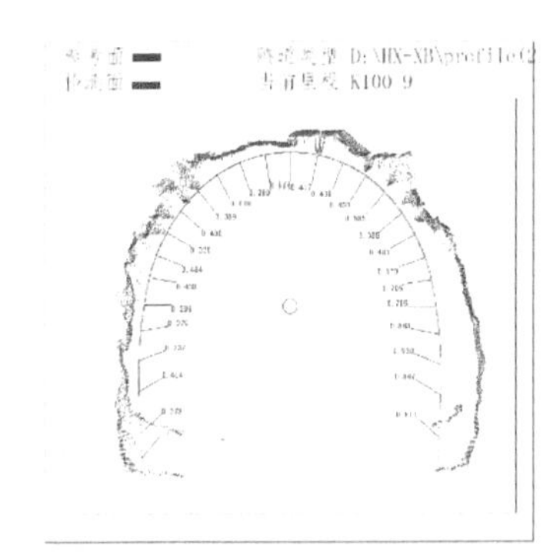

图 12　GE-TR30 扫描仪及测量

## 四、运行效果

自动装车行业：已有 40 余套开放式货运车辆检测系统投入到 30 余个现场应用，应用场景包括水泥厂、化肥厂等多个不同行业，单套设备日均检测车辆 50 余辆，系统现场应用效果稳定。

自动化检测分析：已有 1 个航空铸件检测项目已经完成交互，1 个重型锻压件检测项目正在实施。

自动化焊接：目前已经完成 2 套自动化焊接系统的布署和交付，已无故障运行 1 年以上。

## 五、应用体会

在已有的大量以 SICK 激光成像传感器为基础的应用中，SICK 传感器在系统稳定性、抗干扰等方面有十分明显的优势。以 LMS511 扫描仪在水泥厂应用为例，LMS511 扫描仪在重尘环境下的维护量少，点云质量高且稳定性好，对于提升集成应用系统在现场稳定性具有十分重要的意义。

在应用中，我们发现 LMS 系列扫描仪激光雷达的 IO 信号接入信号采集能力有待提高，如在高速 / 高分辨率增量式编码器的信号输入时，LMS 扫描仪的信号采集能力偏弱，建议厂家在后续的产品中有更好的解决方案，同时，传感器内部的编码器计数长度较短，需要通过数据分析时对数据进行重整并分析计数越界，建议厂家在后续的设计中能够进行优化。

传感器对外采用航插接口，建议厂家在设计时考虑航插接口装配优化保证航插接口安装的一致性，或在传感器上新增 1 个接口实现所有信号的接入，以便于集成应用时通过设计接口电路等方式增加系统的集成度。

## 参考文献

[1] 单忠德，汪俊，张倩 . 批量定制柔性生产的数字化、智能化、网络化制造发展 [J]. 物联网学报，2021，5（03）：1-9.

[2] 虞静，黄陆君，唐海龙，等 . 面向自动装车的来车检测和规划系统 [J]. 应用激光，2022，42（01）：91-100.

[3] 黄陆君，虞静，涂朴 . 一种三维激光扫描系统及点云标定方法 [J]. 电子世界，2021（15）：172-173.

# 基于西克 LMS511+ 标准云台实现袋装水泥机器人自动装车系统中车体轮廓精细化测量

王成豪　副部长
（中建材凯盛机器人（上海）有限公司　技术中心）

［ 摘 要 ］ 随着我国经济的高速发展，大基建如火如荼进行中，水泥的需求日益增加，袋装水泥的需求逐年提升，智能、绿色、高效的袋装发运需求日益显著；在袋装水泥发运车间实现自动化装车，就需要识别装载货车的尺寸信息，集合车辆信息以及装载吨数进行动态建模，针对不同车型，大视野的车体轮廓检测效率和精度面临瓶颈。为了解决这一问题，本文以车体轮廓自动化检测为应用点，借助西克激光传感器解决了识别精度瓶颈的难点，设计了以大范围识别 - 高精度定位 - 数字孪生为核心的高柔性车体检测系统，在实际应用中取得了良好效果。

［ 关键词 ］ 机器视觉、SICK 激光流量传感器 Bulkscan® LMS511、车体轮廓检测、超体聚类分割算法

## 一、项目简介

### 1. 项目应用场景

通过西克 LMS511 激光雷达扫描出车辆信息尺寸以及内部障碍物位置，建模算法根据测量结果计算出最优堆垛模型，下发机器人进行装车码垛。

1）根据车厢类型、尺寸以及软包尺寸，生成对应的码垛策略（车厢内部障碍物需要考虑）。

2）根据车厢边缘尺寸数据，确定每包软包落点位置（需要考虑每层、每包的堆包策略）。

车体检测系统的实际应用如图 1 所示。

本项目是某水泥厂智能发运车间自动装车系统，为其提供待装载车辆的轮廓数据辅助装车。识别对象为各种类型的货车（常规货车、高帮车、平板车、挂车、拖拉机等），因此要求系统有大尺度识别能力。工厂内部环境复杂，尘埃多，对大多数传感器精度有明显影响。

图 1　车体检测系统的实际应用

如图 1 所示，西克 LMS511 激光雷达安装于装车车道中间，当车辆驶入装车车道并停好于停车线附近，司机下车刷卡启动雷达扫描，系统得到车道雷达数据，通过提取车辆信息，算法对车辆多维度数据进行分割计算，得到车辆数据，结合装载数量进行最优堆垛模型建模。

### 2. 项目工艺简介

为了对货车进行三维轮廓识别采集，本项目使用两台西克 LMS511 激光传感器，将其悬置在车辆检测区上方，使用云台控制激光传感器角度，以此进行大范围扫描。之后将两台传感器的点

云结果输入到系统的软件模块中，经过双点云拼接、坐标系转换、点云降噪、点云区域分割和尺寸计算等步骤完成车辆建模，输出结果并展示。

### 3. 项目集成的西克产品

本项目的核心机械组件激光雷达为西克 LMS511 3D 激光雷达，共使用两台，承担了该系统数据采集的工作。该传感器返回的数据被用于下一步点云拼接。

## 二、系统结构介绍

本系统有硬件系统和软件系统两大部分，向外接收 WMS、ERP 等系统、工作人员的刷卡等指令，经过算法处理后在轮廓检测系统中展示，并输出检测报告。

### 1. 系统结构

车辆轮廓检测系统包括机械框架模块、激光雷达模块、轮廓检测模块。其中，机械框架模块包括两个门架以及门架上的云台，门架间距为 6m，云台在沿车道方向立面旋转；激光雷达模块包括两台 LMS511 激光传感器，分别安装在云台上。轮廓检测模块用于处理激光雷达模块采集的所述车辆的点云数据，计算出所述车辆的车体轮廓信息。基于该架构可以完成 20m 范围内的车体轮廓扫描。

如图 2 所示，该系统机械框架和激光雷达模块安装于车体轮廓检测车道上，前后两门架跨过车道两侧，车辆从门架中间进入并进行扫描，将点云数据返回给轮廓检测系统计算并建模，最终完成检测。

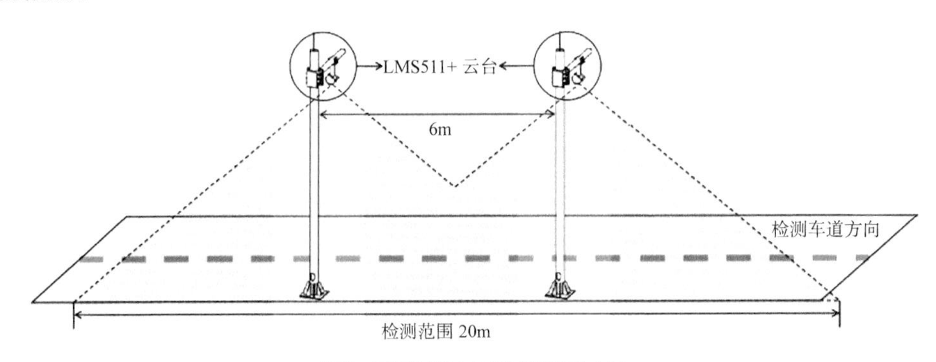


图 2　车体检测系统的机械结构示意图

如图 3 所示为车体轮廓检测软件示意图。点云数据返回软件后，经过双点云拼接、坐标系转换、点云降噪形成修正的点云数据，之后进行点云区域分割和尺寸计算，将点云数据转化为扫描的车体模型（如图 4 所示），并计算各项指标，形成车体轮廓数据的详细报告。

### 2. 工作流程

本系统的工作流程如图 5 所示，车辆进入待检测区域后，可以通过多种方式启动检测，包括工作人员刷卡、接收 ERP 等系统下达的检测；系统启动后，会激活激光传感器开始扫描，传感器装载在云台上，随云台转动对车辆所在位置进行扫描；两个激光扫描完成后会回调检测系统中关于点云配准、计算的函数，完成点云数据预处理；得到的配准点云结果会经过轮廓计算模块完成车体数据的计算。

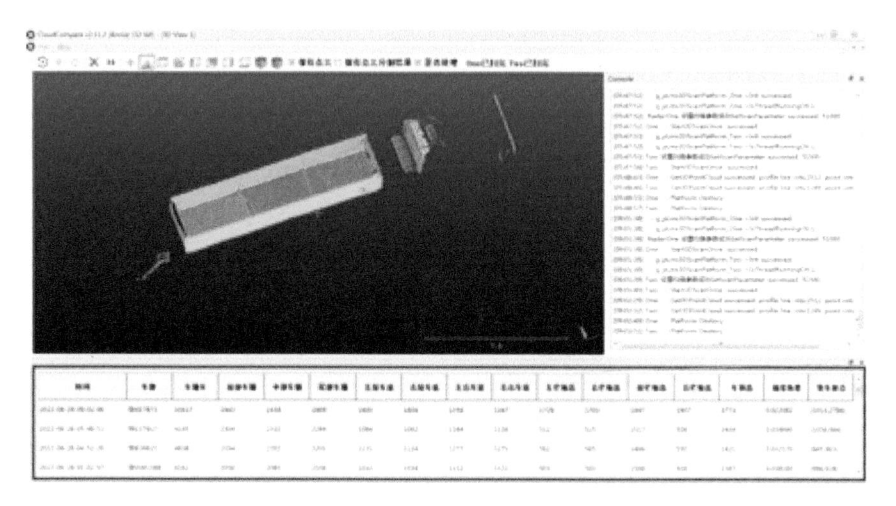

图 3　车体轮廓检测软件示意图

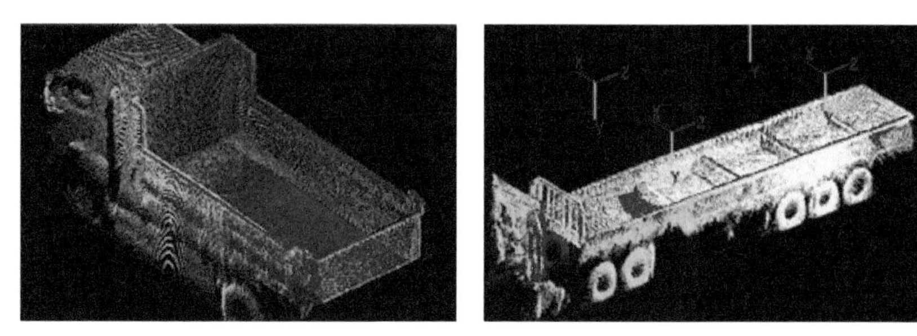

图 4　扫描车体模型

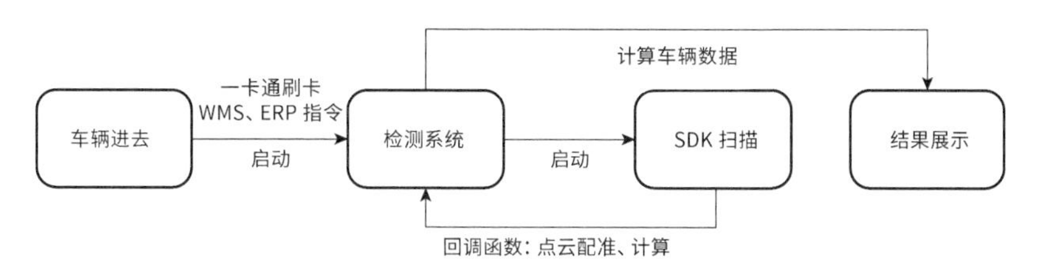


图 5　车体检测系统的工作流程图

## 三、功能与实现

本项目研发过程中重点解决的问题包括探测精度瓶颈、点云预处理精度、轮廓计算。

### 1. 集成西克 LMS511 提升探测精度

本项目应用场景为工厂或仓库，系统运行环境复杂且往往存在大量灰尘；同时作业要求昼夜进行，需要面对不同光照条件，傍晚时分传统激光雷达效果往往不尽如人意。本项目集成西克 LMS511 后，得益于其 5 重回波技术，完美解决灰尘、光照条件、复杂环境等识别痛点，大幅度提高了识别精度；同时帮助本系统提高了识别范围，减少了设备数量。

### 2. 点云数据预处理

数据预处理可细分为双点云拼接、坐标系转换、点云降噪三个阶段。

首先，对于两个激光传感器产生的两个点云进行拼接，采用中心重合法进行粗略合并，计算两点云的质心，以质心距离之差作为点云粗略修正值；之后采用迭代最近点算法进行精确配准，计算点云之间两两距离最近的点，计算最优旋转矩阵和平移矩阵，至此完成双点云拼接。

其次，将极坐标系表示的点云坐标转化到直角坐标系中。

最后，对数据进行滤波处理。设置周界后对点云用直通滤波去除范围外的激光点，之后通过统计点的领域点数量，将不符合统计模型分布的点作为离群点去除。

### 3. 轮廓计算

轮廓计算单元可细分为点云区域分割、尺寸计算两个阶段。

最后，提取每个区域的三视图，利用 opencv 中的最小外接矩阵算法，结合雷达标定时获得的尺寸比例系数，获取最终的车体轮廓的实际尺寸，至此完成车辆轮廓计算。

### 4. 西克 LMS511 介绍（见图 6）

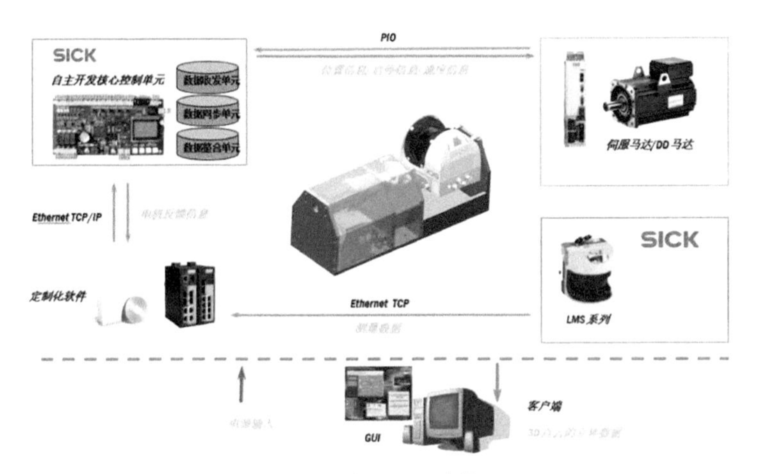


图 6　西克 LMS511 介绍

## 四、运行效果

经过现场实际测试，本系统取得了良好的运营效果（见图 7）。

图 7　系统现场运营效果

从系统适应性来看，适用的车型包括开放式载货机动车各种主要类型，有平板车、普通栏板车、高栏车以及上述车型基础上改装车；适用的大小涵盖整车长度在 20m 以下的车型。

从效率来看，本系统在 48s 内可完成车体的精确扫描与计算。

从运营来看，本系统高度自动化，可通过其他系统集成调用；同时，本系统不间断运行时间高达 20000h，维护周期为 6 个月。

从精度来看，本系统可检测车辆多维度参数，包括车辆倾斜角度、栏板高度、车厢内尺寸、拉筋高度等。本系统在车厢长度 16m、车厢宽度 4m 的条件下，取得的检测精度达到 0.1%。

综合而言，本系统具有以下几点明显优势：

### 1. 高性能和强适用性

本系统集成了西克 LMS511 激光传感器，可以在超大范围内实现极高精度，检测范围在 20m 的尺度上能达到 0.1% 的检测精度；其次本系统适用于多种车型，并且有扩展到其他大尺寸物体测定的潜力。

### 2. 高柔性的软硬件架构

本系统在软硬件架构上均使用挂载式设计：雷达数量和类型均可自由组合；软件模块设计上也可根据雷达情况自由配置模块。高柔性的系统设计使其具备更强的扩展性。

### 3. 多维度精确测量

本系统具有强大的点云分析功能，能判断点云属于车体的哪一部分，以此构建出车体模型，并自动与预存的车体数据进行比对，测定其各方面的参数情况。

## 五、应用体会

1）LMS511+ 云台（见图 8），可以实现大场景，高精度的场景测量。

2）与国产某品牌进行对比测试，发现西克 LMS511 的 5 重回波技术，可以很大程度上解决灰尘的外部干扰，帮助客户在恶劣的工业应用场景中实现更好的落地。

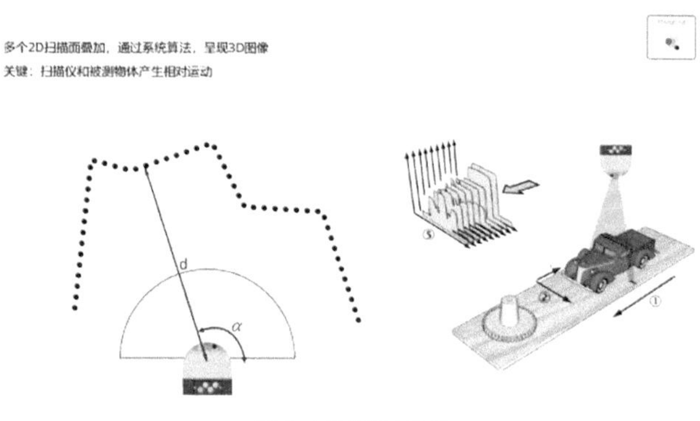


图 8　LMS511+ 云台

## 参考文献

[1] 你是我的眼 | 西克 SICK 传感器让机器人更“智能”[EB/OL]. https：//www.sick.com/cn/zh/-sick/w/lms511eye/, 2016.8.15/2023.2.6

[2] SICK 的 Bulkscan® LMS511：废钢变颜料 [EB/OL]. https：//www.sick.com/cn/zh/sick-bulkscan-lms511/w/blog-bulkscan-lms511-from-sick-steel-scrap-adds-color-to-cities/, 2018.5.15/2023.2.6

[3] SICK LMS 3D 云台系统操作手册 [Z].

[4] 3D 云台产品介绍 [Z].

# 基于西克 LMS511 激光雷达 3D 云台实现场桥三维集卡对位系统

孔令运
（北京国泰星云科技有限公司　研发部）

[ 摘 要 ] 随着人工智能，大数据、云计算等新兴技术的发展，智慧港口的建设得以快速实现。其中，场桥（RTG/RMG）是专业化集装箱码头作业的主要作业机械，其作业效率和安全生产直接影响码头的装卸速度。为了进一步提高场桥的作业效率，本文提供了场桥三维集卡对位系统，丰富和完善了场桥的应用系统。场桥三维集卡对位系统（以下简称 CPS-3D 系统）依托西克 LMS 511 激光构建的 3D 云台系统为基础，为集卡车提供引导对位功能，并根据作业类型及时提示集卡司机调整停靠位置，做到集卡预先准确停在场桥起吊位置，减轻了司机的劳动强度，提高了集装箱的装卸效率。

[ 关键词 ] 西克激光雷达、3D 云台、点云数据等

## 一、项目简介

1）本文介绍的是以西克 LMS511 激光雷达为基础传感器而设计研发的 3D 云台系统，是北京国泰星云科技有限公司（以下简称公司）的主要产品之一。

2）公司成立于 2011 年，位于北京市中关村朝阳园，注册资本 5000 万元。公司是开拓导航控制技术股份有限公司旗下全资子公司，主要从事港口装卸设备及仓储（堆场）自动化智能控制系统的研制、生产、销售和技术服务，致力于港口码头和仓储物流业务场景的信息化、自动化、无人化和智能化，下设全资子公司 - 青岛开拓星云智能控制技术有限责任公司。公司以客户需求为导向，专注于智能感知技术、导航控制技术、人工智能技术并与业务流程深度融合，依靠一流的技术研发团队，专业的经营管理、市场营销与服务保障团队，完备的科研生产体系，质量保障体系和售后服务体系，为客户提供系列化的产品和系统解决方案。目前，公司产品及解决方案已在 40 多个国家、200 多个码头成功应用，受到全球用户的广泛认可，已成为港口码头和仓储物流领域知名的高端智能装备和服务提供商。公司是国家级高新技术企业、北京市朝阳区凤鸣企业、北京市专精特新“小巨人”企业和软件企业，聚集了一批来自国内外名校及相关领域的行业和技术专家，坚持科技创新，取得了数十项专利和软件著作权，拥有强大的技术积累和丰富的工程实践经验。作为行业科技创新的佼佼者，坚持“科技创造未来、创新实现梦想”的理念，以领先的技术赋能港口码头、仓储物流等行业，持续为广大用户提供“安全、智能、高效”的产品和服务。

3）3D 云台是公司多种系统的重要组成部分，如集卡定位、防碰箱等系统的重要组成部件。通过伺服系统带动西克 LMS511 2D 激光旋转，实现三维扫描，获取物体的三维数据从而进行数据处理分析。本文中介绍的 CPS-3D 用到的 3D 云台的安装示意图如图 1 和图 2 所示。

4）3D 云台系统主要由青岛分公司 - 青岛开拓星云智能控制技术有限责任公司生产制造部进行组装生产、调试。生产车间如图 3 所示。

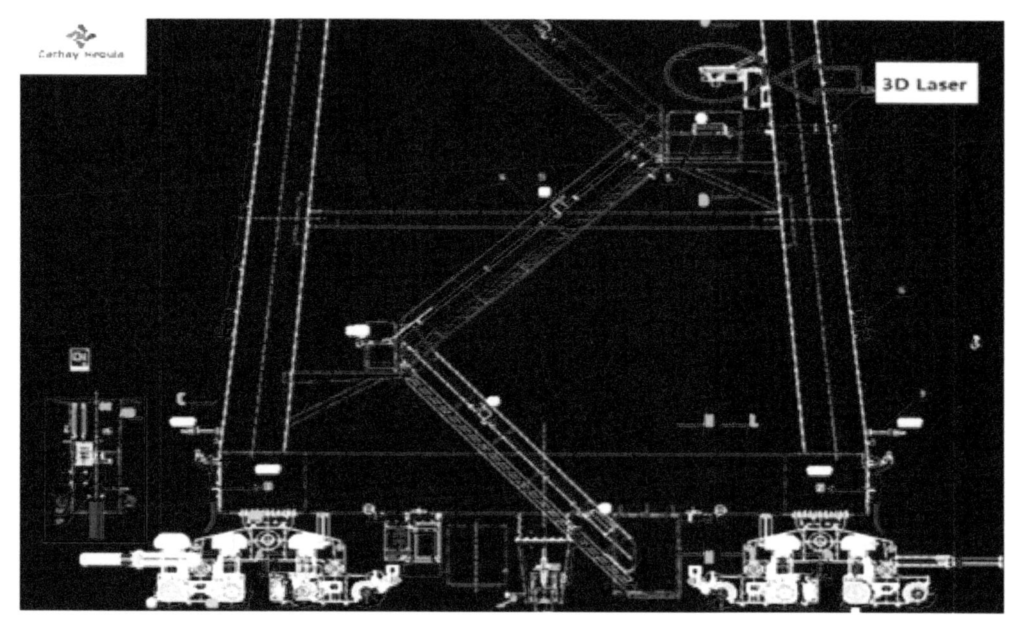


图 1　3D 云台安装位置示意图

图 2　实物安装图

图 3　生产车间照片

## 二、系统结构介绍

本文中介绍的项目：场桥三维集卡对位系统（CPS-3D），主要包含 1 台 3D 云台（以西克 LMS 511 为基础）、1 个 CPS 机箱、2 个 LED 显示屏等。其中，核心部分的结构从硬件可分为三部分：云台、机箱、控制器，如图 4 所示。各设备高度集成于云台内，整个系统一体化，可作为独立单元推广；该系统的应用能大幅度降低集卡司机对位时间，提升总体效率。同时具有车头防砸、车辆移动检测等功能，有效地避免了安全事故的发生。

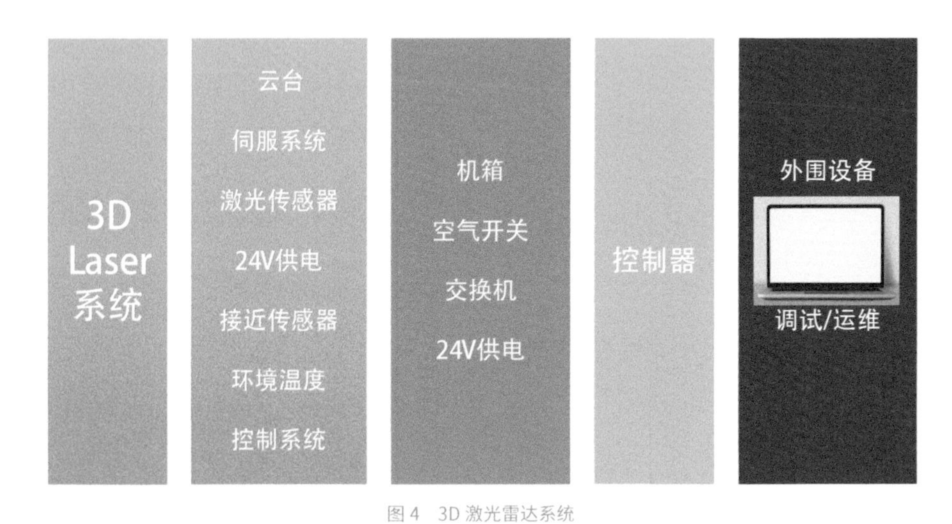


图 4　3D 激光雷达系统

3D 云台系统的组成

3D 云台系统主要由伺服控制系统、LMS511 激光传感器、DC 24V 电源模块、接近传感器、温度控制系统、电平转换模块、断路器、交换机、主控制器、机箱组成，3D 云台示意图如图 5 所示。

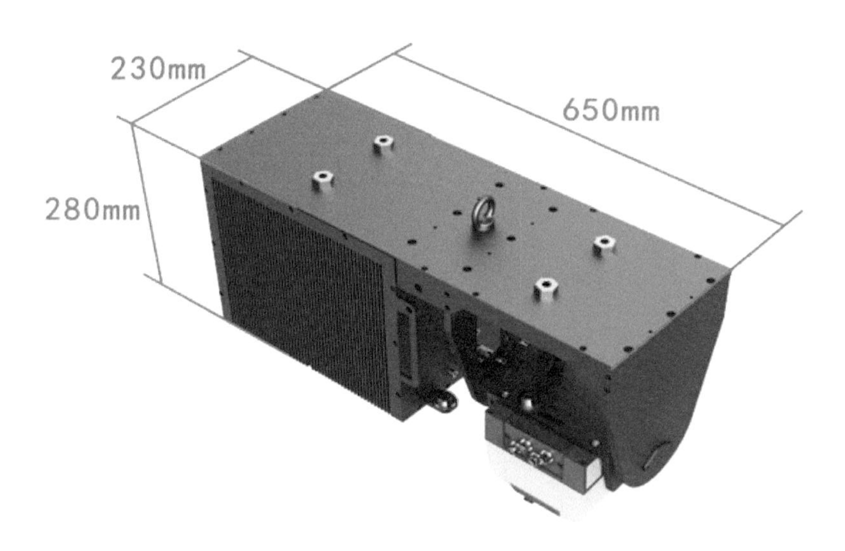


图 5　3D 云台示意图

**（1）LMS511 激光传感器**

激光传感器是系统的核心传感器，采用西克 LMS511 激光传感器。最大扫描角度为 190°，最远测量距离为 40m（10% 反射率），最大扫描频率为 100Hz。

激光雷达 LMS511 测量原理图如图 6 所示。

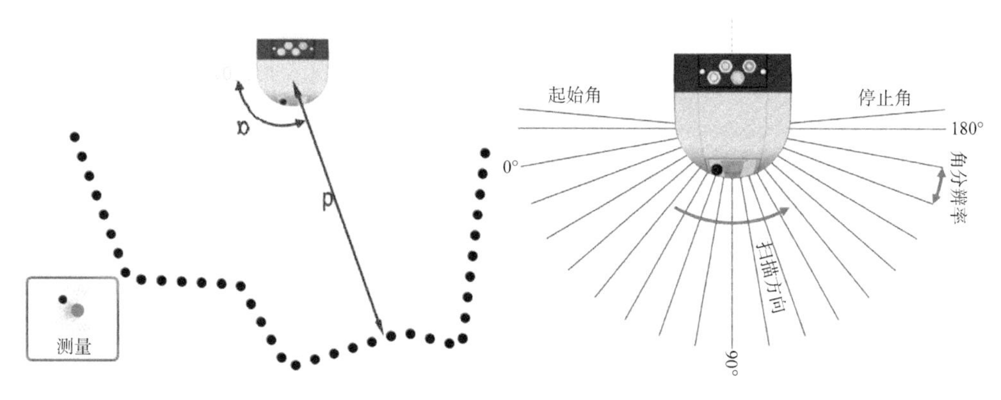

图 6　激光雷达 LMS511 测量原理图

### (2) DC 24V 电源模块

DC 24V 电源模块满足 3D 云台内所有直流用电器件的供电需求，保障整个系统稳定运行。3D 云台激光单元接线图样如图 7 所示。

### (3) 系统电缆布线

为了方便维护，布线时应预留一定的长度，需要预留长度的线缆有：激光电源线、激光 IO 线、伺服网线、输入电源线等。

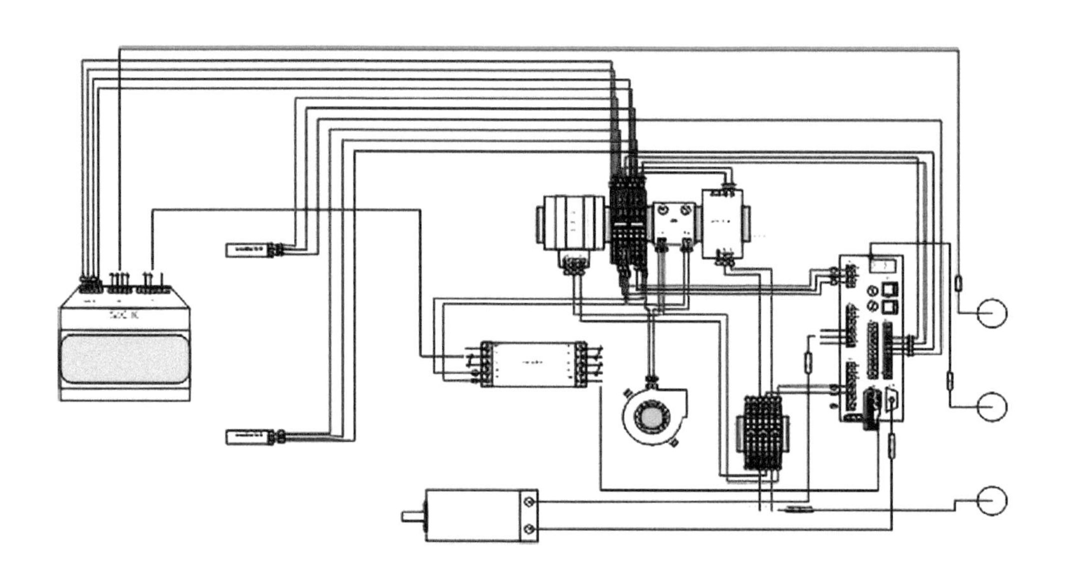
图 7　3D 云台激光单元接线图样（云台内部）

## 三、功能与实现

### 1. 3D 云台的功能和性能指标

3D 云台具有功能如下：

- 产品体积小，重量轻，安装和维护方便；
- 安装方式支持吊装和托装两种，适应性强；
- 设备防水、防尘，满足海边环境需求；
- 产品采用高精度伺服系统控制，扫描精度高，范围广；
- 产品设计多重限位保护，有效保护扫描仪；
- 产品集成度高，支持用在不同场合。

3D 云台的性能指标见表 1。

表 1　3D 云台的性能指标

| | |
|---|---|
| 供电电压 | AC 110V ~ 220V 50/60Hz |
| 使用功率 | 520W（常规版本）620W（低温版本） |
| 防护等级 | IP65 |
| 横向扫描范围 | 0° ~ 180° |
| 纵向扫描范围 | −60° ~ + 60°（最大 −85° ~ + 85°） |
| 扫描速度 | 0°/s ~ 60°/s |
| 横向扫描分辨率 | 0.1667° |
| 纵向扫描分辨率 | 0.01° |
| 运行温度 | −25° ~ + 50° |
| 存储温度 | −25° 至 + 55° |

### 2. CPS-3D 功能实现

CPS-3D 系统中 3D 云台单元中的激光扫描包含两种扫描模式：2D 激光扫描和 3D 激光扫描。在 CPS-3D 系统对集卡车进行引导对位时，系统保持 2D 扫描模式，实时识别定位集卡车截面轮廓；在 CPS-3D 系统对集卡车进行高精度定位时，对集卡车进行一次全息 3D 扫描，并对获得的集卡点云数据进行识别分析，定位集卡车的空间位置及集卡车的姿态。

当场桥正常作业时，如果集卡车到来，GALAXY IPC-3D 系统控制器控制 3D 激光对目标集卡车道上的集卡车行进方向截面进行 2D 扫描，GALAXY IPC-3D 系统控制器处理激光数据后将集卡中心位置到吊具中心位置的偏差和方向通过 LED 显示屏显示出来，提示集卡司机进行对位。对位完成后，GALAXY IPC-3D 系统控制器控制 3D 激光对集卡车道上的集卡车轮廓进行 3D 扫描，将获取的 3D 点云轮廓数据融合并建模分析，从而得到集卡车相对于大车的空间位置姿态，然后将分析结果传至 PLC，PLC 自动调整吊具的位置和姿态，引导吊具抵达集卡车正上方。当系统接收到开闭锁信号，起升高度达到设定高度时，提示集卡驶离，防止集卡拖拽吊具。当集卡完成引导对位后，CPS-3D 系统启动 3D 扫描模式，对集卡车进行三维扫描，并根据三维扫描数据，识别集卡车拖架、集卡车装载的集装箱，并对托架或集装箱进行边沿检测及轮廓重构，最终定位集卡车在集卡车道上的空间位置和偏转角度，将该数据发送给 PLC。帮助 PLC 自动引导小车到集卡车正上方，并主动调整吊具 skew 角度；使吊具或吊具挂载的集装箱在垂直方向与集卡车托架或其装载的集装箱重合。集卡点云效果如图 8 所示。

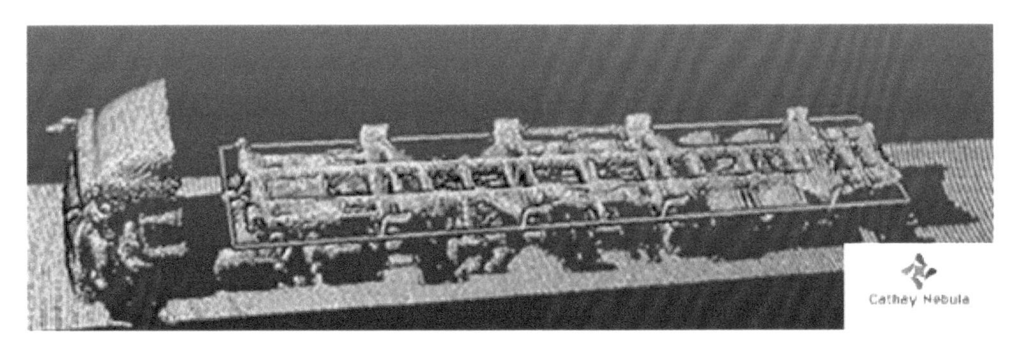


图 8　集卡点云效果图

## 四、3D 云台在 CPS-3D 中的运行效果

3D 云台在国内外多个项目得到成功的应用，其安装图如图 2 所示，为了提高效率、节约运行时间，3D 云台在扫描的过程中，没有对集装箱进行全部扫描，而是扫描了一定的范围之后，通过算法推导出集装箱顶面的中线点位置。3D 云台的扫描过程中，运行稳定，扫描的数据没有出现数据分层等错误。能够满足集卡对位 5cm，集卡定位 3cm，集卡偏转角度 0.3° 的性能指标。

根据码头现场环境，一需要定期对 3D 激光扫描仪进行一次清洁，清洁时需用干净的湿纸巾或者湿棉布轻轻地擦拭，防止用力过大划伤激光镜面。

## 五、应用体会

LMS511 雷达提供了一整套定长数据的 Binary 指令，为控制器数据的分析处理提供了极大地便利，极大地提高了系统的开发速度。

系统具有极强的抗干扰能力全天候 24 小时工作，能适应雨雾等天气。

## 参考文献

[1]　西克传感器 [Z].Developers_Guide_LMS1xx_5xx_V4.0（( SICK internal use only )）.
[2]　西克传感器 [Z].Operating_instructions_Laser_measurement_sensor_LD_LRS36xx_en_IM005661.
[3]　西克传感器 .LMS1XX 常用指令以及解析 [Z].

# SICK 2D 激光扫描仪及测距仪在钢铁无人天车的三维测绘的应用

王振力　陈坚腾　电气工程师
（上海宝信软件股份有限公司　智能装备无人化事业部）

[ 摘　要 ] 激光扫描仪在三维成像中的应用越来越广泛，它是一种高精度的立体测绘设备，能够在复杂现场环境进行扫描，在各行业自动化的应用场景也比较多。无人天车的实现也需借助激光扫描仪实现相关物体的三维测量，算出最佳的吊运点及吊运物料的落点。本文主要介绍利用 SICK LMS511 的 2D 扫描仪以及 SICK 的 DL50 激光测距仪在废钢现场的无人天车上实现三维测绘的工作原理、技术特点、数据处理等几方面的情况，实现了自动推荐最佳的吊运点及落料点给天车进行吊运。

[ 关键词 ] 无人天车、激光扫描议、三维测绘、轮廓扫描、点云数据、极坐标

## 一、项目简介

某钢铁有限公司炼钢厂废钢 1 号配料间行车无人化及效率提升改造项目是由上海宝信软件股份有限公司承接实施的一个项目，主要是确保废钢保质保供，同时落实集团公司关于改善 3D 岗位作业条件、现场操控室一律集中的要求，把原来有人驾驶的天车改成具备自动运行，自动避让障碍物的无人全自动天车。本项目共 4 台行车，每台行车配置了多套 SICK LMS511 的扫描仪及 DL50 的激光测距仪。激光测距仪用于测量行车机构的位移，以及测量相邻行车间的距离，用于防止相邻行车的碰撞。扫描仪装在大车梁中间及另外两套扫描仪装在小车两边，用于废钢物料的测绘以及车辆轮廓扫描，通过控制行车的走行实现对料堆二维轮廓数据的采集，基于运动线性的关系建立了二维数据转换成三维数据的数学模型，最后通过图形化工具完成原始三维激光点云的显示及相关的应用。

本项目以 SICK LMS511 激光传感器为基础，通过 PLC 进行获取行车大小车实时位置，再与 SICK　LMS511 获取实时激光扫描的轮廓数据，通过中值滤波及高斯滤波等算法处理获得三维点云数据。

项目现场环境如图 1 所示。

图 1　项目现场环境

SICK LMS511 设备安装位置如图 2 所示，其中安装在天车大车上的激光扫描仪安装位置如图 3 所示，激光测距仪安装如图 4、图 5 所示。

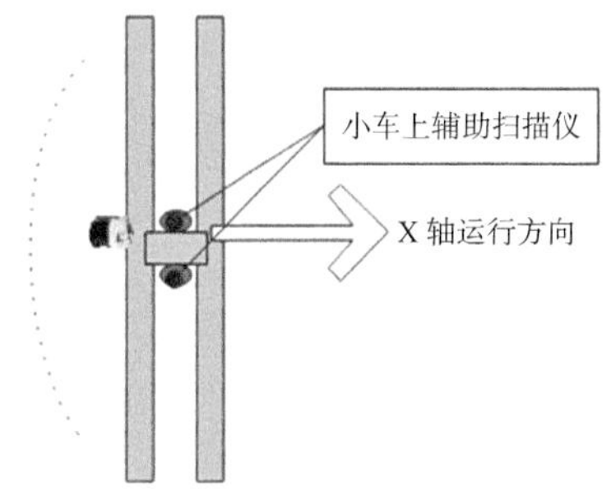


图 2　SICK LMS511 设备安装位置

图 3　激光扫描仪安装位置

图 4　激光测距仪安装（一）

图 5　激光测距仪安装（二）

SICK LMS511 激光雷达测量原理如图 6 所示，用于扫描图 1 中的废钢物料的位置、尺寸及料形。

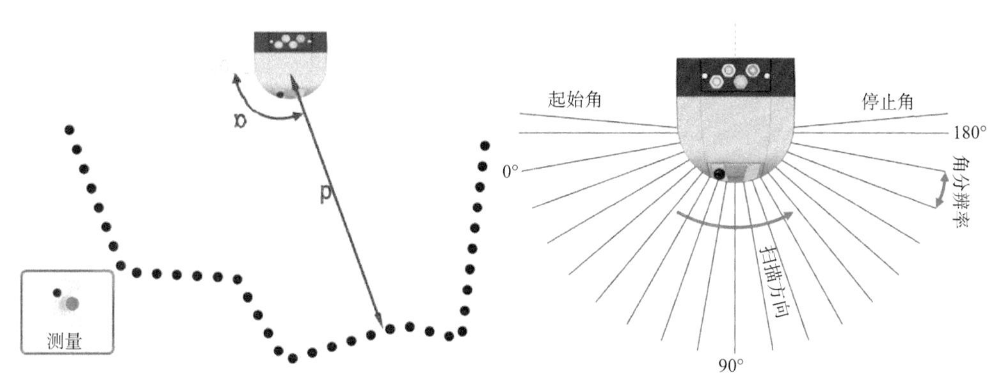


图 6　SICK LMS511 激光雷达测量原理

## 二、系统结构介绍

本系统采用 C++ 语言编写应用程序运行于算法服务器上，应用程序通过 PLC 获取行车的大小车坐标，通过 TCP/IP 协议与 SICK LMS511 激光器通信发送相关的控制命令获取扫描数据。

1）扫描系统工作流程图如图 7 所示。

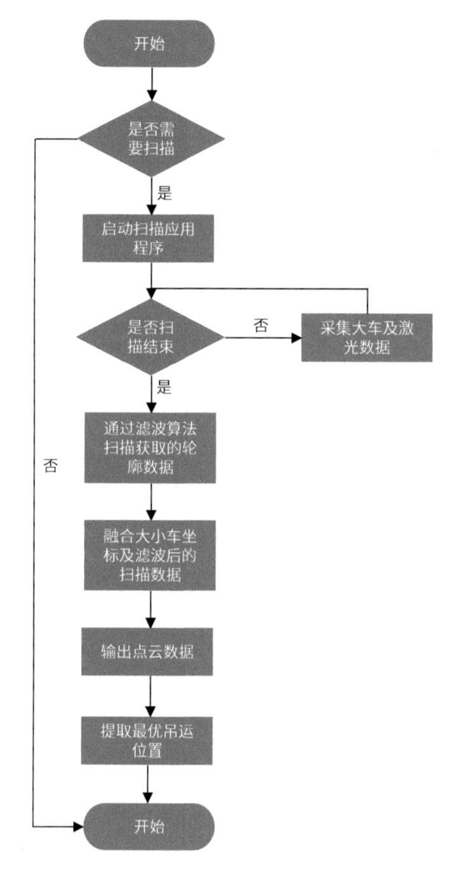


图 7 扫描系统工作流程图

2）扫描系统网络架构如图 8 所示。

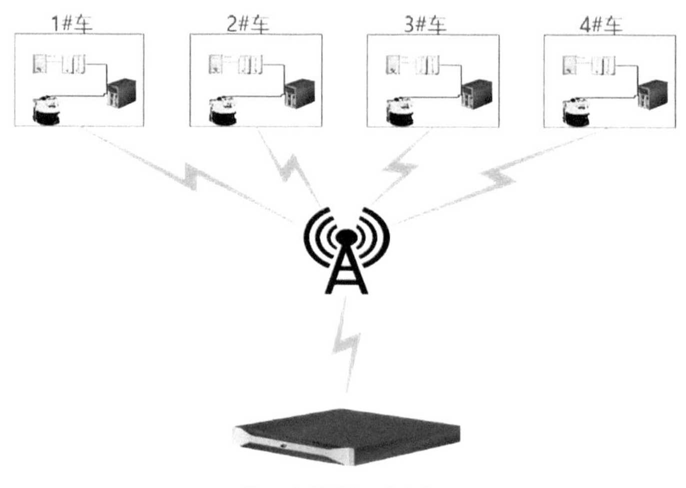


图 8 扫描系统网络架构

3）在 PLC 中激光测距仪的配置如图 9 所示。

图 9　在 PLC 激光测距仪的配置

## 三、功能实现

### 1. 功能实现的主要步骤

1）PLC 与扫描应用程序高频率获取天车的大小车坐标；

2）扫描应用程序对 LMS511 的控制指令的封装及数据接收处理；

3）扫描应用程序对采集到的天车大小车坐标和扫描仪的轮廓数据的处理输出三维点云数据，再利用点云数据，通过算法规划出最佳的取料或放料位置；

### 2. 技术重点

扫描程序对 LMS 做数据接收及处理是其中的一个技术重点：

扫描应用程序与 LMS511 通过 TCP/IP 进行通信，LMS511 作为服务端，应用程序作为客户端主动去连接 LMS511。

根据 LMS511 通信指令手册封装启动 LMS511 点云扫描指令如图 10 所示。

### 3. 对 LMS511 的配置

1）设置 IP 地址及输出的报文格式，如图 11 所示。

2）设置输出点云区间 0°~180°，扫描频率为 25Hz，如图 12 所示。

3）实时扫描区域如图 13 所示。

4.3.6 **Poll one telegram**

Output of values from last scan.

Asking the device for the measurement values of the last valid scan. The device will respond, even if it is not running at the moment.

NOTE
**After changing the scanning frequency, there will be no data telegram or answer from the devices LMS1xx, LMS5xx and TiMxxx for up to 30 seconds. The same applies when the device is powering up or rebooting.**

MRS1000 LMS1000 LMS4000 LRS4000

| Telegram structure: sRN LMDscandata | | | | | | |
|---|---|---|---|---|---|---|
| Telegram part | Description | Variable | Length | Sensor | Values CoLa A (ASCII) | Values CoLa B (Binary) |
| Command type | Read | String | 3 | All | sRN | 73 52 4E |
| Command | Only one telegram | String | 11 | All | LMDscandata | 4C 4D 44 73 63 61 6E 64 61 74 61 |

*Table 150: Telegram structure: sRN LMDscandata*

**Example: sRN LMDscandata**

| | | |
|---|---|---|
| CoLa A | ASCII | <STX>sRN{SPC}LMDscandata<ETX> |
| | Hex | 02 73 52 4E 20 4C 4D 44 73 63 61 6E 64 61 74 61 03 |
| CoLa B | Binary | 02 02 02 02 00 00 00 0F 73 52 4E 20 4C 4D 44 73 63 61 6E 64 61 74 61 05 |

*Table 151: Example: sRN LMDscandata*

图 10　LMS511 点云扫描指令

**General**

Addressing mode: Static

IP address: 192 168 0 45　Save　Reboot

By pressing the "Save" button the new network parameters will be saved permanently and are active only after reboot of the device. To reboot the device please press the "Reboot" button.

Subnet mask: 255 255 255 0

Default gateway: 192 168 0 254

Speed: Auto　Negotiated

To apply Ethernet speed a device reset is necessary. Parameters have to be saved permanently, before.

MAC address

**Ethernet host TCP/IP**

To apply a new CoLa dialect or to switch between Server/Client mode as well as for subscribing auto-active events a device reboot is necessary. Parameters have to be saved permanently, before.

CoLa dialect: CoLa ASCII

Server / Client: Server　Port: 2112

Auto-Active events

| Name | Subscribed |
|---|---|
| ECRChangeArr | |
| LMDscandata | |
| LIDoutputstate | |

图 11　设置 IP 地址及输出的报文格式

**Current configuration**

Scanfrequency: 25 Hz    Angular resolution: 0.25°

Scan range: -5° ... 185°

Output data range: 0° ... 180°    Change

Max. distance: 80000 mm

**New configuration**

Scanfrequency / Angular resolution    25Hz / 0.1667°    Transmit

图 12　设置输出点云区间及扫描频率

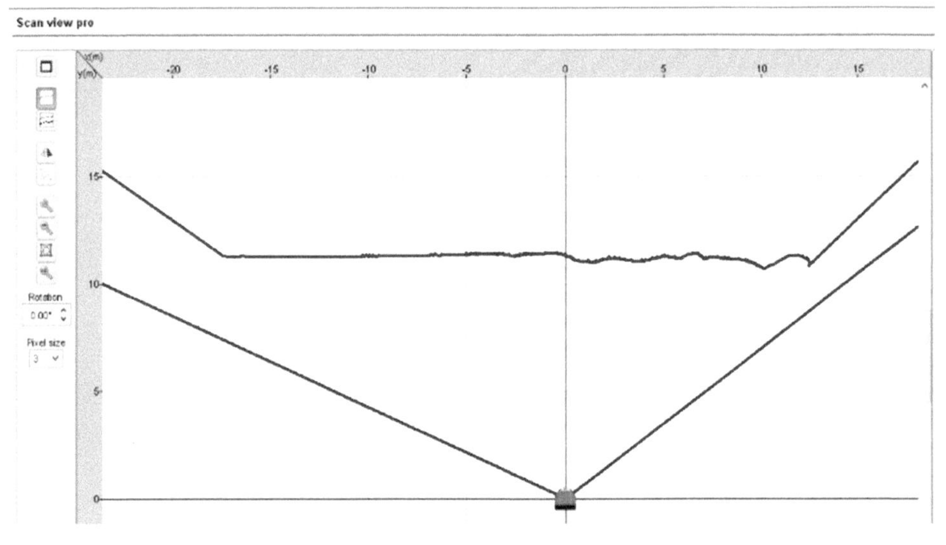


图 13　实时扫描区域

## 4. LMS511 输出报文格式解析

sRA LMDscandata 0（设备版本号）1（设备 ID）1550B16（设备序列号）2 0（设备状态）535F（指令计数）5363（扫描计数）C69C12FD（扫描起始时间）C69C983B（扫描结束时间）0 0（设备开关量输入状态）3F 0 0（设备开关量输出状态）9C4（扫描频率 50Hz）168 0（编码器状态）1（输出通道）DIST1（回波层序号）40000000 00000000 0（起始角度）9C4（角度分辨率）2D1（测量数据个数）50 4F 4F 52 50 4F 4F 4C 4F 52 4C 51 50 4F 50 4E 4E 4D 4E 4D 51 51 4F 4E 51 51 4D 4E 50 50 4D 50 4F 50 4F 50 4F 4F 4C 4E 4C 4D 52 52 54 4E 52 53 54 52 51 51 57 52 52 51 4F 53 52 51 54 51 50 50 4F 52 53 51 50 52 4F 52 53 50 54 4F 50 51 51 4F 4F 52 4F 50 4B 4D ……（省略一部分）。

每次扫描后会把电文解析后存储到算法服务器中，等待扫描完成再通过均值滤波算法进行滤波后，整合大小车位置，输出三维点云数据。

## 四、运行效果

经过滤波算法处理后输出的点云数据，再经过特定的算法推荐出最优的物料吊运点或放料点，生成的点云图如图 14、图 15 所示，图 14 为获取的料堆点云图，通过此点云图计算出吸放物料的位置；图 15 为装物料车辆的扫描点云图，通过此点云图计算出装料的位置。

图 14　料堆点云图

图 15　装物料车辆的扫描点云图

## 五、应用体会

1）DL50 激光测距传感器具备高精度大尺寸光学单元，可实现长达 50m 的距离测量。用户界面直观，调试非常简便，具有极高的性价比。

2）LMS511 激光的在通信速度上可以达到 20ms，为此项目获取数据的实时性提供了一定的保证。

3）LMS511 采用多重回波评估与智能扫描技术相结合，在测量值采集过程中尽可能地补偿天气影响的先决条件，并提高了所获得数据的可靠性。而附加数字滤波器能够对 LMS5xx 测得的距离值进行预处理和优化，从而进一步提升本已十分优异的性能，在本项目废钢灰尘较多的苛刻的环境下运行，数据噪点较少，为本项目提供准确的数据来源，减少算法对数据处理的错误，从而提高了扫描物体的三维还原精度。

## 参考文献

[1] 西克传感器 [Z/OL].technical_information_telegram_listing_ranging_sensors_lms1xx_lms5xx_tim2xx_tim5xx_tim7xx_lms1000_mrs1000_mrs6000_nav310_ld_oem15xx_ld_lrs36xx_lms4000_lrs4000_en_im0045927.

# ◆ 工业传感器

SICK
SICK
SICK
2092070
RoHS
Supply Class 2
Made in Lithuania
ECOLAB
PWR
Q1
Q2
SICK

PWR
Q
TCH
SEN
PRO
ESC
SET
TEACH
SICK
SICK
SICK

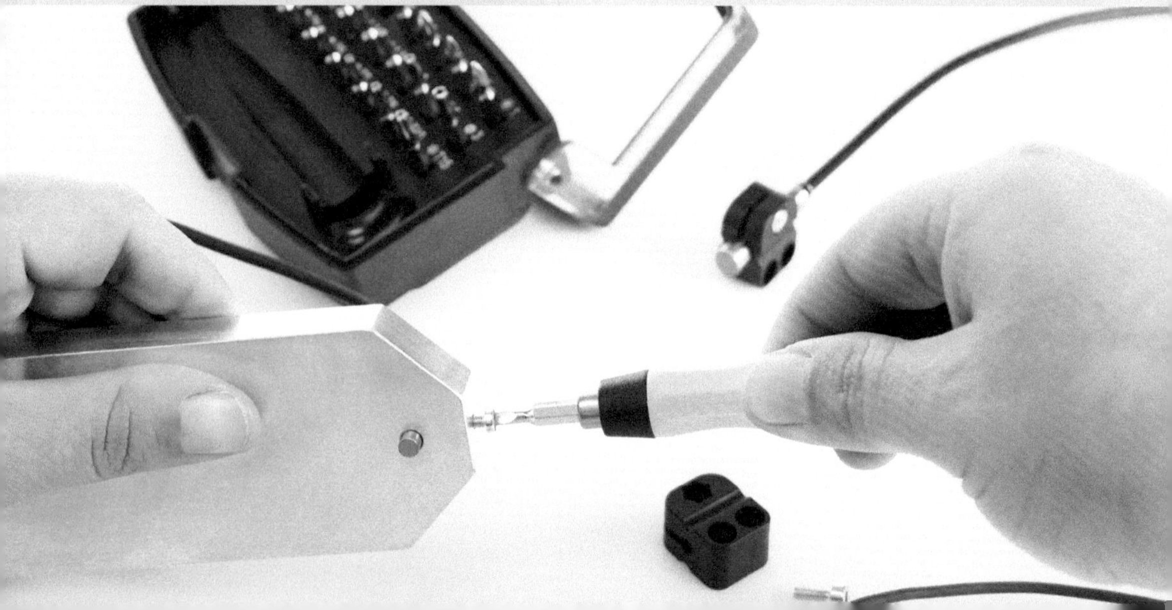

# 使用西克光电感应开关在滑撬切换状态检测上的应用

甘翔宇　电气工程师
（上汽通用五菱汽车股份有限公司　自动化部）

[ 摘　要 ] 如今的生产车间里自动化程度越来越高，许多需要人为操作和判断的工作都交给设备进行自动操作和判断，这样不仅可以提高生产效率，还能节省人工成本。本文旨在探讨光电感应开关在滑撬切换状态检测上的应用，并以上汽通用五菱汽车股份有限公司在宝骏基地使用西克光电感应开关在检测滑撬切换状态的应用进行举例描述，介绍了使用的场景以及分析后发现的优缺点。

[ 关键词 ] 光电感应开关、汽车产线、滑撬状态检测

## 一、项目简介

1）项目所在地为上汽通用五菱汽车股份有限公司的宝骏基地，该基地主要是进行整车的制造。

2）光电感应开关是一种实用的感应开关，它可以检测某个范围内是否存在物体，并将检测到的状态转换为电信号后发送给控制器，具有高精度、高灵敏度、高可靠性等优点，基本不受外界环境的影响，因此它可以用于滑撬切换检测的应用。

3）滑撬是一种可以在一定范围内将货物从一处运送到另一处的工装设备，在车辆的焊装主线上，如果要将白车身进行输送，那么就需要用到对应车型的滑撬。但是，每一个滑撬不能只具备装载一种车型的能力，还需要一个滑撬具备承载多种车型的功能，以此降低升本和节省摆放滑撬的空间。那么，在输送不同车型的白车身前，每一个滑撬都需要切换到对应的车型状态，以此避免滑撬在输送过程中发生意外，并且保护白车身放置于滑撬上时不受损坏。所以，对滑撬状态的检测就是判断滑撬和白车身车型是否匹配的关键。

4）光电感应开关识别滑撬的原理，主要是利用滑撬的各个车型状态都有几处不相同的地方可以让光电感应开关进行检测，即滑撬上各部位在不同位置分别遮挡不同的光电感应开关。比如，一号光电感应开关检测摆臂是否在 A 位置，二号光电感应开关检测摆臂是否在 B 位置，而摆臂不会同时出现在 AB 两个位置，那么一旦有其中一个光电感应开关接收到信号，于是便可判断出当前滑撬的这一部分处于什么状态。

5）该项目在此处使用了 12 个西克的 DS50-P1112 光电感应开关，主要用于检测滑撬的翻转气缸和摆臂状态，以此判断输送下一个白车身前是否需要进行状态的切换和判断是否已经切换成功。

6）图 1 是现场的照片。

图 1　现场照片

## 二、系统结构介绍

本次项目的输送系统是使用滑撬来承载白车身并进行输送。滑撬在运送不同车型的白车身前需要切换到对应的车型状态。本系统使用了 12 个西克 DS50-P1112 感应开关检测滑撬的翻转气缸和摆臂的状态，以此判断当前的状态是否与将要接送的白车身车型相匹配，判断是否需要切换状态，是否已经切换成功。本系统采用罗克韦尔的 PLC，型号为 1756-L73S，DS50-P1112 感应开关的电信号通过远程 IO 模块传输到 PLC。由 DS50-P1112 感应开关检测到的状态，将通过排列组合的方式，在 PLC 内进行判断滑撬的车型状态。PLC 确定了当前状态后，如果当前状态与所需的白色车身车型不匹配，则 PLC 控制气缸进行翻转和控制机器人将滑撬的摆臂调整到匹配状态。如果不能调整到匹配状态，则会报错，需要人工进行干预，尽快地排除故障。西克光电感应开关必须安装在不干扰生产线旁边的机器人和升降机的特定位置，并且光电感应开关的参数必须正确设置，主要是感应范围。不同滑撬状态的感应范围可能略有不同，因此光电感应开关的安装位置、方向和感应距离必须准确。如果范围过大，其他物体可能会挡住感应开关，造成误感应。

系统结构图如图 2 所示。

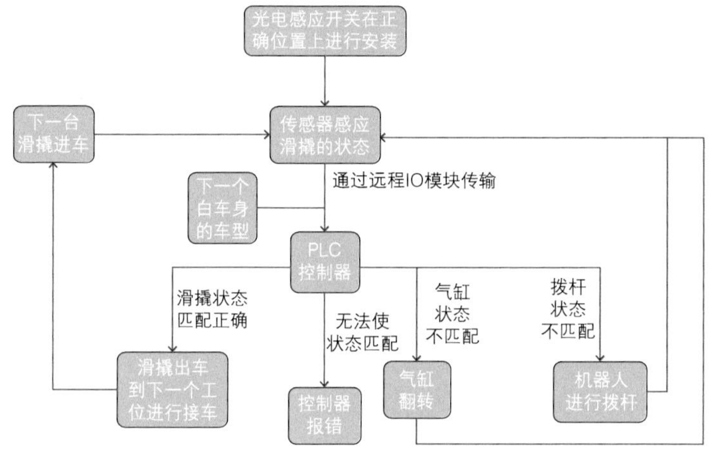


图 2　系统结构图

## 三、功能与实现

**本案例的功能有：**

在工位设置光电感应开关，用于检测本条生产线上 36 台滑撬的状态，每台滑撬都会有些许差异，这些光电感应开关一旦安装好后，将不能移动，即光电感应开关需要适应所有滑撬的状态且不能出现误感应的现象。将感应到的状态进行组合，匹配两款车型，使 PLC 接收这些信号后可以正确地将滑撬切换到任意一种车型。

**本案例的重点有：**

1）西克 DS50-P1112 光电感应开关的安装支架必须稳固，因为现场的升降机会造成附近地面的震动，若支架不稳固，则感应开关的误感应概率会增大。

2）对西克 DS50-P1112 光电感应开关的安装角度应仔细判断，否则感应的路线可能会被更近的物体遮挡。比如，某个光电感应开关需要感应 300~310mm 范围内的挡块，因为角度太斜，会被 280mm 处的气缸所遮挡，因此应重点关注角度的摆放。同时，感应开关应安装在特定的位置，不与生产线旁边的机器人及升降机等设备有干涉。

3）西克 DS50-P1112 光电感应开关应正确设置参数，它的感应范围不能设置得太大，因为不同的滑撬状态在某个位置上的差异只有 10mm 以内，而且在没有遮挡时，光束会照射到远端的物体上。比如，某个光电感应开关需要感应 300~310mm 范围内的挡块，但此时该范围内的挡块未进行遮挡，光束照射到滑撬另一端的挡块上，这样就会产生误感应。

本项目的功能见图 3 中的 PLC 逻辑。

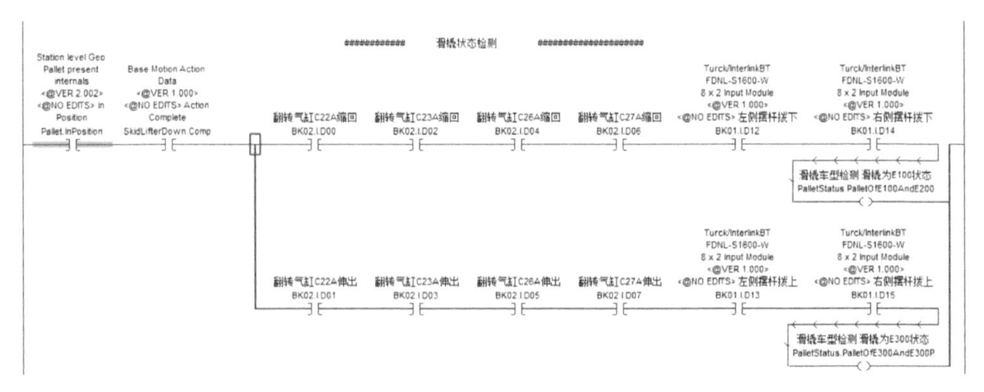


图 3 本项目的功能

如图 3 所示，罗克韦尔 PLC 的程序需要对 12 个 DS50-P1112 感应开关的电信号进行组合，4 组气缸的翻转状态加上左右摆杆的状态，组合成一个车型。从本例可知，当滑撬在位，并且 BK02.I.D00、BK02.I.D02、BK02.I.D04、BK02.I.D06、BK01.I.D12、BK01.I.D14 这 6 个信号为 ON 时，程序会判断当前滑撬处于 E100 的车型状态，而当滑撬在位，并且 BK02.I.D01、BK02.I.D03、BK02.I.D05、BK02.I.D07、BK01.I.D13、BK01.I.D15 这 6 个信号为 ON 时，程序会判断当前滑撬处于 E300 的车型状态。如果现在感应到的车型状态为 E100，即将接到的白车身车型同样也为 E100 时，PLC 就会发出指令，让滑撬出车，而即将接到的白车身车型为 E300 时，两个车型不匹配，PLC 则会判断当前状态是气缸不到位还是摆臂不到位，以此发出指令使之动作到位。但是，如过程需判断当前滑撬处于 E100 的车型状态，而 E300 车型状态的光电检测开关信号为 ON，则 PLC 会发出报警。

## 四、运行效果

在车间造车时，DS50-P1112 感应开关会一直进行检测，选好位置并安装完毕和参数设置完成后，根据车间维修的反应，DS50-P1112 感应开关基本没有出现过问题，运行情况良好。

因为滑撬左右都需要进行检测，所以即使某一个感应开关发生故障，也只会让 PLC 发出报警，而不会造成因判断错误而出车造成设备损毁等事故。

## 五、应用体会

1）DS50-P1112 感应开关检测精度高，且能检测规定范围内的物体，还不容易出故障，因此非常适用于长期检测某段固定位置的物体。

2）在检测的应用上，还经常会见到用视觉进行检测的场景。

如图 4 所示，为视觉系统和 DS50-P1112 感应开关共同检测的工位。此处的视觉检测系统是通过摄像机将所需要识别的物体进行拍照，然后用软件将拍照生成的图片进行分析比对，最后通过 EIP 或 IO 通信的方式将信号发送给 PLC，为 PLC 提供判断的依据。一套视觉系统，包括了两个相机和一台计算机，价格约为 15 万元，图像的选取和操作复杂，并且后续维护的技术还需要车间的维修人员进行学习。而这个价格可以买数十个 DS50-P1112 感应开关，并且简单易上手，人人都会拨动感应开关选取角度，维修不需要花更多的精力去学习，便于维护。因此，在判断并不复杂的场景时，用 DS50-P1112 感应开关去识别物体，远比看起来更先进的视觉识别更具易用性，而且成本更加低廉。还有视觉系统对光照要求非常高，需要多个高亮的照明器对需要被识别的物体进行照射，此时，在生产线旁边的工人则会被照明器损害双眼，本次项目的车间就对光照有着严格的要求，所以这也是光电感应开关比视觉识别更优秀之处。

3）综上所述，DS50-P1112 感应开关是一种非常实用的、具有广泛应用前景的光电感应开关。在现有的滑撬状态检测应用上有着成功的案例，效果颇佳，不仅成本低廉而且安装方便，维护简单，为汽车产业提供了极大的便利。不止在滑撬状态的检测、白车身车型的检测、料框的检测和人员的检测等都有良好的应用前景。

图 4　视觉系统和 DS50-P1112 感应开关共同检测的工位

## 参考文献

[1]　梅豪，梅杰 . 光电开关概要 [J]. 电子技术应用，1994（3）：15-17，22.
[2]　邓重一 . 光电开关原理及应用 [J]. 光电开关原理及应用，2003（12）：19-22.
[3]　吴金宏，张连中，刘丽娜 . 光电开关及其应用 [J]. 国外电子元器件，2001（5）：14-18.
[4]　李丽 . 可编程逻辑控制器（PLC）的原理与应用 [J]. 科学技术创新，2017（30）：46-47.
[5]　梁吉，蒋式勤，沈立纬 . 视觉检测系统及其应用 [J]. 微计算机信息，2003（12）：44-45.
[6]　陈英 . 机器视觉检测技术在工业检测中的应用 [J]. 电子测试，2015（9X）：79-80.

# 色标传感器 KTS 和 SIG200 实现竹牙刷正反面检测

陆继祥　电气工程师
（扬州润硕自动化设备有限公司　技术部）

[ 摘 要 ] 在工厂自动化越来越高的今天，各个行业自动化的应用进一步得到普及，在一些日用品行业，自动化生产线得到进一步的提升和完善。本文以竹牙刷为基础阐述了运用颜色传感器 KTS-WB9114115AZZZZ 和 IOlink-SIG200-0A0412200 实现竹牙刷正反面的检测

[ 关键词 ] 色标传感器、IO-Link、日用品、竹牙刷

## 一、项目简介

本项目以西克色标传感器 KTS-WB9114115AZZZZ 和 IO link SIG200-0A0412200 为基础，通过两个颜色传感器 KTS-WB9114115AZZZZ（上、下）测量的值，通过 SIG200-0A0412200 的采集色标传感器的过程变量，使用 SIG200 的内部逻辑控制器、开关量输出，输出信号给到 PLC 来判断牙刷的正反面。本项目难点在于牙刷柄的颜色和条纹并不一致（见图 1），很难有一个固定的阈值可以判断出多少为正，多少为负。

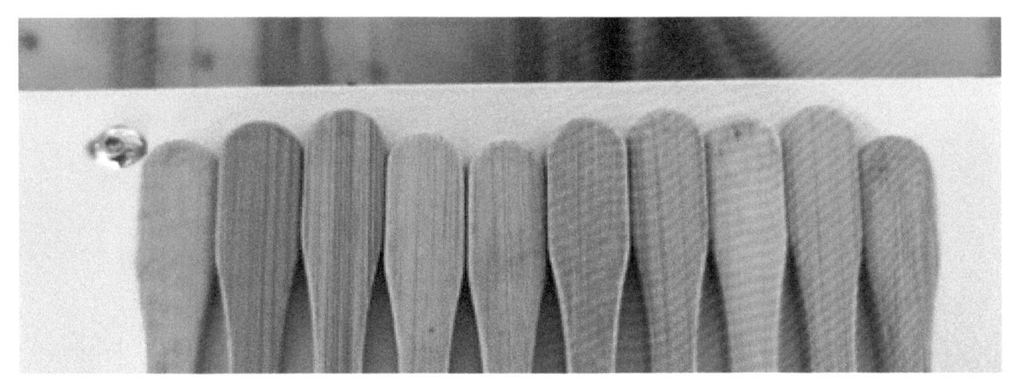

图 1　牙刷柄的颜色和条纹

颜色传感器 KTS-WB9114115AZZZZ 和 SIG200-0A0412200 如图 2 所示。

图 2　颜色传感器

颜色传感器 KTS-WB9114115AZZZZ 安装布置如图 3 所示。

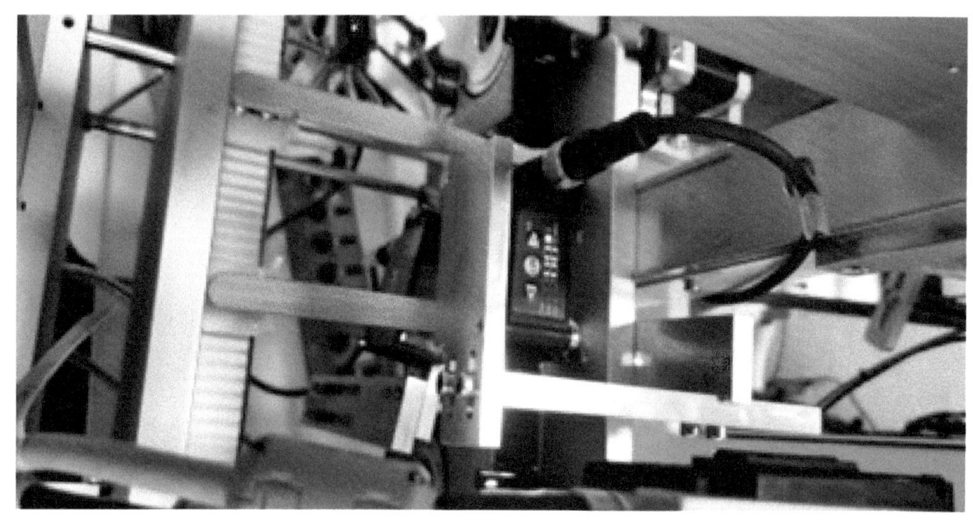

图 3　颜色传感器安装布置

项目重点通信涉及 KTS 和 SIG200 之间的 IO-Link 通信及 SIG200 把取到的过程变量做内部运算，通过其内部逻辑计算功能转换成开关量，再通过继电器把 PNP 转换成 NPN 给到信捷 PLC，作为信号的判断。

## 二、方案的制定

最初的方案（见图 4），设备原有一个 PLC，因为涉及动作修改量相对较大，希望加一个 PLC，增加的 PLC 与原有 PLC 之间是 IO 通信。两个 KTS 色标传感器连接到网关，网关使用网线连接到新增的 PLC，新增的 PLC 根据读取到的过程变量，经过计算输出开关量给原有的 PLC，这样就可以在原有的动作上增加翻面的动作。

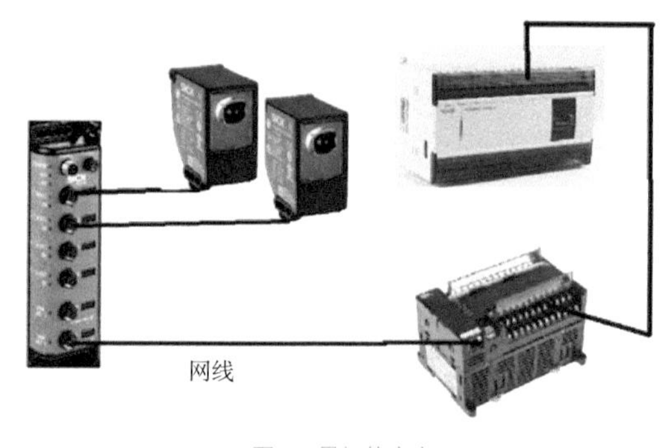


图 4　最初的方案

后来经过与西克的技术人员沟通，SIG200 本身含有逻辑编辑功能，新增的 PLC 做的动作不复杂，经过前期测试，KTS 的灰度模式是可以稳定地测出刷柄的正反面，因此新增的 PLC 可以省略，由此每套可以节省约 3000 元的成本。新的方案是两个 KTS 连接到 SIG200，SIG200 经过比较计算，直接输出开关量，经过继电器的转换连接原有 PLC，如图 5 所示。

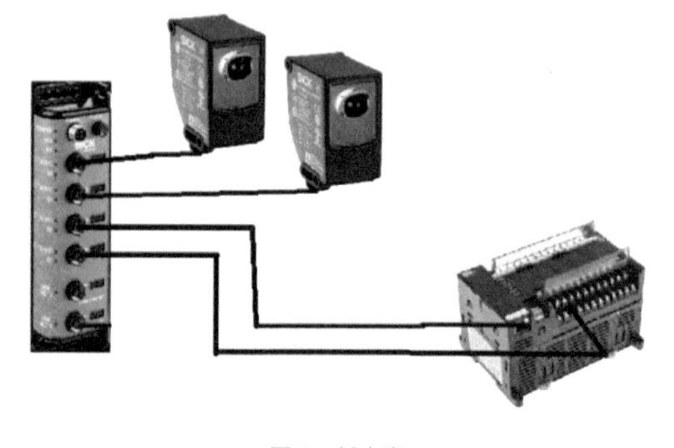

图 5　新方案

## 三、系统结构

本系统应用信捷 PLC 编程工具软件进行编写，在 SOPAS Engineering Tool 对 SIG200 及 KTS-WB9114115AZZZZ 完成编程与调试。

工作流程如下：

1）调节安装高度；

2）比较同一支竹牙刷正反面的值，调节到合适的高度；

3）检查信号输出是否正确。

## 四、功能与实现

### 1. 本案例重点功能有：

1）SIG200 与传感器 KTS 之间的通信；

2）SIG200 内部取值得计算；

3）SIG200 的 IO 输出。

### 2. SIG200 的内部的取值比较逻辑：

SIG200 的内部取值逻辑程序如图 6 所示。

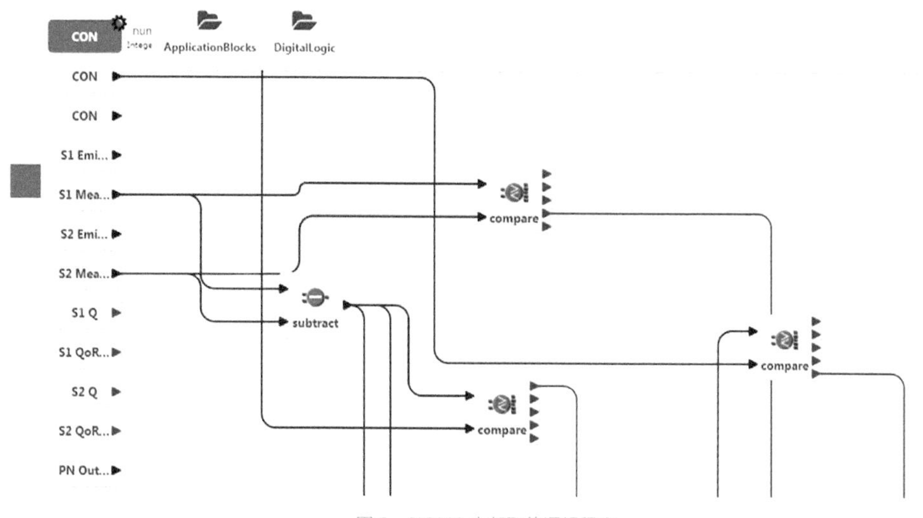


图 6　SIG200 内部取值逻辑程序

首先是 S1 Measure Process Data 和 S2 Measure Process Data 的比较，可以得到两个传感器的过程变量大小的比较如图 7 所示。这个比较简单，但是两个传感器灰度值的差值要大于 5，会比较麻烦。

首先设置一个常量为 CON1=5，然后使用 S1 的过程变量减去 S2 的过程变量，得到的结果和常量 CON2=0 进行比较，如果小于 0，取负数，得到绝对值的数值，最后得到两个通道的差值的绝对值和常量 CON1 进行比较，如果大于等于 5 就输出，小于 5 就不输出。

根据两个开关量进行编程，如果输出 2（差值小于 5）结果为 0，就直接知道这个刷柄的颜色差别不大，如果输出 2 结果为 1，就看输出 1 为 1，继续向前不要有动作，输出 1 为 0，在下一个工位，进行掉面。保证在生产中，颜色深的一面始终朝下。

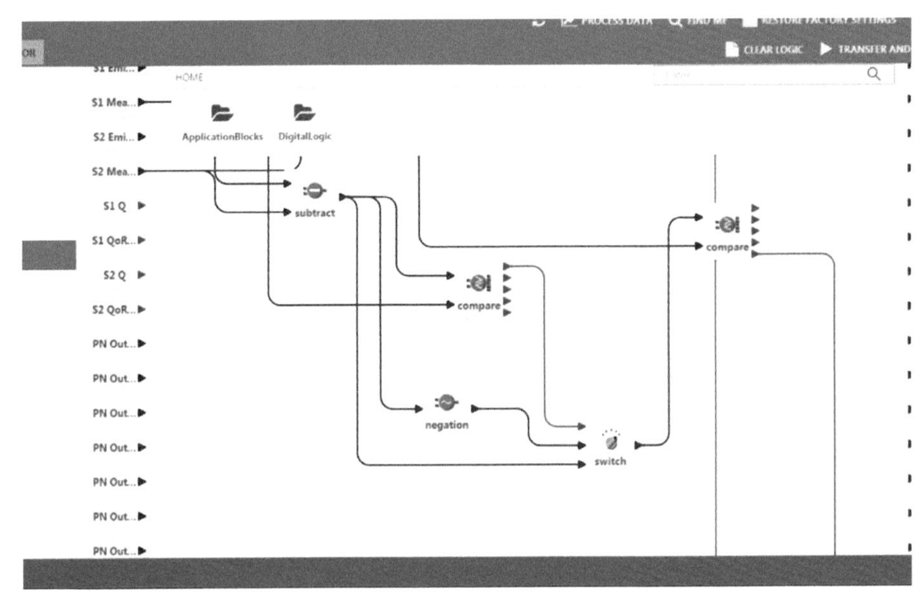


图 7　两个传感器过程变量大小的比较

## 五、运行时效果

经过现场的实际运行，检测的结果还是很稳定，能够满足客户区分竹牙刷柄的正反，效果很稳定。

## 六、应用体会

色标传感器 KTS 的稳定性能，智能网关的逻辑运算功能也能帮助我们实现需要的功能，节省成本，这是跟其他的品牌不一样的地方。

西克技术人员的专业性，也帮助了我们一起完成了这个应用。

## 参考文献

[1] 西克传感器 [Z/OL] operating_instructions_kts_ktx_prime_5_pin_io_link_en_im0071947
quickstart_sig350_ethercat®_en_de_it_fr_es_im0101475
operating_instructions_sensor_integration_gateway_sig200_profinet_en_im0086162
technical_information_iodd_overview_kts_ktx_en_im0072029
SIG200 _EthernetIP 中文调试手册 Studio5000.

[2] 信捷自动化：XDH XLH 系列可编程控制器用户手册 [Z].

# 西克激光测距仪在焦炭储运项目的应用

范中武　金利红　范保昊　范中伟
（安钢集团信阳钢铁有限责任公司　信息化中心）

[ 摘　要 ] 本文主要介绍了西克激光测距仪在焦炭储运项目中的应用及使用效果。
[ 关键词 ] 西克激光测距仪、应用、效果

## 一、项目简介

随着近几年的疫情及国内、国际经济形势的影响，企业生产成本和市场竞争压力也愈来愈大，为了更好地生存和不被市场淘汰，企业的生产规模与运行模式只有逐步升级向集团化、大型化、自动化、智能化等方面发展，不断地降低生产成本，提升技术经济指标，才能立于不败之地。

企业为了生存，只有不断地适应市场，作为钢铁行业以前的粗犷的生产模式，已阻碍了现代企业的发展，只要生产出产品就有利润的红利时代已过去。按公司要求对相关的设备进行智能化、自动化升级改造，改善现场作业环境，降低操作人员的劳动强度，减少岗位运行人员，只有这样才能更有效地降本增效。焦炭储运项目共有 20 个焦炭料仓，既实现焦炭储备又可以往 1-4# 高炉转运焦炭。哪个料仓空了需要往哪个料仓打料，原采用人工把分配小车开到需要的料仓，然后才可以往皮带上放料，料满、料空及料仓里还有多少物料均需要人工在现场实时查看，效率低下，工作量很大，现场作业环境也十分的恶劣，灰尘、噪声等对人体损伤是无法估量的，而且极容易打错物料，造成干湿焦炭混装。高炉装入干湿混合焦炭，由于焦炭含水量的波动影响焦炭负荷的波动，使炉温波动，一旦调整得不准确或不及时，极易引起炉凉、炉热、渣铁不流及粘沟，影响炉前设备正常运行，从而影响炉况的顺行。若能实现自动打料，操作人员只需在值班室计算机人机操作界面上勾选需要打料的料仓，输入各料仓料空、料满控制值和各料仓定点打料分配车停机位置就可以实现自动打料。要实现焦炭料仓自动打料，必须先解决分配小车精准定位的问题，实现精准定位后才能实现自动打料。

## 二、选择激光测距仪的原因

通过搜索相关资料和咨询相关单位，现场一般采用以下几种方式来实现对分配小车精准定位：1）行程开关或霍尔开关定位：在小车行走或打扫卫生时极易将行程开关或霍尔开关碰撞损坏，固定行程开关或霍尔开关螺钉松动易造成信号失真，而且可靠性较差，若信号失真分配小车到达设定位置无法自动停机，会造成分配车等设备损坏，炼铁高炉也会因为断料而被迫休风的严重事故。2）格雷母线或编码电缆定位：精度高，价格较贵，安装时受现场空间影响较大，而且安装较为复杂，安装后对现场打扫卫生、设备维护维修带来一定的不便。3）旋转编码器定位：采用旋转编码器与分配车行走轮轴连接，小车行走，车轮旋转，带动旋转编码器轴转动，以此来测量小车行走位置。行走轮不转、刨死、小车滑行、编码器软连接松动等都极易引起编码器不转导致数值偏差较大而无法精准定位。4）激光测距传感器定位：精度、价格适中，维护量很小，安装比较方便，小车在行走过程中即使有小的波动，也不会引起测量数值的变化，安装时基本不用大的改动。

## 三、选型安装并实现预定功能

经过网上查资料及咨询西克等相关单位的客服，由于测量距离较远，最远达到 100m，通过几家产品选型及参数对比，最终选用西克激光测距仪：DL100-22AA2112，测量范围 0.15m ... 200m，准确度 ±2.5mm，再配合采用雷达物位计实时测量料仓料位高度，当物位达到设定的高度，自动停止物料输送皮带，然后按照程序指令自动启动分配小车到达下一个需要打料的料仓，以此类推，循环执行，实现分配车自动打料。PLC 硬件组态图如图 1 所示。人机操作界面如图 2 所示。

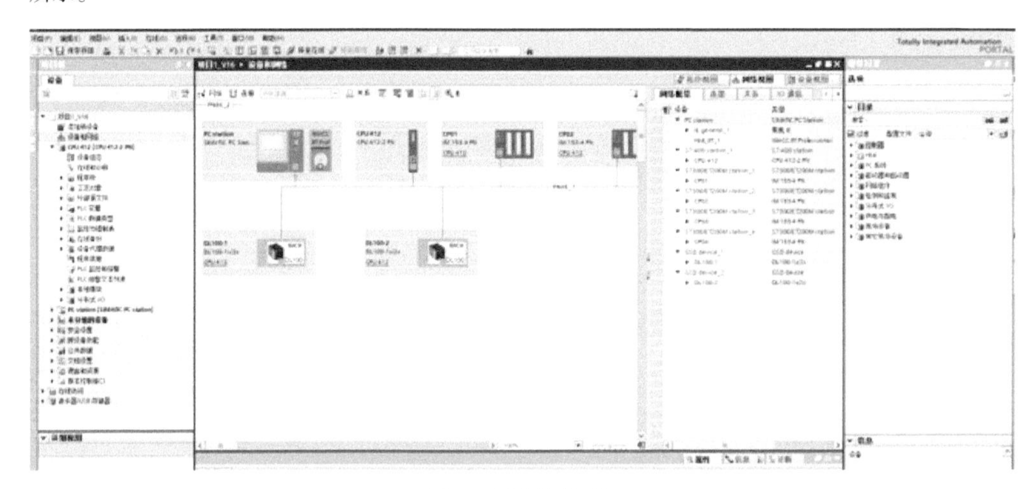

图 1　PLC 硬件组态图

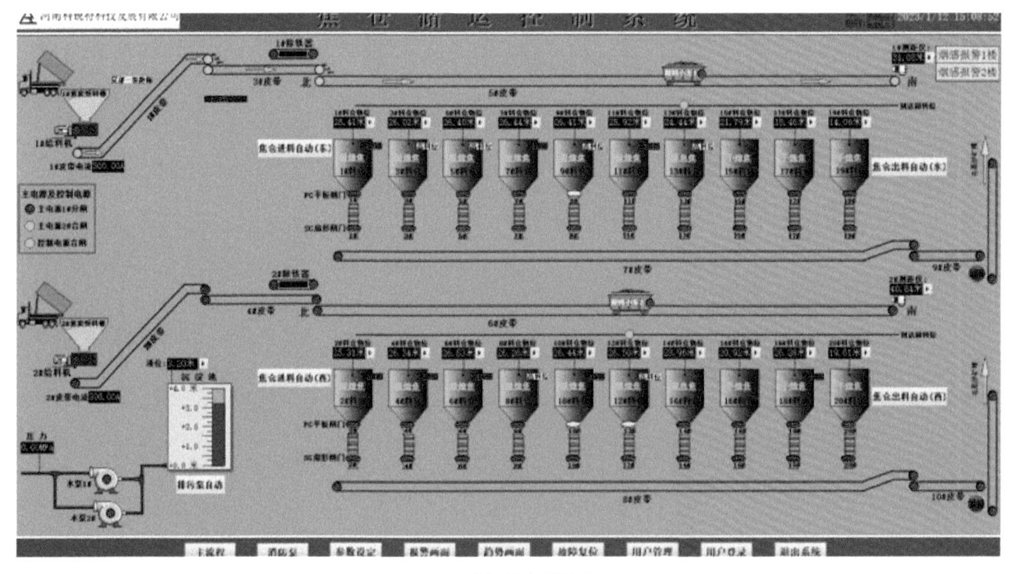


图 2　人机操作界面图

通过测距传感器和反光板实现对分配料车精准定位，操作人员在计算机上设定下料流程，分配小车起动后自动行走到你设定装料的料仓位置停下并起动打料皮带往料仓打料，实现了自动控制打料又降低了运行人员的劳动强度。安装使用现场图片如图 3 所示。

图 3　安装使用现场图片

## 四、投运后的效果

该项目改造完成并与 2000 年 5 月投运，已运行近 3 年之久，运行的十分平稳，除了雷达料位显示数值偶尔因为灰尘和湿气导致料位失真外，基本没有其他故障发生，得到现场操作及维修人员和领导的肯定。由于该项目运行十分理想，因此激光测距仪也陆续在其他高炉槽前转运站等多个地方使用。

## 参考文献

[1]　DL100 安装操作说明及及 Profinet 通信指引 [Z].

# 西克色标传感器在中国市场的应用和发展

（杭州汇源　徐七伍）

在当前各行各业都在大力实施数字化改造和提升的大背景下，制造业已经成为数字化的热点领域。在数字化实施过程中，数据采集是最为基础的部分，其中数据采集的核心部件则是传感器；根据数字化的不同的要求，采集数据的传感器则有不同的细分方向。所以，目前各类传感器不计其数，各个厂家针对不同领域的生产需求研发出了各式各样的传感器，解决了各行业生产的各具特点的需求。西克作为国际先进的工业用传感器应用程序解决方案制造商之一，已经研发出门类齐全的工业应用的各类传感器，并且大量地应用到工业生产的各个领域。在这些传感器之中，有一类传感器很特别，也是在标识定位等应用场景起着极为重要的作用，这就是色标传感器，主要功能是定位和计数用。我想从以下几个方面介绍和说明色标传感器，给大家一点启示。

一、什么是色标传感器；

二、色标传感器的发展；

三、色标传感器的应用；

四、色标传感器市场的思考。

## 一、什么是色标传感器

色标传感器是一种判断两个色块之间色差（灰度差）的传感器，又称为对比度传感器，民间又称为光电检测传感器，俗称光电头、光电眼主要功能是“定位”。研究人员把从 100% 白的白色过渡到 100% 黑的黑色平均分成若干个等级（见图 1），光电传感器根据这个灰度变化，采用光发射接收原理，发出调制光，接收被测物体的反射光，并根据接收光信号的强弱来区分不同的灰度差，从而达到检测色标的存在与否。

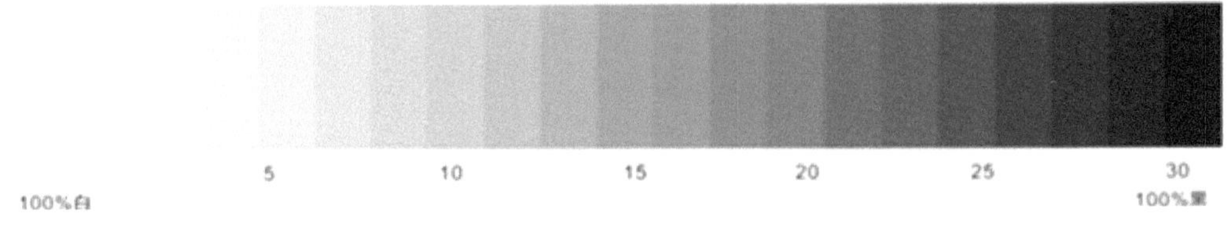


图 1　100% 白的白色过渡到 100% 黑的黑色等级

根据不同的使用场景，色标传感器使用了不同的光源，目前主要有白光、RGB 三色光、R、G、B 单色光和相对应的激光。西克公司作为色标传感器中的领导者，最早开发出了各类光源的色标传感器，其中 NT 和 KT 系列产品已经成为行业内色标的代名词了。我们以西克色标产品为对象分析，色标传感器从性能要求来看，色标传感器必须具备三个特点：

• 高灵敏度：能识别灰度差别越小，传感器灵敏度就越高。西克公司经过多年的迭代发展，已可以检测 30 级灰度的分辨率了，甚至针对烟草为代表的镭射包材，灰度差极小，西克公司也开发出了全息的对应的系列产品 KTH5W。

• 高开关频率：在一些现代包装、印刷和物流行业，生产速度非常快，单位产量都是以万为单位，普通的需要达到 5K 和 10K 频率。德国西克公司紧跟相关产业的发展，先后开发了 NT6、KT5、KT8、KT10、KTS 和 KTX，频率从 10kHz、17kHz、25kHz、50kHz 和 70kHz。解决了高速度生产场合对定位的要求。

• 高检测精度：现代包装行业装饰图纹越来越复杂，实际生产中给出的特征点越来越小，这意味着对色标传感器的光点要求越小越好。西克公司开发出了针对不同的场景的光点尺寸的色标传感器，KT10 的光点宽度只有 0.8mm，KT5L 光点为圆型光斑，直径甚至做到了 0.1mm。这种特点为复杂场合提供了解决定拉的可能。

## 二、色标传感器的发展

色标传感器的发展可以追溯到 20 世纪 50 年代，当时它们被用于检测和识别灰度差的模式。从那时起，色标传感器的技术不断发展，如今它们可以检测和识别更微小的灰度差，有些色标传感器附加简单的颜色检测功能，能够更准确地检测灰度差和识别物体表面上的颜色细微变化。此外，色标传感器的设计也变得更加紧凑，更加节能，从而使它们更加易于安装和使用。

德国西克公司是第一家开发出色标传感器和产品系列最全的厂家，所以我们可以根据这些年西克公司产品的迭代，梳理一下色标传感器的发展历程。这从两个方面来阐述：从传感器光源变化方面：色标传感器从使用白光进行全光谱识别，满足了黑白时代的定位检测要求；但是由于印刷和包装的发展，色标的形态和光源颜色发生复杂的变化，全光谱的白色光源不能满足检测的要求了。西克公司开发出了 RGB 全光谱的色标传感器，可以解决不同的颜色组合的彩色场景的色标检测。随着防伪的发展，在很多行业尤其是烟草行业，大量采用镭射包装材料，西克公司顺势而为，推出了单色复合光模式检测全息的色标传感器 KTH15W 系列产品，解决了行业的痛点。还能在无菌包装环境下包装，要求远距商检测色标，西克首家研发出以红色激光为光源的激光色标传感器，检测距离达到 150mm，解决了乳品包装的卫生问题。最近几年，彩色色标开始使用，色标传感器已经开始集成简单的颜色识别功能了，不在是单一的灰度识别了，西克公司新一代产是 KTX 就具备这个功能。从以上过程回顾，色标传密器光源经历了多次突破，从白光这样的复合光演变到以 RGB 三原色的单色光，以及用紫外光源。比较彻底的解决了对不同色标的识别问题，从而给印刷和包装的复杂化提供了方便。从传感器的检测频率和输出方式来看，色标传感器也是经历比较大的提升和变革。从当初的一两千的频率到现在 50k 的频率，能力提升巨大，以下是西克公司产品输出频率汇总见表 1。

表 1　西克公司产品输出频率汇总

| 产品系列 | KT3 | KT5/NT6 | KT10 | KTS/KTX |
|---|---|---|---|---|
| 开关频率 /kHz | 5 | 10 | 25 | 25/50/70 |

传感器在控制系统越来越复杂的今天，如何接入控制系统也在经历着与 PLC 相适应的变化，从开始的开关量输出，模拟量输出、CAN 总线输出和现在 IO-link 输出，西克公司产品输出方式汇总见表 2。

表 2　西克公司产品输出方式汇总

| 产品系列 | KT3、KT5/NT6 | KT8 | KT10 | KTS/KTX |
|---|---|---|---|---|
| 输出方式 | 开关量 | CAN | 开关量 | 开关量 /IO- link |

为了适应不同工业场合对安装的空间要求，色标传感器在结构上发生了很大的变化，有常规的漫反式的单光轴的方形，还有对射式槽形和光纤结构形式等。

当然，随着工业数字化的推进，新的生产任务对色标传感器的要求越来越多，西克公司作为这个行业的领导者，在最新的一代的色标传感器 KTX 系列产品中大大提升了传感器功能，如扩大景深和扫描公差、防抖功能、适应光亮材料、更简单的设置等。

总之，色标传感器作为包装和印刷等行业重要的定位用的传感器，经过 60 年的发展迭代，与自动化技术同步革新，成为包装、印刷等行业最重要定们检测的核心部件之一了。

## 三、色标传感器的应用

色标传感器在印刷包装行业应用最广，最近几年，随着各行业技术的融合，在物流和智能制造行业也得到了应用，充分挖掘了色标传感器的潜能。我们以西克色标传感器为例，解析几个应用案例。

### 1. 纸品包材表面瑕疵定位

在纸张生产过程中，不可避免地出现条痕、压花、翘曲、凹坑、斑点和毛边等瑕疵，该缺陷用过 CCD 视觉检测系统进行检测，但考虑到纸张生产的特殊性，无法在线进行剔除，只能通过在线进行标识标记出纸病的位置，在复卷和分切时进行剔除。由于不同产线的标识或不同厂家的标识有所不同；车速较快（300~500m/min）；现场粉尘比较大，容易在传感器表面附着浮灰等不利因素，为此，对检测的色标的要求比较高。

我们在这样的现场配置的 KTS prime 类型的色标传感器（见图 2），通过 IO-Link 通信方式连接到 Beckhoff 系统，从系统中可以实时地采集到受光量的变化和底色灰度值的变化，从而可以动态地调整色标的阈值，达到准确、快速地检测，为下一步的裁剪提供定位参考。

图 2　色标传感器

### 2. 微型电机装配线的工件检测

在微型电机装配线上，铁心、线圈、轴和轴承等从不同工位进行上料，并通过设定好的程序有序地组装，其中线圈表面光亮且带有一定的弧形，加上受制于设计需求，要从较远的地方采用漫反射的方式进行检测工件的到位情况，通过常规的传感器无法有效地检测，有些现场采用视觉或位移传感器检测，大多数由于性价比不高而没有选用。

在这样的现场可以选用 KTX prime 的长距离色标传感器（见图 3），该产品的特点是检测距离远、圆形光斑、单点颜色学习模式，能够稳定地检测工件的到位情况。

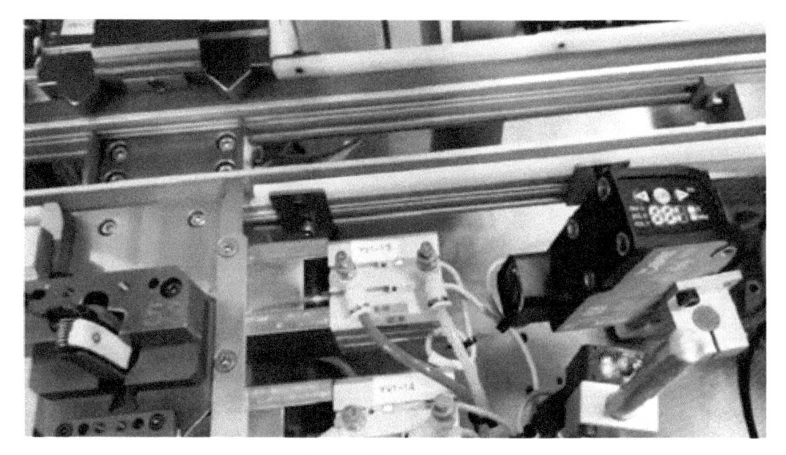

图 3　长距离色标传感器

### 3. 高速印刷的定位

烟草行业印刷设备有着车速快、隐形标的特点，特别是激光镭射模压机，色块与底纸的区分非常不明显，而且色块也非常小，在检测位置的浮动辊有一定位置上下偏差，给检测带来非常大的挑战。在这样的现场选用 KTX prime 的高速高精度色标传感器，分辨率达到 70kHz，感应偏差在 ±5mm，能够稳定地检测当前的位置，及时提供信号触发下一个动作。

## 四、色标传感器市场的思考

色标传感器作为一种定位检测用的传感器见图 4，应用场合非常广泛，市场需求巨大。目前，各大传感器厂家都在推出更多更好的色标传感器，以满足工业生产各种需求。在数字化的大背景下，工业现场对速度、精度以主灵敏度提出了更高的要求，如果产品在性价比上没有竞争力，市场将是无情的，这几年日本品牌的色标传感器异军突起，推出了高具特点的有性价比的产品。西克公司作为工业传感器的领导者，在色标传感器领域已成功地研发出规格齐全、功能各异、不同需求定位的系列产品，展示出强大的技术力量。市场认可度较高，但是竞争对手也越来越多，我觉得西克公司应针对中国市场的特点，推出相应的爆款产品，巩固市场地位；同时在中高端需求方面，创造更新、更强的产品，引导需求的变革，适应中国工业数字化发展。

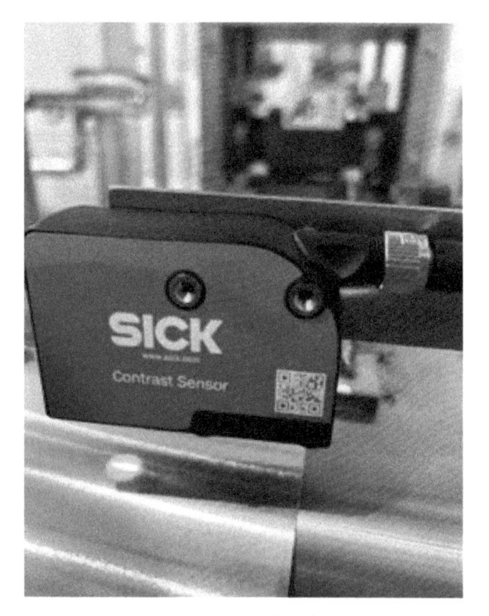


图 4　色标传感器产品

# 测量光栅在车型识别中的应用

周树海
（上汽通用五菱）

[ 摘 要 ] 各大汽车厂生产的车型越来越多，产品的更新迭代速度变快。随着工业 4.0 的逐步推进，自动化程度越来越高。如何保证众多车型细微轮廓的准确识别，变得尤为重要。目前，比较主流的方式有视觉应用、RFID、光电开关组合等。本文将重点介绍测量光栅在车型轮廓识别中的应用。

[ 关键词 ] 轮廓、测量光栅

## 一、项目介绍

在某整车制造厂，车体在三个工艺车间交接点、不同载体之间切换时，主要采用移栽叉水平交接的方式。由于车型隶属开发平台不一样，导致车体下部大梁的定位孔存在位置差异，从而导致运输载体上的定位销孔并不是单一存在，有的甚至达到前后 10 组切换定位销。如何保证交接位置能够准确车型识别、定位销孔判断、进销检测等一系列动作准确执行，车型轮廓精准识别变得尤为重要。

正如肉眼所见，要从轮廓判断出两个车型长得不一样，保证是从两者的差异特征点着手。所以，很多地方使用的视觉传感器，都是建立在轮廓差异点识别的基础上。但是考虑到综合成本以及稳定性，最终使用测量光栅用于轮廓识别。

## 二、测量光栅介绍

在某整车制造厂，车体在三个工艺车间交接点、不同载体之间切换时，主要采用移栽叉水平交接的方式。由于车型隶属开发平台不一测量光栅，又名红外线检测光栅。是由发光器和受光器组成一组光幕。当物体垂直穿过光幕时，根据遮挡光束数量变化情况可检测出物体穿过光幕时的形状变化；当物体沿光幕平行移动时，根据光幕遮档光束变化情况可检测出物体的运动方向；同样也可以对穿过光幕的物体进行计数和物体感应。

从上面介绍来看，测量光栅不仅具有轮廓、形状识别，还具有方向识别、计数功能。

测量光栅是一种特殊的光电传感器，与普通的对射式光电传感器一样，包含相互分离且相对放置的发射器和收光器两部分，但其外形尺寸较大，为长管状。测量光栅发射器产生的检测光线并非如普通传感器般只有一束，而是沿监控高度方向定间距生成光线阵列，形成一个“光幕”。以一种扫描的方式，配合控制器及其软件，实现监控和测量物体外形尺寸的功能。

这次我们采用的是 SICK 品牌的 MLG2 系列测量光栅。监控高度为 890mm，光束分离为 10mm，触发感应距离为 500mm，采用 Ethernet/IP 方式与 PLC 之间通信，可以反馈 90 个测量点给 PLC，测量精度可达 10mm。图 1 为测量光栅检测范围。

## 三、测量光栅应用

上面讲到，车型轮廓识别在整车制造过程中尤为重要。而轮廓的识别，归根结底是特征点的识别，为了更好地体现测量光栅的特点，这里我们首先简单示意光电开关组合判断车型轮廓案例。

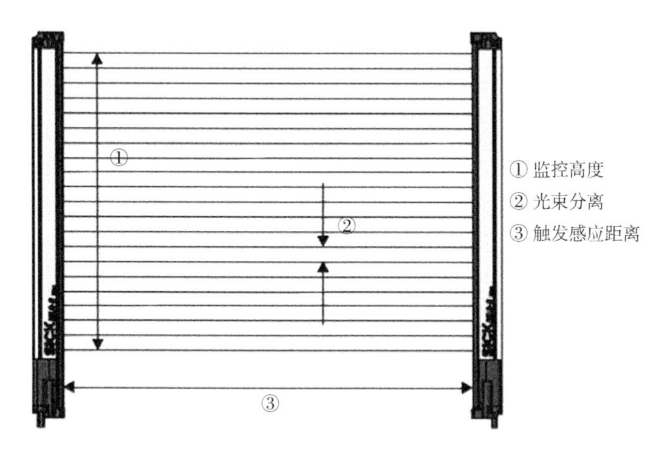


图 1　测量光栅检测范围

以某畅销明星车型为例，其主要分为常规车型、封窗车型、加长车型，三种车型外观存在明显的差异点。在机器人补焊线工艺交接点前，需要将切换车型的载体，从摩擦线台车载体转移至机器人侧高精度、高速雪橇载体上。车型识别除了使用条码扫描枪判断车型之外，还需要增加轮廓的车型识别，用于避免出现条码贴错导致交接失败的故障发生。光电开关组合判断不同车型如图 2 所示。

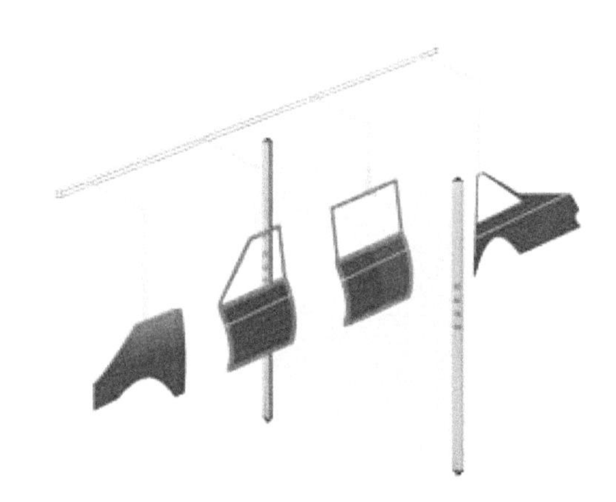

图 2　光电开关组合判断不同车型

从上面案例可以看出，光电开关组合判断车型是一种不错的轮廓识别系统。但是，假如车型不仅仅是三种，而是十几种，或者更多，这就需要更多的光电开关安装于此，用于捕捉鲜明的特征点来进行轮廓识别。试想，随着车型的不断迭代升级，此处的光电开关会越来越多，每次车型导入都存在变化点。琳琅满目的光电开关给设备点检维护、图样更新、项目验收带来一些不必要的麻烦。

测量光栅，简单意义上讲，其本身就是若干多个光电开关等距离间隔分布的组合，利用其固有的扫描时间，从下往上逐步地检查每个光电开关的遮挡，扫描完毕之后，反馈给 PLC，哪个光电遮挡，哪个未被遮挡。PLC 通过逻辑运算，组合判断遮挡点，从而计算出车型代码。

如图 3 所示，是 19 种车型的侧面重叠图，有些车型就是细微的差异，仅仅是 B 柱前后 30mm 的区别。相对于载体而言，这些车型必须精准地识别出来，否则，在转载交接的过程中会发生倾斜、车体损坏的事故。通过对比不同车型的侧面轮廓图，可以发现两个地方特征点比较明显，B 柱和 D 柱，所以在两处增加两对测量光栅，载体停止的时候光栅反馈 90 个光电的遮挡情况。经过一段时间的数据跟踪、验证，最终获取到不同车型测量光栅反馈数据，可以很明晰地判断出不同车型之间的差异来。再结合 PLC 的逻辑处理，最终实现两对测量光栅精准检测 19 种车型的功能。

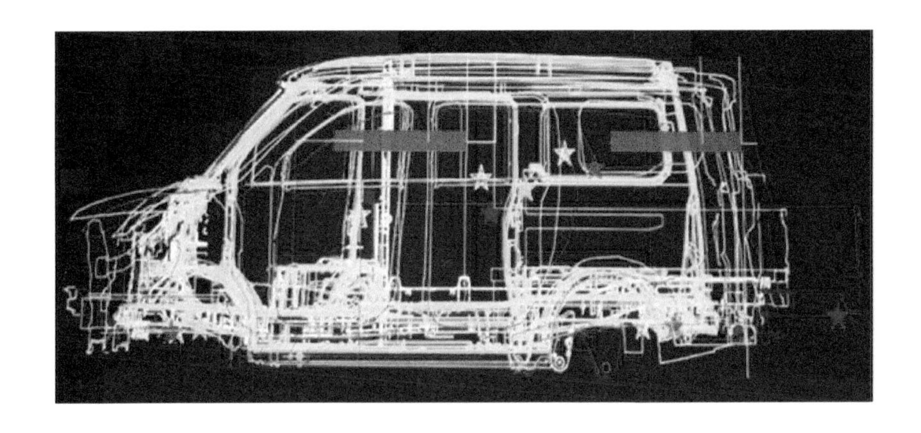

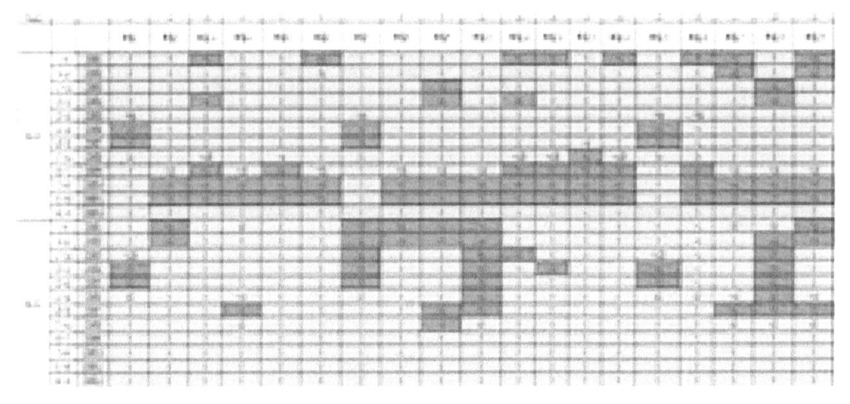

图 3　不同车型重叠图及光电遮挡情况

## 总结：

测量光栅自 2014 年首次产品发布以来，使用的场合在不断地拓展、延伸。由于其本身相当于若干个光电开关的组合，可以检测的长度高达 3100mm，分辨率有 2.5mm、5mm、10mm、20mm、25mm、30mm、50mm。针对不同的检测物体，可以灵活地选择对应的型号。这也是测量光栅首次在我公司轮廓识别方面的使用，已经表现出其独有的优越性。为后续的车型识别、轮廓识别和速度测量等积累了经验。

## ◆ 工业仪表传感器 /3D 相机

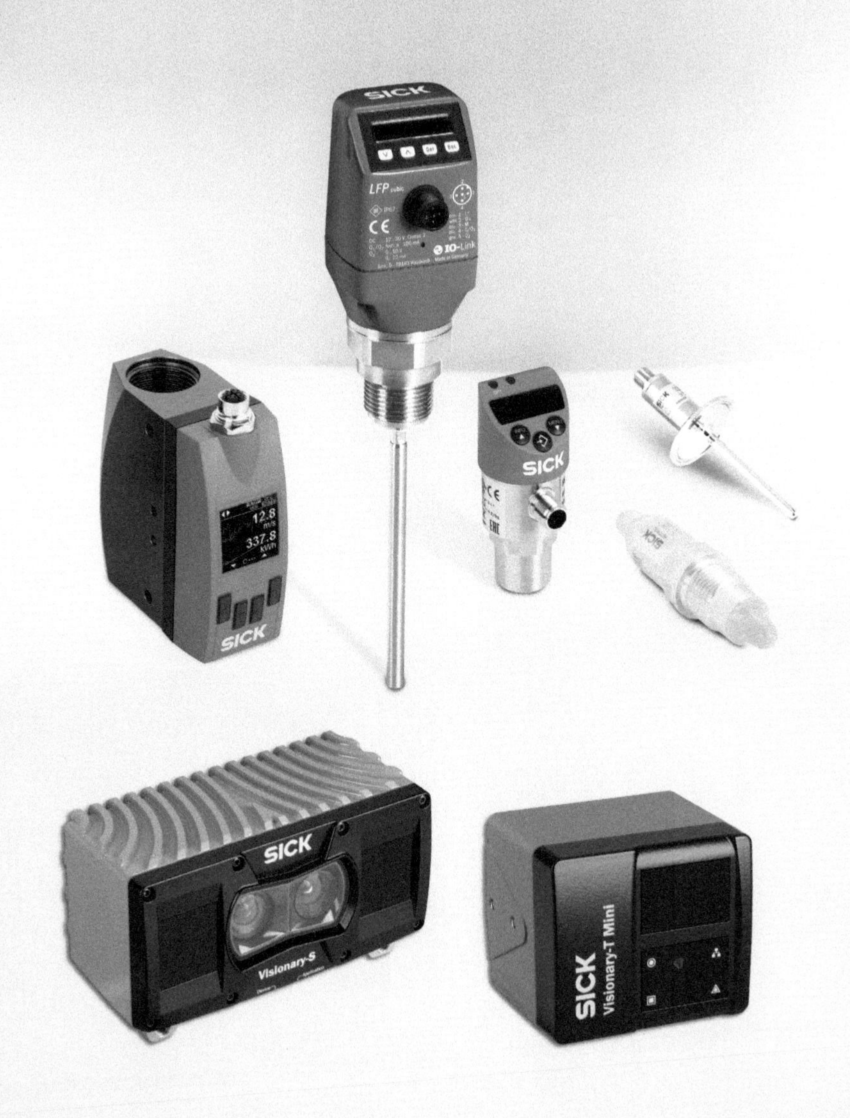

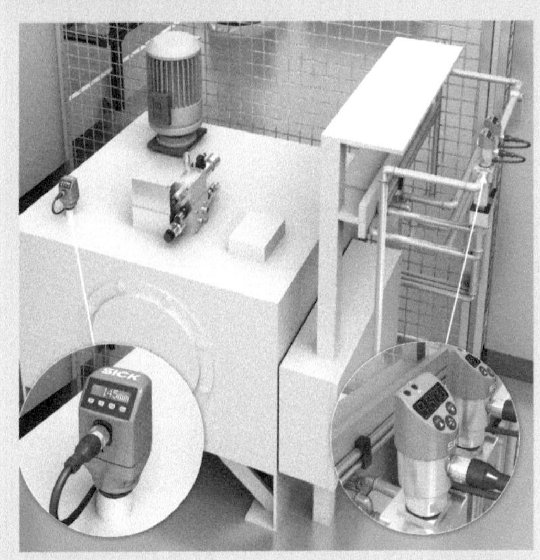
SICK

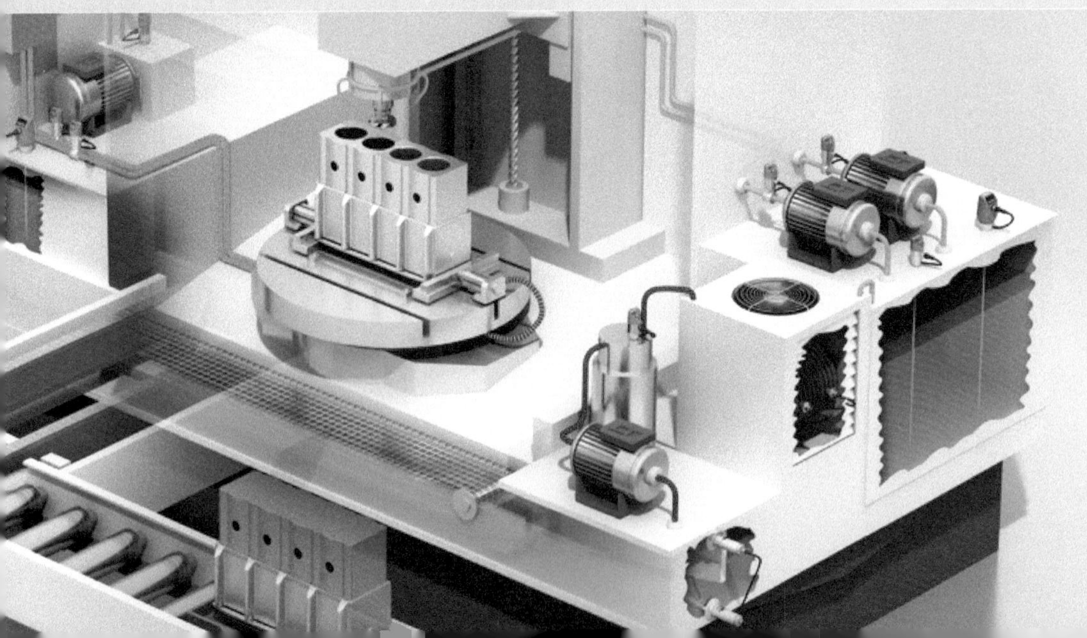

# 基于 TOF 相机的备煤仓清理识别定位项目

张文昌　技术主管工程师
（北京神州星航科技有限公司）

［ 摘　要 ］ 在传统制造业致力于自动化、智能化升级的时代背景下，钢铁行业备煤仓具有生产环境复杂、工作周期长、存在危险源等特性。使用机器视觉配合智能机器人取代人工完成清理工作，提高生产效率的同时，也保护了工作人员的健康。本文以钢铁行业备煤仓清理为应用背景，重点介绍了西克传感器 TOF 相机对备煤仓异物的识别与定位的应用原理和实现方法。

［ 关键词 ］ 机器视觉、TOF 相机、3D 成像技术、深度图像

## 一、项目简介

### 1. 项目背景

钢铁产业冶炼需要大量的煤作为原材料，因此作为燃料中转站的备煤仓是钢铁厂中的重要环节。经过预处理的煤通过皮带机运输系统输送至备煤仓上方，由落料机分配到各筒仓内进行储存。为筛出体积过大的煤块及煤中异物，备煤仓落料口通常设置为间隔 20cm 格网状，同时由于洗精煤本身含有大量的水分，容易在格网上方结块，当异物过多时就会造成落料口堵塞，影响落料进度。

本项目以西克传感器 TOF 相机 Visionary-T Mini 与工控机配合，对堵塞的落料口进行视觉检测，将得到的位置信息投影为二维图像，处理二维图像得到异物中心所在的坐标并将其发送给机器人，引导机器人完成清理工作。

### 2. 项目工艺流程

机器人到达清理位置后给予相机拍照信号，相机对下方约距 1200mm 位置的备煤仓格网进行拍照，将三维图像信息传输给工控机后，工控机通过对三维图像进行投影、二值化、膨胀与腐蚀、斑点检测等图像处理后计算出异物的几何中心坐标及其所在的栅格中心坐标，通过 TCP/IP 将坐标值传输给机器人，再由机器人完成夹取清理工作。

Visionary-T Mini TOF 相机及视野如图 1 所示。工作现场场景如图 2 所示。

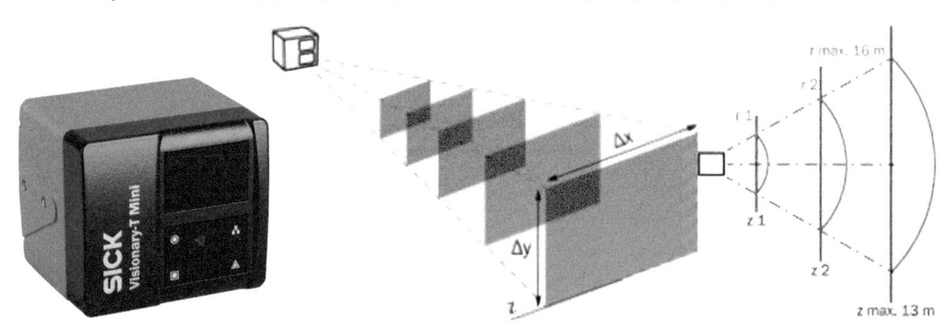


图 1　Visionary-T Mini TOF 相机及视野

图 2 工作现场场景

## 3. 项目组成

该项目由一台 Visionary-T Mini TOF 相机与一台工控机组成，工控机使用 Windows10 系统，两者间采用 TCP/IP 通信。工控机通过 Visionary-T Mini TOF 相机传递的位置信息检测备煤仓栅格上方异物的位置坐标，并将其传输给机器人进行清理工作。

## 4. 备煤仓清理处理过程

引导机器人清理杂物如图 3 所示。

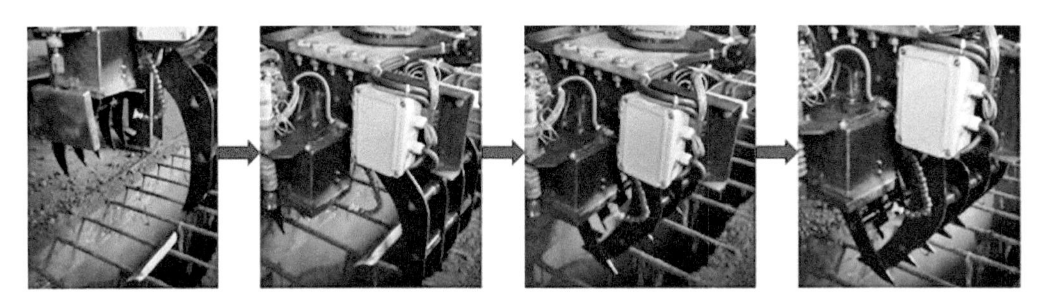

图 3 引导机器人清理杂物

# 二、系统结构

1）本系统基于 Visual Studio 使用 C# 语言进行编写。

2）系统工作流程如图 4 所示。

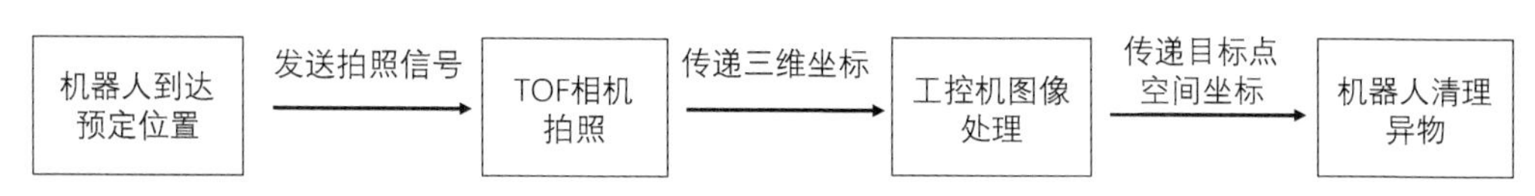


图 4　系统工作流程

3）检测系统图像处理结果

异物检测原始图如图 5 所示。

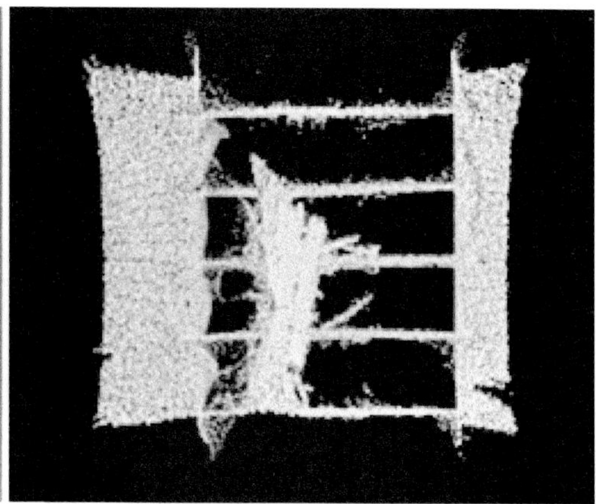

图 5　异物检测原始图（左侧 2D，右侧 3D）

## 三、功能与实现

### 1. 本案例的重点功能

1）将通过 TCP/IP 从相机传输至工控机的数据以三维图像形式显示。

2）将三维图像投影为二维图像并进行二值化、膨胀腐蚀等预处理。

3）对备煤仓落料口处栏杆位置进行检测。

4）计算异物几何中心位置坐标进行计算，并计算其最近的栅格中心点坐标。

### 2. 对备煤仓落料口处栏杆位置进行检测，以避免机器人执行清理工作时与栏杆发生碰撞

由于落料口上方每隔一定距离布置有横向栏杆用于阻挡异物，会对清理机器人的工作造成阻碍，因此需对横向栏杆围成的间隙区域进行视觉检测，确保向机器人提供的坐标位于间隙区域的几何中心，避免清理机器人与栏杆发生碰撞。

在进行二值化处理后的图像中，间隙区域由于异物掩盖被分割成若干个大小不等的连通区域，通过对取反后的二值图进行斑点检测和连接组件法处理可得到各连通区域中心点坐标与最小边界框。在各连通区域中只有部分区域能够满足提供间隙区域中心点坐标的要求，因此需要其各自的最小边界框进行范围检测，通过边界框长度与宽度设置合适的上下限提取出大小合适的连通区域，将其中心坐标的纵坐标作为间隙区域中心点的纵坐标值。间隙区域中心点横坐标

值则选取处理区域横坐标中点值，由此确定了处理范围内各横向栏杆围成的间隙区域的中点坐标值。

异物检测处理如图 6 所示。

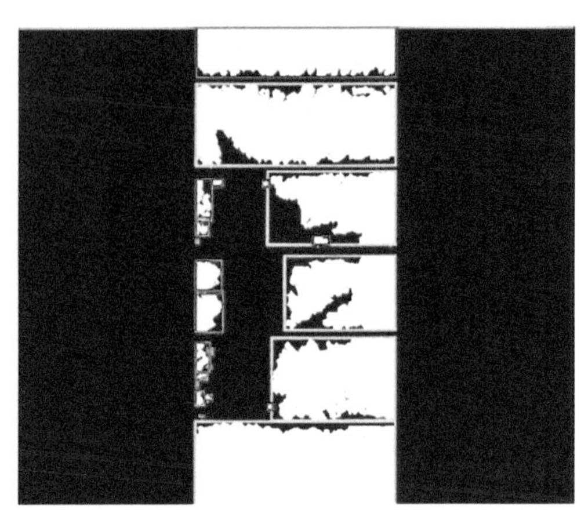
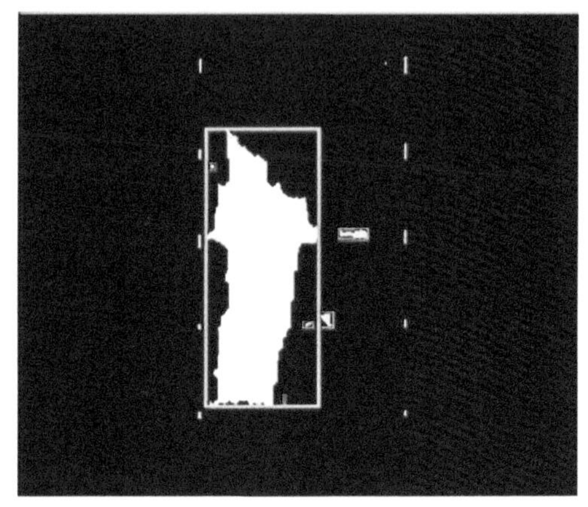

图 6　异物检测处理

### 3. 检测系统对备煤仓落料口上方的异物中心点所在栅格中心点坐标的计算结果即为最终机器人抓取位置点

经过多次膨胀与腐蚀处理的二值图中前景信息即为异物与横向栏杆，为清除栏杆对异物提取的影响，以栏杆半径为阈值采用横向检测的方式对前景中的栏杆元素进行去除，得到只包含异物信息的二值图。采用与间隙检测近似的方法，利用斑点检测与连接组件法对异物信息进行处理，得到各异物信息的中心点坐标与最小边界框。通过对最小边界框宽度与高度的最小值限制剔除无法处理或由噪声引起的异物信息，最终确定异物中心点坐标。

异物在落料口的位置区域具有随机性，因此可能出现得到的异物中心点坐标刚好处在横向栏杆上或贴近地面的位置。如直接将异物中心点坐标发送给机器人，将会导致机器人在清理过程中出现碰撞事故。因此在得到异物中心点坐标后需要判断其所在的间隙区域，以间隙区域中心点坐标代替异物中心点坐标作为机器人清理的目标点。

## 四、运行效果

**运行条件如下：**

- KUKA 六轴机器人；
- 落料仓横向栏杆间距为 20cm，栏杆宽度为 2.4cm；
- TOF 相机：SICK Visionary-T Mini；

**具体实验流程如下：**

1）机器人运行至拍照位置，并打开相机保护装置盖。

2）视觉系统进行拍照并将处理后的位置信息发送给机器人。

3）机器人根据位置信息前往异物主体所在间隙区域进行清理。

图像处理结果示意如图 7 所示。

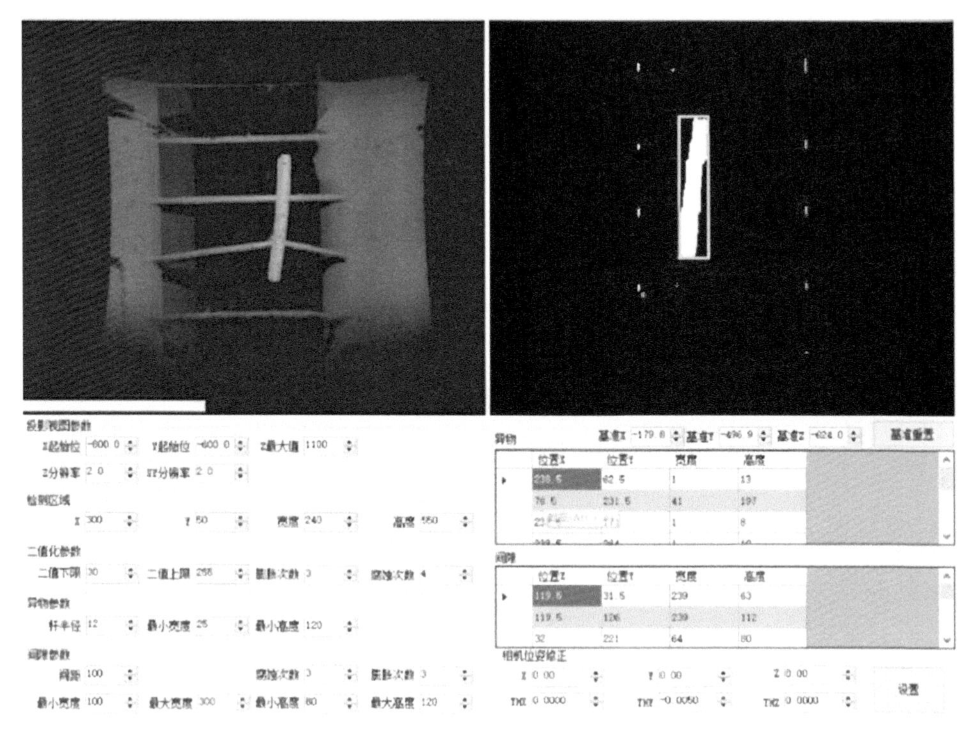


图 7　图像处理结果示意图

实验数据统计见下表。

表　实验数据统计

| 序号 | 异物区域像素坐标系信息 | | | | 间隙区域像素坐标系信息 | | | |
|---|---|---|---|---|---|---|---|---|
| | x | y | 宽度 | 高度 | x | y | 宽度 | 高度 |
| 1 | 72 | 289.5 | 132 | 315 | 173 | 305.5 | 132 | 85 |
| 2 | 76.5 | 231.5 | 41 | 197 | 163 | 218.5 | 152 | 81 |
| 3 | 96 | 365.5 | 26 | 159 | 173 | 403.5 | 132 | 97 |
| 4 | 75 | 295.5 | 86 | 153 | 155 | 301.5 | 168 | 89 |
| 5 | 79 | 208 | 118 | 148 | 153 | 215 | 172 | 87 |
| 6 | 73 | 111 | 102 | 146 | 157 | 103 | 164 | 91 |
| 7 | 78.5 | 111.5 | 127 | 153 | 176 | 115.5 | 126 | 83 |
| 8 | 112 | 225 | 82 | 174 | 119.5 | 230.5 | 239 | 89 |
| 9 | 91.5 | 263 | 165 | 386 | 188 | 279.5 | 102 | 85 |
| 10 | 86 | 182.5 | 172 | 321 | 137 | 93.5 | 204 | 87 |
| 11 | 38.5 | 133 | 77 | 218 | 128.5 | 190.5 | 221 | 89 |
| 12 | 185 | 98.5 | 62 | 95 | 80 | 83 | 160 | 96 |
| 13 | 72 | 180 | 104 | 106 | 175.5 | 177 | 127 | 86 |
| 14 | 46 | 158 | 92 | 236 | 137.5 | 124 | 203 | 88 |
| 15 | 30.5 | 220 | 37 | 104 | 125.5 | 221.5 | 227 | 91 |

该方案在现场试验条件下能够满足备煤仓清理的精度需求，检测速度快，仅占工作节拍的 0.57%，异物定位成功率达到 99%。

## 五、应用体会

1）TOF 相机利用红外光主动测量获取深度值的测量方式对光照与色彩不敏感，能够减小备煤仓 24 小时工作带来的环境光变化造成的影响，同时深度测量能够有效地屏蔽横向栏杆下方区域对于检测的影响并避免由于横向栏杆形变引起的测量误差。

2）采取间隙区域中心点坐标代替异物中心点坐标作为清理点，避免出现异物中心点坐标刚好位于不可清理区域，导致机器人在工作过程中与地面或横向栏杆发生碰撞的情况出现。

3）该方案在现场试验条件下能够满足备煤仓清理的精度需求，相比于传统的人工处理方式，检测速度快，仅占工作节拍的 0.57%，异物定位成功率达到 99%，具有一定的理论意义和工程实用价值。

## 参考文献

[1] 王成中 . 计算机视觉技术在工业领域中的应用探究 [J]. 通讯世界，2021，28（8）：165-166.

[2] 谢永辉，杨东海 . 面向钢铁工业场景的三维点云技术研究 [J]. 现代信息科技，2020，4（7）：142-144.

[3] 贾佳璐，应忍冬，潘光华，等 . 基于 ToF 相机的三维重建技术 [J]. 计算机应用与软件，2020，37（4）：127-131.

[4] 郭宁博，陈向宁，姜明勇 . 一种基于 TOF 相机与 CCD 相机的联合标定算法研究 [J]. 计算机应用研究，2018，35（9）：2838-2841，2860.

[5] 王成中 . 计算机视觉技术在工业领域中的应用探究 [J]. 通讯世界，2021，28（8）：165-166.

[6] 乔欣，葛晨阳，邓鹏超，等 . ToF 相机的有效深度数据提取与校正算法研究 [J]. 智能科学与技术学报，2020，2（1）：72-79.

## ◆ 运动控制传感器

SICK
SICK
SICK

# 西克传感器、光电设备和安全装置在软包装设备中的应用

刘　磊　机电维修工、高级电工
（重庆汇科包装有限公司　生产部）

［ 摘　要 ］ 中国软包装市场规模宏大，现代化的软包装设备种类繁多，进而促进传感器的发展也越来越大。西克品牌的产品在软包装设备中的运用也愈发出类拔萃，西克也更是工业自动化领域的技术和市场佼佼者之一。本文主要就西克品牌的传感器、光电设备和安全装置在软包装设备中的运用方案作简要介绍。

［ 关键词 ］ 软包装设备、NT6-N112 色标传感器、CSM-WN11122P 颜色传感器、KT5G-2N1111 色标传感器、KT5W-2N1116 色标传感器、DBS36E 系列增量型编码器、i110RP 安全指令拉线开关等

## 公司简介

重庆汇科包装有限公司，成立于 1998 年，现位于国家级工业园区——重庆市涪陵区李渡工业园区聚贤大道 31 号。地处涪丰、渝涪、南涪高速路出口，距重庆主城一个小时车程，为花园式工厂。占地 43329m$^2$，建筑面积 25000 多 m$^2$，厂房面积 10000 余 m$^2$，年设计生产能力 30 亿只，产值 2.5 亿元。现有职工 100 人，高级技术人员 20 名，拥有两条国内较先进的软塑包装彩印、复合、制袋生产线，具备国家食品生产许可、出口包装许可资质。公司先后荣获重庆名牌产品、诚信企业、涪陵区高新技术产品、重庆市最具有竞争力印刷企业等多项殊荣，更是西南地区较大的软包装生产企业之一。

## 一、项目简介

### 凹版印刷机中的西克产品：DBS36E 系列增量型编码器，I110RP 安全指令拉线开关

印刷工序是包装袋生产的第一道工序，主要是凹版印刷机，其主要结构均由放料、给墨、印刷、烘干、收料 5 个部分组成，如图 1 所示。

图 1　凹板印刷机

其中，重要的环节就是放料和收料。西克 DBS36E 系列增量型编码器（见图 2）通过联轴器与每个收放料电机可靠连接，保证该设备整个张力的正常。增量型编码器是将位移转换成周期性的电信号，再把这个电信号转变成计数脉冲，用脉冲的个数表示位移的大小，从而实现控制。该款编码器是 7 ~ 30V 宽电压，适合多种电压的场合；外壳防护等级为 IP65，让人安心；具有极性反接保护和输出端短路保护，让人省心；共有 8 个安装螺纹孔 90° 和 120° 任意选择；接口连接类型为通用型 8 芯电缆连接，最长支持 5m；输出频率≤ 300kHz 等诸多优点。

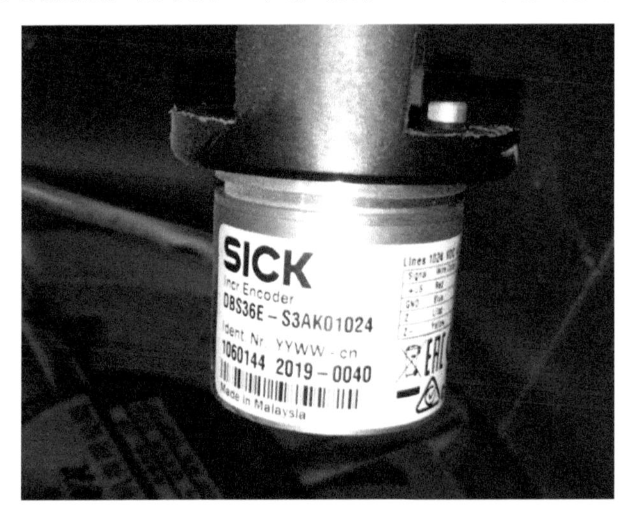

图 2 西克 DBS36E 系列增量型编码器

为了操作人员的安全，在印刷机的套色单元中，西克 I110RP 安全指令拉线开关起着至关重要的作用。

本台设备共有 9 个套色单元，生产过程中每个单元油墨量的多与少、版面的纵向与横向需要调节，免不了工作人员的来回操作。为了保证操作人员的安全性和设备的正常运行，每个套色单元均装有 I110RP 安全指令的拉线开关（见图 3）。其操纵力（偏差）≤ 125N（300mm）；操纵频率≤ 3600/h；额定绝缘电压为 250V，额定冲击耐受电压为 2500V，完美适应工业化的需求。

图 3　I110RP 安全指令的拉线开关

## 二、高速分切机中的西克产品：KT5W-2N1116 色标传感器印刷、烘干、收料等 5 个部分组成

分切机是一种将宽幅纸张、云母带或薄膜分切成多条窄幅材料的机械设备，常用于印刷包装机械、造纸机械和电线电缆云母带。塑料包装的色标面积较小，且包装卷料的运行速度非常快，这要求色标检测传感器在短时间内检测出片料颜色，并且能快速地向上位机输出信号，上位机接收信号后，控制将其切掉分切。

这款西克 KT5W-2N1116 色标传感器（见图 4）虽已停产，但其性能极佳，在业界颇受好评。设备从 2014 年购入使用以来，故障率极低。传感器 10 ~ 30V 的宽电压适应多变的工业环境；具有不同的感应距离、光点方向和发光位置，可实现独立配置及集成至生产过程；3 色 LED 光源技术，自动选择光源颜色，保证最可靠的检测性能；能够可靠地检测所有印刷标记和颜色组合，保证了极高的工作效率。

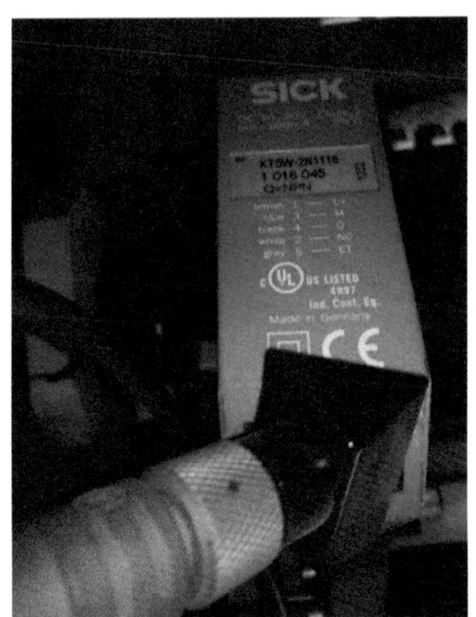


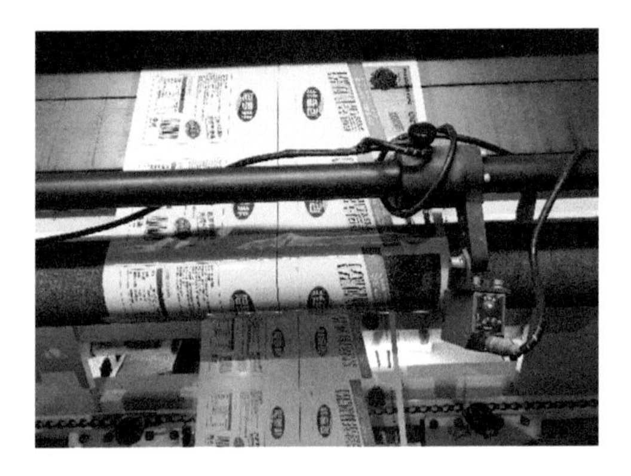

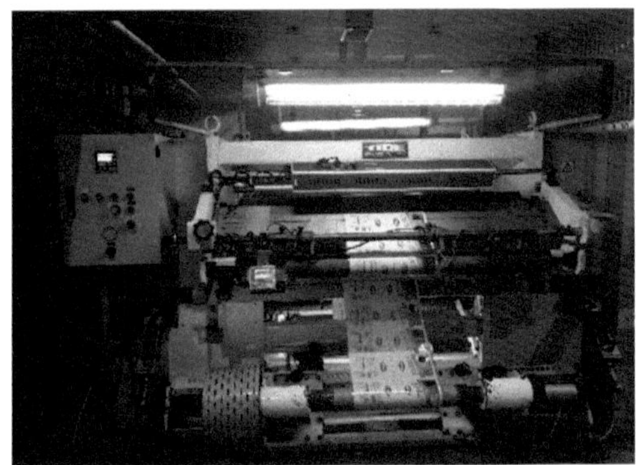

图 4　西克 KT5W-2N1116 色标传感器

## 三、喷码机及贴标机中的西克产品：CSM-WN11122P 颜色传感器，KT5G-2N1111 色标传感器

为了提高生产效率，节约能耗和人工成本，本公司的喷码机和贴标机安装在同一套复卷设备上，实现喷码、贴标和复卷“三效合一”。

1）贴标机中的 CSM-WN11122P 颜色传感器（见图 5），体型小巧可爱适用于有限制的场合；RGB 光源带反极性保护；还有短路保护的输出端和抑制干扰脉冲功能；宽电压供电 DC12 ~ 24V；输出信号灯绿色和黄色，便于调试者掌控，可谓是“五脏俱全”。

图 5　CSM-WN11122P 颜色传感器

该传感器使用一体式结构，利用简易支架即可实现安装。学习过程也非常简单，且只需两步即可完成颜色学习，即使刚入职的操作工人也能很快地掌握。

2）喷码机中的KT5G-2N1111色标传感器（见图6），DC10 ~ 30V的宽电压满足不同工业现场；采用针对特定应用的自学习过程，缩短了设置时间；高定位精度，即使在处理摆动的网状物或高亮度材料时也能保证可靠的喷码效果；个人认为其金属材质，较重。平时应注意光学镜片的清洁，在安装时应尽量避免镜片直立，以减少灰尘。

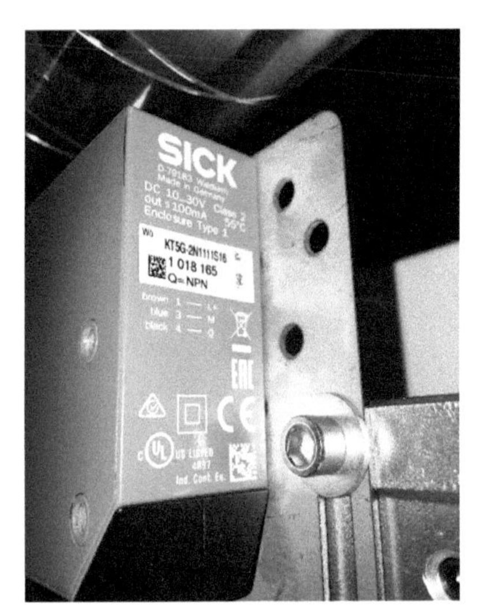

图6　KT5G-2N1111 色标传感器

## 四、高速制袋机中的西克 NT6-N112 色标传感器

制袋是软包装行业的最后一道工序，如图 7 所示。制袋机是利用 PLC 控制，伺服定长系统使封切尺寸误差小，装置电眼追踪使印刷袋的图案位置精确，可选择袋子长度和压烫时间，袋子有问题时会自动停机及发出警告声。

图7　制袋机

设备中的西克 NT6-N112 色标传感器（见图 8）为放料 V 型架纠偏控制器的光电输入信号，通过膜料颜色的细微差别，来保证纠偏控制器的运行平稳。利用传感器的低电平有效和无效可实现“亮通”和“暗通”功能，适应于颜色深浅不一的产品；两台色标传感器组合还可以实现“双踪”控制，对纠偏机械装置及同步电机造成负面影响最小，这是光电纠偏控制器最理想的模式。

自 2013 年购入设备（制袋机）以来，西克 NT6-N112 色标传感器“服役”至今，性能一直很稳定。平时应防止强光直接进入光学镜头或采取适当的遮光措施，外壳防护等级为 IP67，能满足恶劣的外部环境；DC10 ~ 30V 的宽电压输入是标配；有带反极性保护和具有短路保护的控制输出端；还有抑制外界的干扰脉冲功能等优点，它是制袋机不可或缺的一部分。

图 8　西克 NT6-N112 色标传感器在包装设备中的应用

图 8　西克 NT6-N112 色标传感器在包装设备中的应用（续）

## 五、应用体会

1）宽电压输入；
2）外壳防护等级；
3）有带反极性保护和具有短路保护的控制输出端；
4）有抑制外界的干扰脉冲功能；
5）安装便捷；
6）调试易操作；
7）高定位精度。

## ◆工业集成空间

SICK INTEGRATION SPACE

SICK

Asset Hub Solution
SICK INTEGRA SPACE
SICK APP SPACE

# SIEMENS 控制器与 SICK 安全控制器的通信实现

张海涛
(德国西克传感器　北京　产品管理部　安全项目及实施团队)

[ 摘 要 ] 本论文介绍了 SIEMENS 控制器结合 SICK 安全控制器在项目中的应用，在很多客户现场往往采用 SIEMENS 非安全控制器进行设备生产逻辑控制，同时客户为了消除设备对操作人员造成伤害的风险，往往会增加安全相关控制系统。例如：紧急停止、安全门锁、安全光幕、安全控制器、接触器等输入、逻辑、输出元器件。为了让这些安全控制回路可以根据 EN ISO 13849-1 达到要求的安全等级，还能实现合理的安全控制，客户就会在设备内部采用安全控制器作为这部分的逻辑处理单元，从而安全控制器与非安全控制器之间的通信成为了必不可少的。

[ 关键词 ] 控制器、安全等级、SICK、风险

## 一、项目简介

本文以某环保行业提升机设备安全改造作为项目背景展开介绍。项目中主控制器为 S7-1214 控制器、变频器和电机为主要控制组成。生产线的主要工艺流程是将物料通过提升机设备运输到对应楼层，减少工作人员的工作量。

当设备调试好后，客户在使用过程中发现该设备存在较大安全隐患，由于硬件和软件部分都已经设计完毕，客户如果将整套西门子 S7-1200 控制器及控制系统进行更换，整体硬件的成本和时间的成本都无法接受。经过客户与本公司对接后，将设计方案更改为原系统的控制逻辑结合 SICK 安全控制器（Flexi Soft）进行升级优化，设备内新增加的安全元器件全部由 SICK 安全控制器进行控制。为了打通 SICK 安全控制器与 SIEMENS 控制器之间的网络通信，本项目采用 SICK 的 GPNT（PROFINET）网络模块建立通信，将安全控制器内的相关信号通过 PROFINET 网络传输给 SIEMENS 控制器，通过 SIEMENS 控制器将设备状态和工艺程序进行逻辑处理和状态显示。系统结构如图 1 所示。

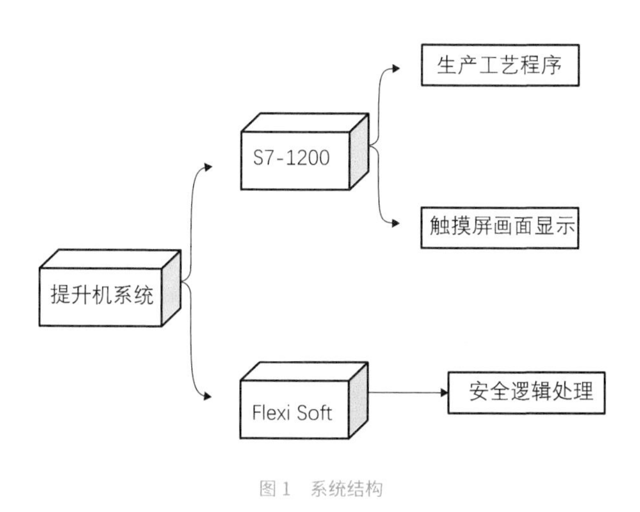


图 1　系统结构

## 二、控制系统结构

如图 2 和图 3 所示的网络结构，系统首先通过 SICK 安全控制器的通信协议 EFI 通信将两套 SICK 安全控制器进行网络连接，使两台控制器可以实现安全数据传输。两台 SICK 安全控制器分别与提升机主控系统 SIEMENS S7-1200 控制器通过 PROFINET 网络建立非安全网络连接。将安全状态通过 PROFINET 网络进行数据交换。

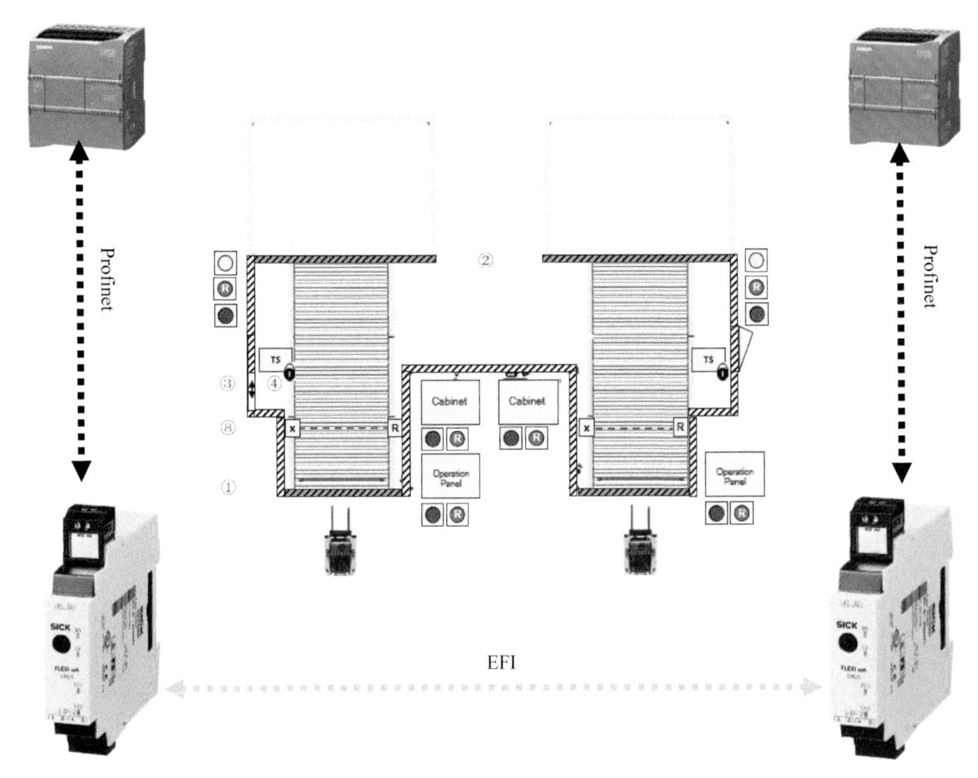


图 2　系统网络结构

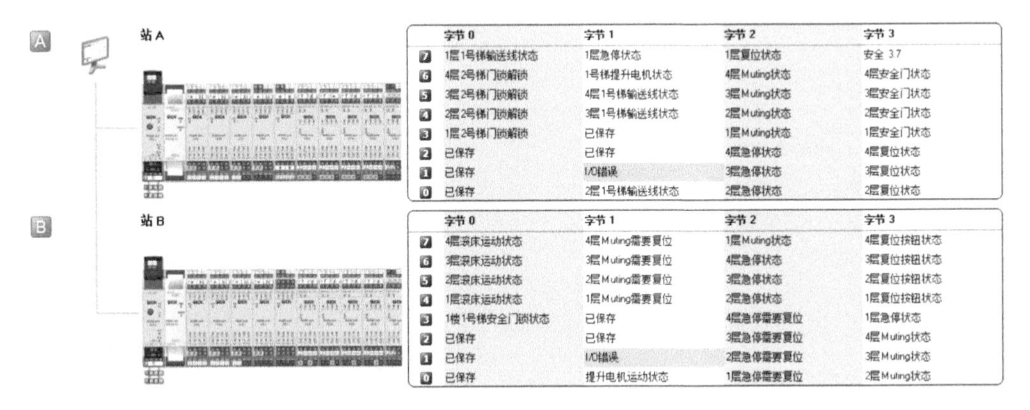


站 A

| | 字节 0 | 字节 1 | 字节 2 | 字节 3 |
|---|---|---|---|---|
| 7 | 1层1号梯输送线状态 | 1层急停状态 | 1层复位状态 | 安全 3.7 |
| 6 | 4层2号梯门锁解锁 | 1号梯提升电机状态 | 4层Muting状态 | 4层安全门状态 |
| 5 | 3层2号梯门锁解锁 | 4层1号梯输送线状态 | 3层Muting状态 | 3层安全门状态 |
| 4 | 2层2号梯门锁解锁 | 3层1号梯输送线状态 | 2层Muting状态 | 2层安全门状态 |
| 3 | 1层2号梯门锁解锁 | 已保存 | 1层Muting状态 | 1层安全门状态 |
| 2 | 已保存 | 已保存 | 4层急停状态 | 4层复位状态 |
| 1 | 已保存 | I/O错误 | 3层急停状态 | 3层复位状态 |
| 0 | 已保存 | 2层1号梯输送线状态 | 2层急停状态 | 2层复位状态 |

站 B

| | 字节 0 | 字节 1 | 字节 2 | 字节 3 |
|---|---|---|---|---|
| 7 | 4层滚床运动状态 | 4层Muting需要复位 | 1层Muting状态 | 4层复位按钮状态 |
| 6 | 3层滚床运动状态 | 3层Muting需要复位 | 4层急停状态 | 3层复位按钮状态 |
| 5 | 2层滚床运动状态 | 2层Muting需要复位 | 3层急停状态 | 2层复位按钮状态 |
| 4 | 1层滚床运动状态 | 1层Muting需要复位 | 2层急停状态 | 1层复位按钮状态 |
| 3 | 1楼1号梯安全门锁状态 | 已保存 | 4层急停需要复位 | 1层急停状态 |
| 2 | 已保存 | 已保存 | 3层急停需要复位 | 4层Muting状态 |
| 1 | 已保存 | I/O错误 | 2层急停需要复位 | 3层Muting状态 |
| 0 | 已保存 | 提升电机运动状态 | 1层急停需要复位 | 2层Muting状态 |

图 3　EFI 网络结构

如图 4 所示为安全系统结构，安全系统由急停、光栅、安全门开关及安全控制器组成。在光栅没被遮挡、急停没被拍下以及安全门关闭的状态下按下复位按钮，安全输出驱动接触器触点闭合，电机起动。在整个提升机系统中，安全系统起到保护和监控作用。当系统内有安全功能触发时，安全控制器可以确保整个系统正常有效的停机。并且将安全状态通过 PROFINET 网络传输到 SIEMENS S7-1200 控制器内进行故障显示和工艺逻辑处理。整个系统可以在保证人员安全的前提下实现设备的稳定可靠运行。

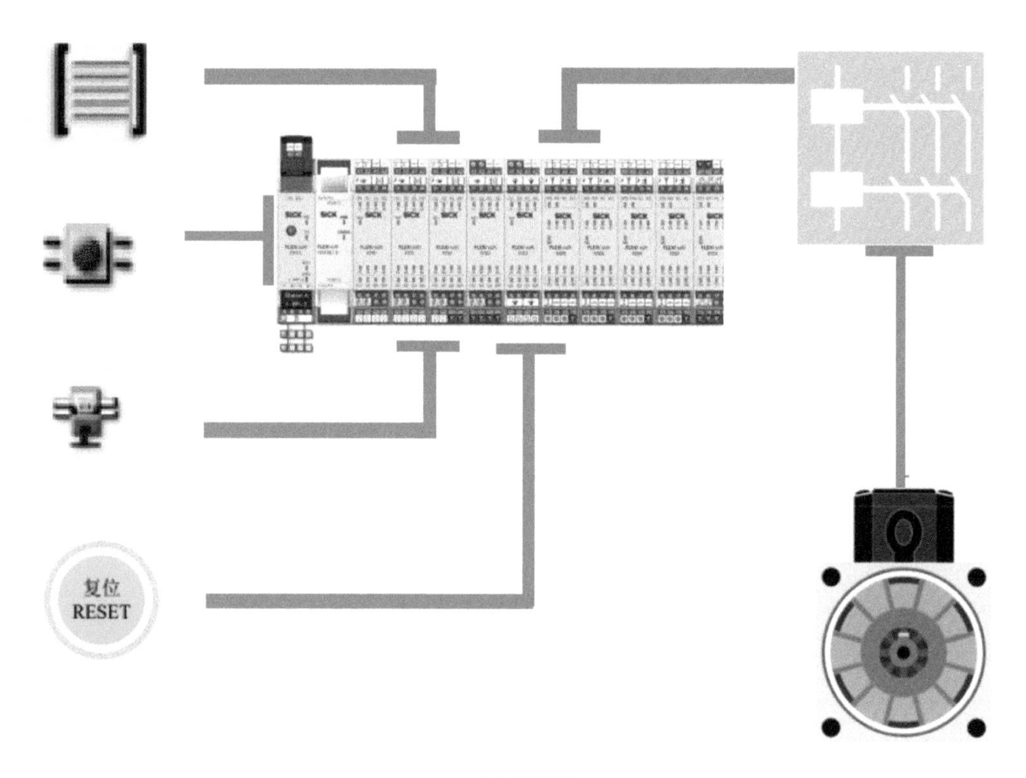


图 4　安全系统结构

## 三、功能与实现

### 1. 西门子网络组态

为了实现数据的交互工作，项目中利用西门子 TIA V16 版本设计软件。

第一步通过软件导入 SICK 控制器 GSD 文件如图 5 所示。

第二步将 SICK 控制器 GSD 文件拖放到 TIA V16 软件的网络视图中建立网络连接如图 6 所示。

第三步分配 SICK 控制器的设备名称如图 7 所示。

第四步分配设备地址如图 8 所示。

第五步分配 IP 地址如图 9 所示。

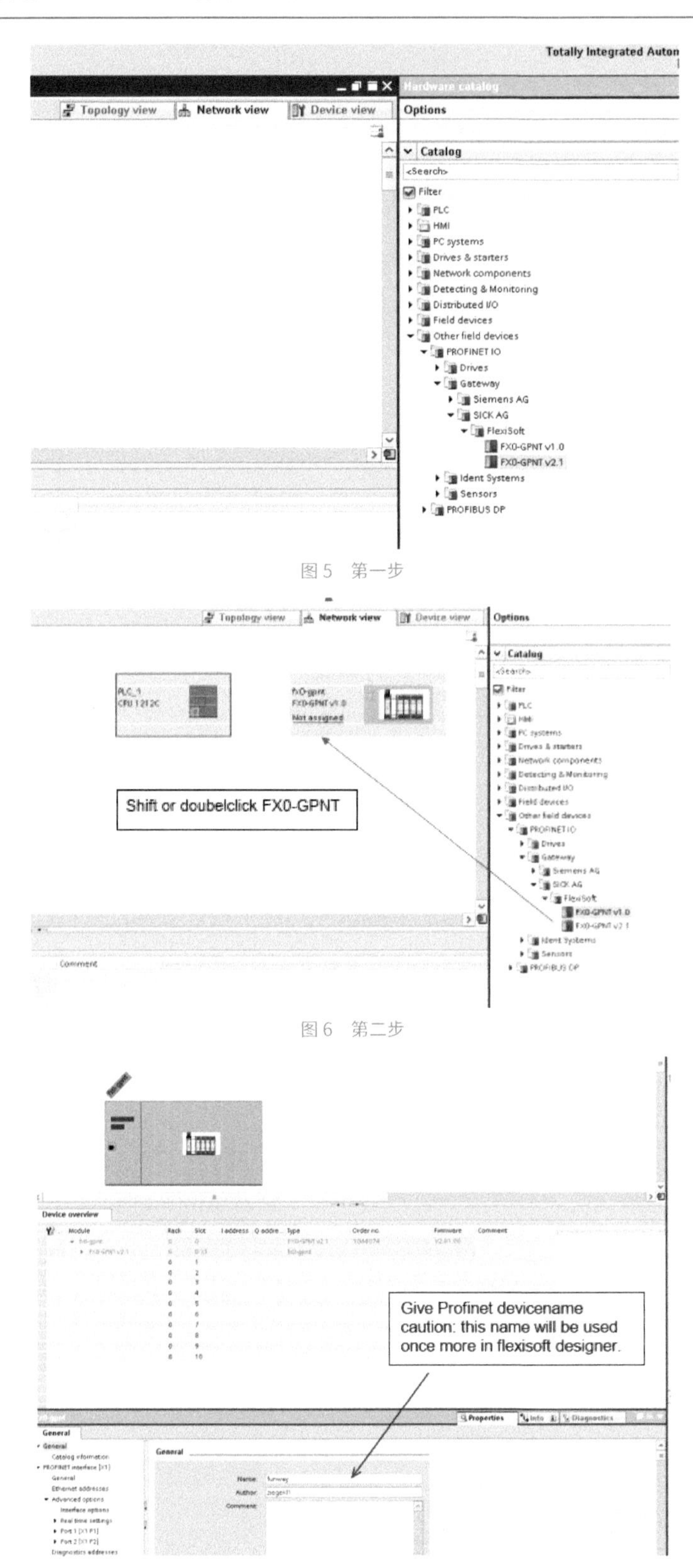


图 5　第一步

图 6　第二步

图 7　第三步

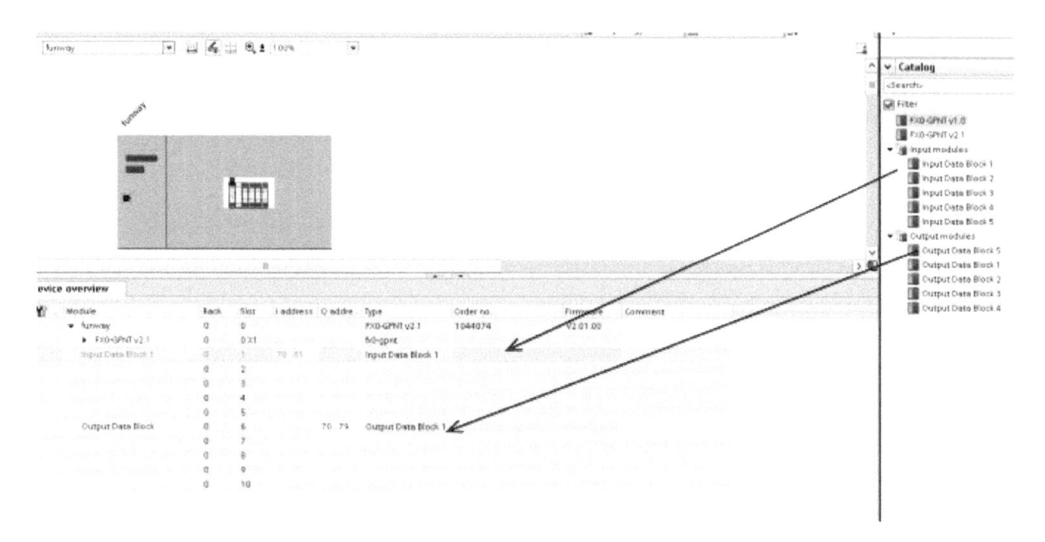
图 8　第四步

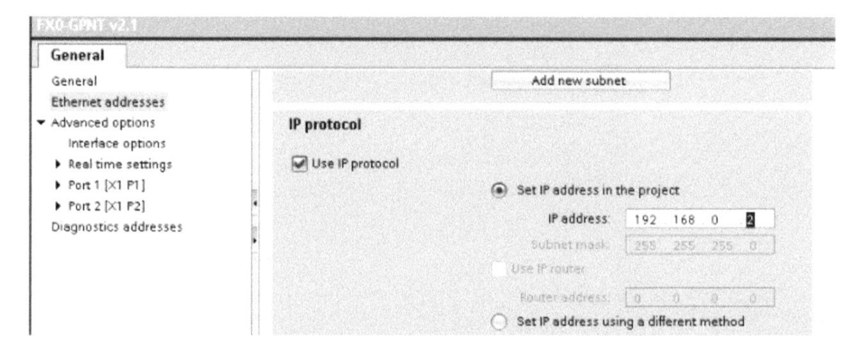

图 9　第五步

## 2. SICK 网络配置

第一步配置 GPNT 网关模块如图 10 所示。

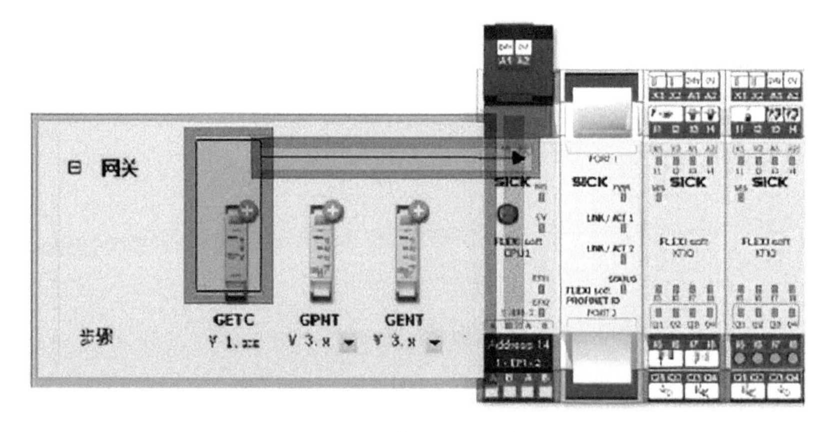

图 10　配置 GPNT 网关模块

第二步配置 GPNT 网关模块设备名称和 IP 地址如图 11 所示。

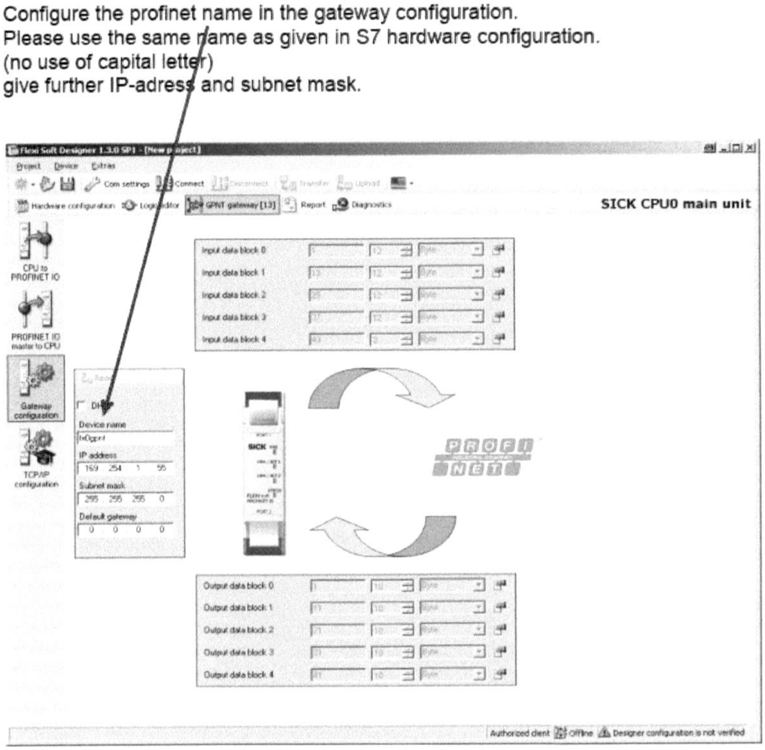

Configure the profinet name in the gateway configuration.
Please use the same name as given in S7 hardware configuration.
(no use of capital letter)
give further IP-adress and subnet mask.
SICK CPU0 main unit
CPU to PROFINET IO
PROFINET IO master to CPU
Gateway configuration
TCP/IP configuration
Device name
IP address
Subnet mask
Default gateway
Input data block 0
Input data block 1
Input data block 2
Input data block 3
Input data block 4
Output data block 0
Output data block 1
Output data block 2
Output data block 3
Output data block 4

图 11　配置 GPNT 网关模块设备名称和 IP 地址

第三步配置 SICK 系统 IO 变量如图 12 所示。

Flexi Soft Designer 1.3.0 SP1 - [New project]
Hardware configuration
Logic editor
GPNT gateway [13]
Report
Diagnostics
CPU to PROFINET IO
PROFINET IO master to CPU
Gateway configuration
TCP/IP configuration
Available data
Show only available data
Input data
Module status
Gateway data set to network
Input Data Block 1
Input Data Block 2

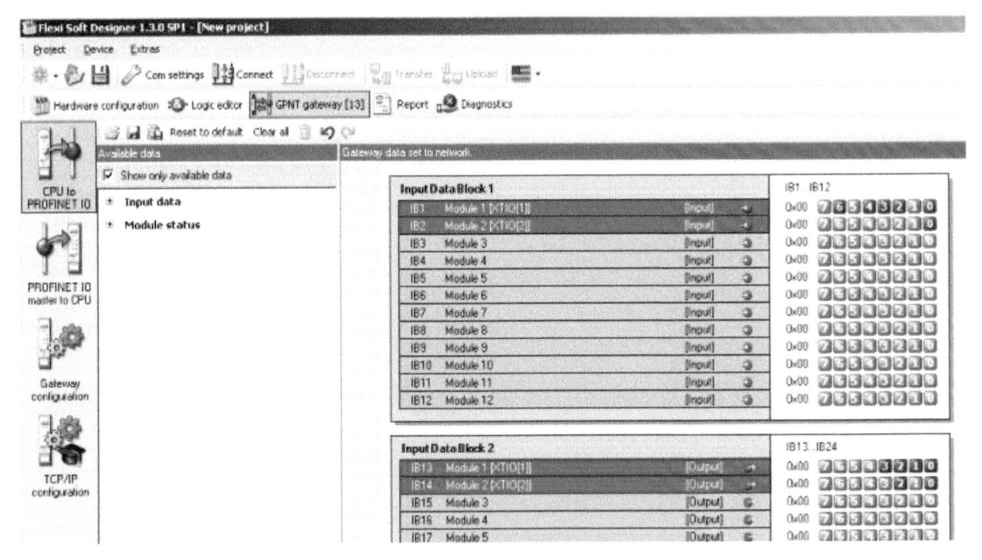

图 12　配置 SICK 系统 IO 变量

第四步配置 SICK 系统 IO 变量如图 13 所示。

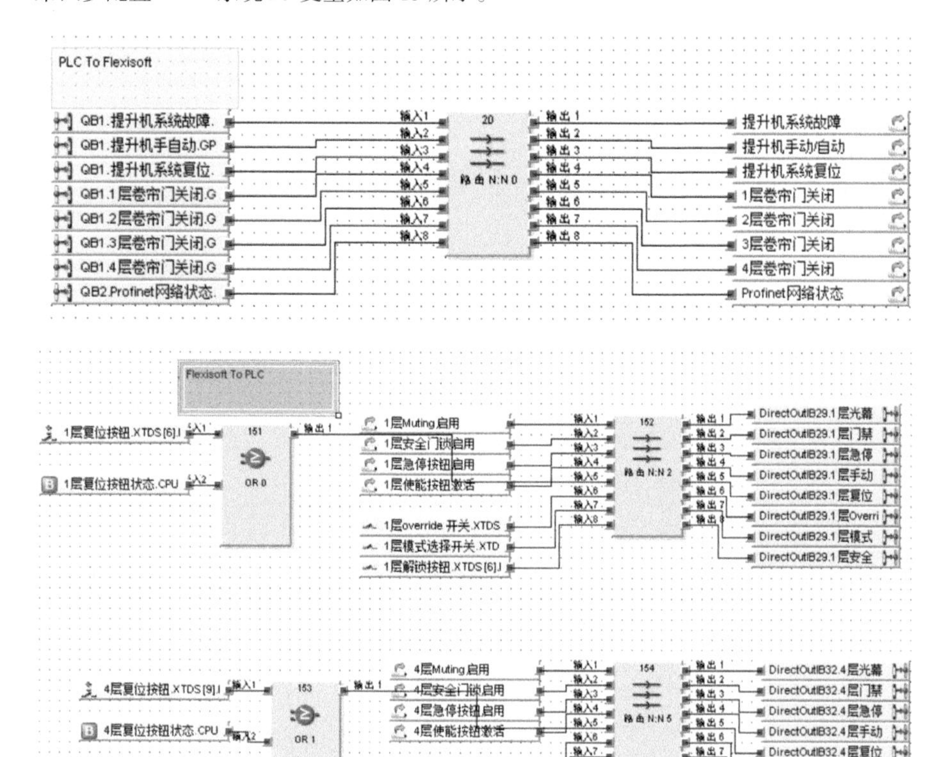


图 13 配置 SICK 系统 IO 变量

## 四、运行效果

为了方便客户的排故和维修，在 TIA 程序设计过程中，增加了 DeviceStates 功能块对 SICK 控制器进行 PROFINET 网络诊断，如图 14 所示。

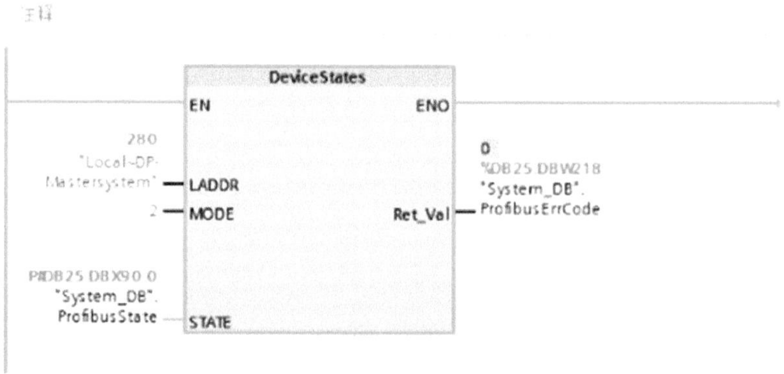

注释

DeviceStates
EN ENO
280
"Local~DP-Mastersystem" LADDR
2 MODE
0
%DB25.DBW218
"System_DB".
ProfibusErrCode
Ret_Val
P#DB25.DBX90.0
"System_DB".
ProfibusState STATE

图 14 PROFINET 网络诊断

已经成功找到的站点，即 11 和 13，如图 15 所示。

已经找到的站点

| 名称 | 数据类型 | 起始值 | 监视值 |
|---|---|---|---|
| IODeiveState[1] | "typeNetDiagnostic" | | |
| netDiagnotic | Array[0..1023] of Bool | | |
| netDiagnotic[0] | Bool | false | TRUE |
| netDiagnotic[1] | Bool | false | FALSE |
| netDiagnotic[2] | Bool | false | FALSE |
| netDiagnotic[3] | Bool | false | FALSE |
| netDiagnotic[4] | Bool | false | FALSE |
| netDiagnotic[5] | Bool | false | FALSE |
| netDiagnotic[6] | Bool | false | FALSE |
| netDiagnotic[7] | Bool | false | FALSE |
| netDiagnotic[8] | Bool | false | FALSE |
| netDiagnotic[9] | Bool | false | FALSE |
| netDiagnotic[10] | Bool | false | FALSE |
| netDiagnotic[11] | Bool | false | TRUE |
| netDiagnotic[12] | Bool | false | FALSE |
| netDiagnotic[13] | Bool | false | TRUE |
| netDiagnotic[14] | Bool | false | FALSE |
| netDiagnotic[15] | Bool | false | FALSE |

出故障的站点

| 行 | 名称 | 数据类型 | 起始值 | 监视值 |
|---|---|---|---|---|
| 5 | IODeiveState[1] | "typeNetDiagnostic" | | |
| 6 | netDiagnotic | Array[0..1023] of Bool | | |
| 7 | IODeiveState[2] | "typeNetDiagnostic" | | |
| 8 | netDiagnotic | Array[0..1023] of Bool | | |
| 9 | netDiagnotic[0] | Bool | false | TRUE |
| 10 | netDiagnotic[1] | Bool | false | FALSE |
| 11 | netDiagnotic[2] | Bool | false | FALSE |
| 12 | netDiagnotic[3] | Bool | false | FALSE |
| 13 | netDiagnotic[4] | Bool | false | FALSE |
| 14 | netDiagnotic[5] | Bool | false | FALSE |
| 15 | netDiagnotic[6] | Bool | false | FALSE |
| 16 | netDiagnotic[7] | Bool | false | FALSE |
| 17 | netDiagnotic[8] | Bool | false | FALSE |
| 18 | netDiagnotic[9] | Bool | false | FALSE |
| 19 | netDiagnotic[10] | Bool | false | FALSE |
| 20 | netDiagnotic[11] | Bool | false | TRUE |
| 21 | netDiagnotic[12] | Bool | false | FALSE |
| 22 | netDiagnotic[13] | Bool | false | FALSE |
| 23 | netDiagnotic[14] | Bool | false | FALSE |
| 24 | netDiagnotic[15] | Bool | false | FALSE |

图 15　站点 11 和 13

当系统出现安全故障时，SICK 安全控制器将故障信息通过 PROFINET 网络传输到 SIEMENS S7-1200 控制器，触摸屏故障报警提示如图 16 所示。

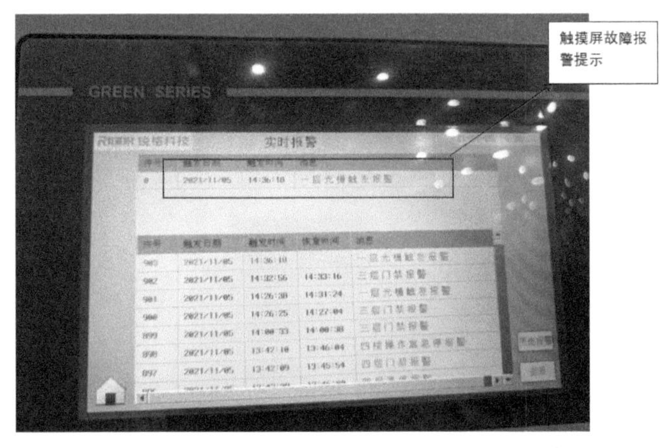


图 16　触摸屏故障报警提示

## 五、应用体会

作为项目实施者，我认为 SIEMENS 的主要特点如下：

1）西门子控制器的功能程序很全面，并且封装的很好。客户在实际工程项目中可以大大减少开发时间，并且使用西门子官方的控制功能块可以大大提高程序的可读性和灵活性。

2）西门子控制器强大的通信能力，可以对市面上常见的通信类产品实现数据交互，也让开发者对任何工业产品大胆地进行设计和开发。

通过此次项目的实施，感受到了德国 SIEMENS 公司在工业方面的强大，希望 SIEMENS 能够推出更多利于工业现场的高端产品。

# 大尺寸、高精度钢板长度的测量系统

杨振宇

（德国西克传感器　工程和业务拓展部）

[ 摘　要 ] 本论文主要介绍大尺寸、高精度钢板长度的测量系统，基于SICK公司MLG-2测量型自动化光栅的测量精度性能，在项目中使用SIEMENS TIA portal全集成自动化软件平台进行工程组态，选用SIMATIC S7-1200系列控制器实现测量逻辑控制、测量数据计算和与上层控制器的状态、数据交互。满足客户在钢板不定长裁切设备中的大尺寸、高精度和自动化测量的严苛需求。

[ 关键词 ] MLG-2、测量型自动化光栅、TIA portal、SIMATIC S7-1200、SIMATIC S7-1500

## 一、项目简介

某钢铁深加工设备集成商作为此套钢板不定长裁切、输送设备的总集成商，是集钢铁产品深加工设备的研发、工程咨询、工程设计、项目管理的全国行业内综合实力百强企业。SICK（广州市西克传感器有限公司）作为此套设备中钢板长度测量部分的供应商，是全球极具影响力的智能传感器解决方案供应商，产品广泛应用于各行各业，包括包装、食品饮料、机床、汽车、物流、交通、机场、钢铁、电子、纺织等行业。并形成了辐射全国各主要区域的机构体系和业务网络。

客户计划对大尺寸钢板进行长度高精度检测，钢板最大长度约为16m，测量精度要求±0.3mm。钢板表面温度≤50℃，钢板表面平整，截面光亮没有毛刺。长度测量部分作为独立运行的子系统，将测量数据分析和计算后反馈给客户的系统，主系统控制激光切割机根据反馈的测量长度进行位置移动后裁切钢板。

设备整体工艺流程和设备局部外观如图1、图2所示。

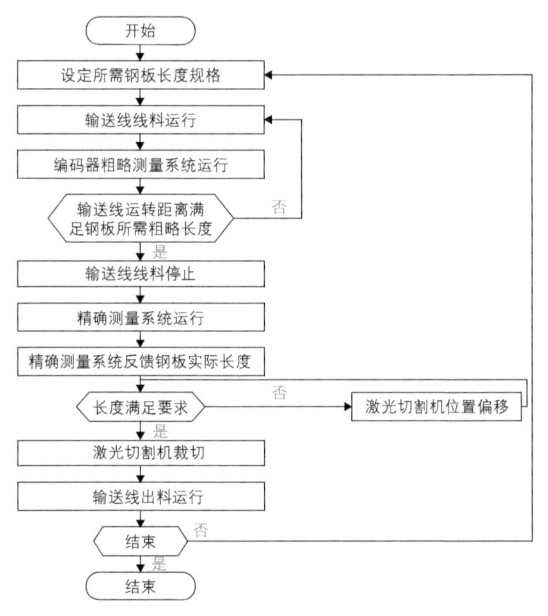


图1　设备整体工艺流程

图 2　设备局部外观

## 二、系统结构

本项目采用的硬件主要有：SIMATIC S7-1212C PLC*1、SCALANCE XB008 交换机 *1、SITOP 6EP1333 24V 直流电源 *1、MLG-2 Webchecker 测量型自动化光栅 *3。客户选用 SIMATIC S7-1500 系列 PLC 作为整套设备的主控制器。

整体网络视图和测量系统电控柜布局图如图 3、图 4 所示。

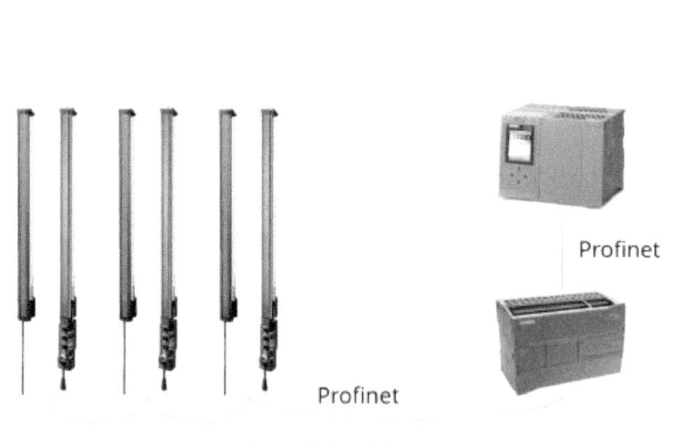


图 3　整体网络视图

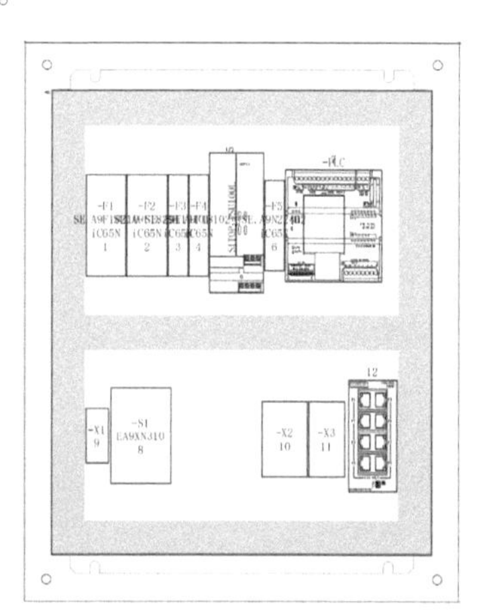

图 4　测量系统电控柜布局图

3 组 MLG-2 Webchecker 硬件部分进行测量区域拼接安装，并要求前段光栅与后段光栅的拼接处有足够的重合区，以保证系统整体测量的长度数据连续性。发射端安装在输送滚筒下方，接收端安装在输送滚筒上方，滚筒线在测量区域采用中间截断镂空的方式，避免遮挡光栅的光束。发射端与接收端距离滚筒表面的安装距离严格遵守手册中的指导参数。光栅拼接示意图和发射端与接收端距离滚筒表面的安装距离指导参数如图 5、图 6 所示。

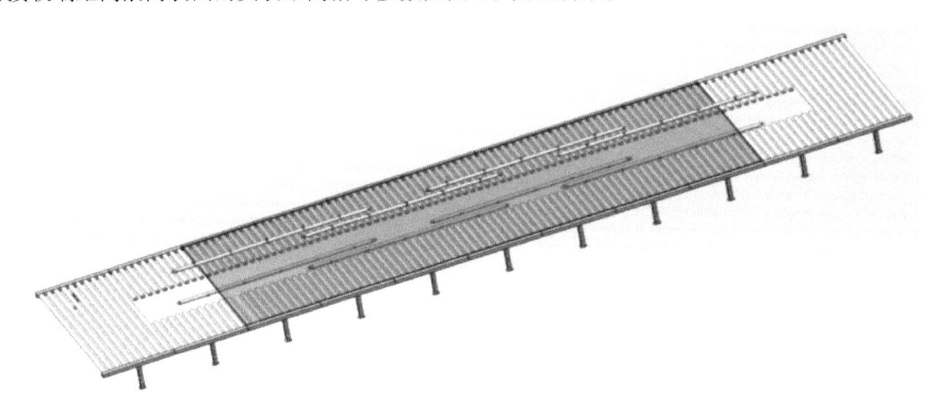

图 5　光栅拼接示意图

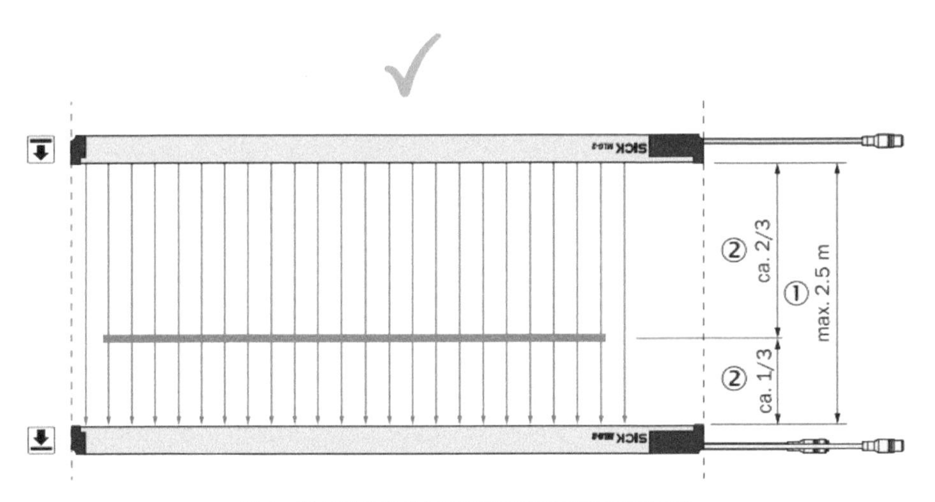


图 6　发射端与接收端距离滚筒表面的安装距离指导参数

在项目前期，两方团队的技术沟通中，曾提出过使用编码器、激光测距传感器、机械硬限位等多种测量或定长方案，但均因量程不足或精度不足或灵活度不足或机械安装限制等多种原因，逐一舍弃。

MLG-2 Webchecker 的整个测量区域宽度为 2395mm，准确度 ±0.3mm，重复精度 6μm，准确度刚好满足客户的要求。虽然客户需要测量钢板长度范围是≤ 16m，但实际上钢板长度规格集中在 9 ~ 16m 范围，3 组 MLG-2 Webchecker 测量区域拼接后为 7185mm，基于经济性考虑，所以只将光栅拼接后安装在 9 ~ 16m 的位置。

经过上述的初步方案，单组 MLG-2 Webchecker 的理论测量精度和 3 组 MLG-2 Webchecker 拼接出的测量区域长度已基本满足客户需求，但 3 组 MLG-2 Webchecker 拼接后，整体的测量精度实际变成：± 0.3mm * 3 = 0.9mm，远远超出了客户的整体精度要求，且上述精度是在保证机械安装精度 0 误差的情况之下。

MLG-2 Webchecker 的技术参数如图 7 所示。

技术参数 | 下载专区 | 配件 | 服务和支持 | 海关数据

显示全部 | 隐藏全部

**— 产品特点**

| 设备规格 | 幅缘控制 |
| --- | --- |
| 传感器原理 | 接收器/发射器 |
| 最小物体长度 | 4 mm 1) |
| 光束距离 | 5 mm |
| 分辨率 | 0.1 mm |
| 周期时间 | 每条光束 32 μs |
| 重复精度 | 6 μm 2) |
| 准确度 | ± 0.3 mm 3) |
| 光束数量 | 480 |
| 整个测量区域宽度 | 2,395 mm |
| 详细测量区域宽度 | |
| 测量区域宽度（连接侧） | 2,395 mm |
| 盲区（中间区域） | 0 mm |
| 测量区域宽度（顶面） | 0 mm |

图 7　MLG-2 Webchecker 的技术参数

## 三、功能与实现

长度测量部分作为独立运行的子系统，3 组 MLG-2 Webchecker 与 SIMATIC S7-1212C PLC 使用 Profinet 协议组网。Profinet 网络视图如图 8 所示。

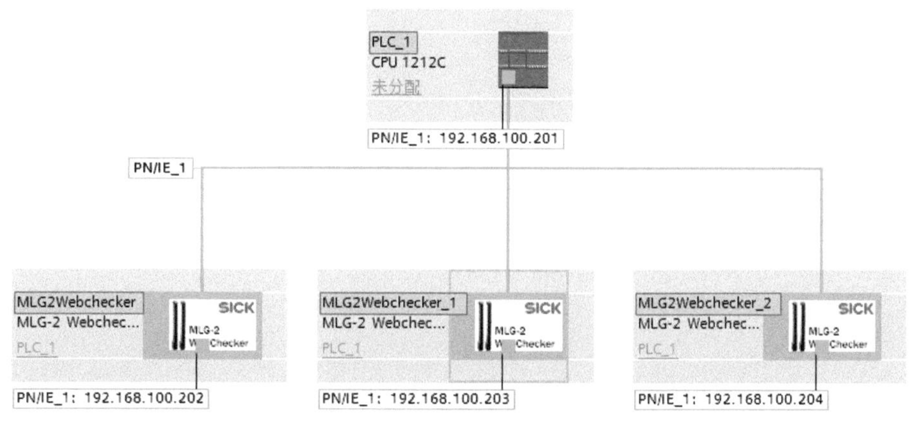


图 8　Profinet 网络视图

对网络内所有 MLG-2 Webchecker Profinet 进行通信诊断（见图 9），避免因通信异常导致测量数据错误，造成产品报废。

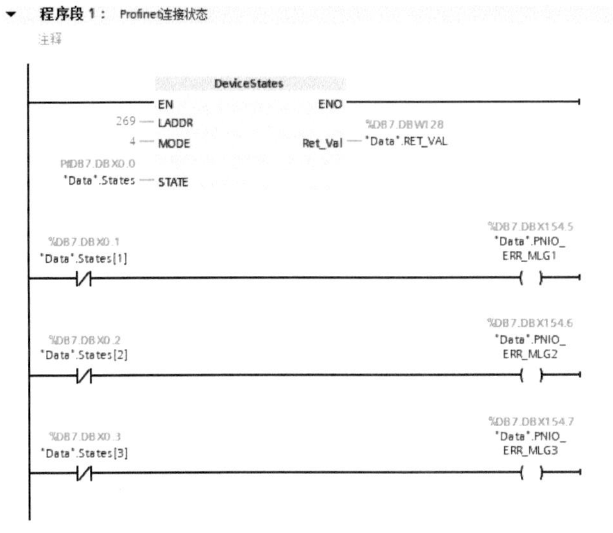


图 9　MLG-2 Webchecker Profinet 通信诊断

MLG-2 Webchecker 当前测量区域内钢板状态，根据有被检测物、无被检测物和满量程 3 种测量状态进行区分。光栅测量状态如图 10 所示。

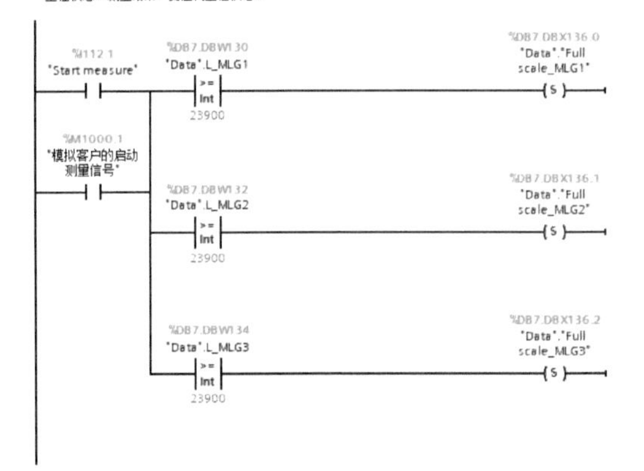


图 10　光栅测量状态

按照 MLG-2 Webchecker 的硬件拼接顺序和钢板行进方向，3 组光栅正常情况下会被钢板 1#--2#--3# 依次触发。如有例外，可能是由于现场灰尘污染或异物误触发导致。光栅状态诊断如图 11 所示。

将每 1 组 MLG-2 Webchecker 所测量的数据进行独立计算，放弃采用 3 组长度拼接计算的方法，从而可以降低累计测量误差。根据有被检测物、无被检测物和满量程 3 种测量状态判断当前钢板头部所处位置，启用对应光栅的偏移数据。整体长度计算如图 12 所示。

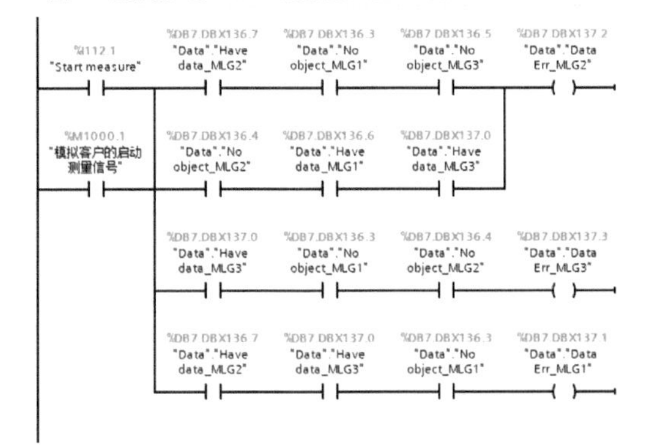


图 11 光栅状态诊断

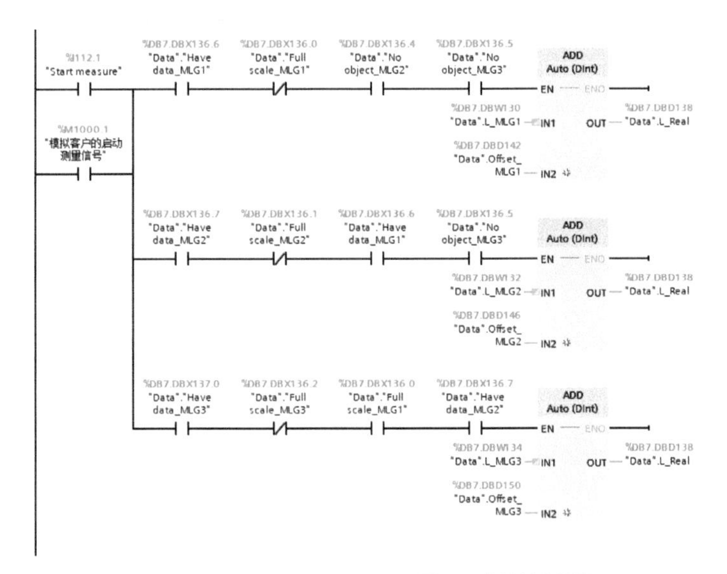


图 12 整体长度计算

制作 3 块标准长度的标定钢板，长度分别对应：

1）激光切割机伺服原点→ 1# MLG-2 Webchecker 测量区域尾部；

2）激光切割机伺服原点→ 2# MLG-2 Webchecker 测量区域尾部；

3）激光切割机伺服原点→ 3# MLG-2 Webchecker 测量区域尾部；

根据计算公式（长度偏移值 = 钢板总长度 - 光栅测量值）分别反向推算出 3 组 MLG-2 Webchecker 距离激光切割机伺服原点的偏移长度。再将 3 组偏移值放到程序中用于正式生产时计算的钢板长度。长度计算方法如图 13 所示。

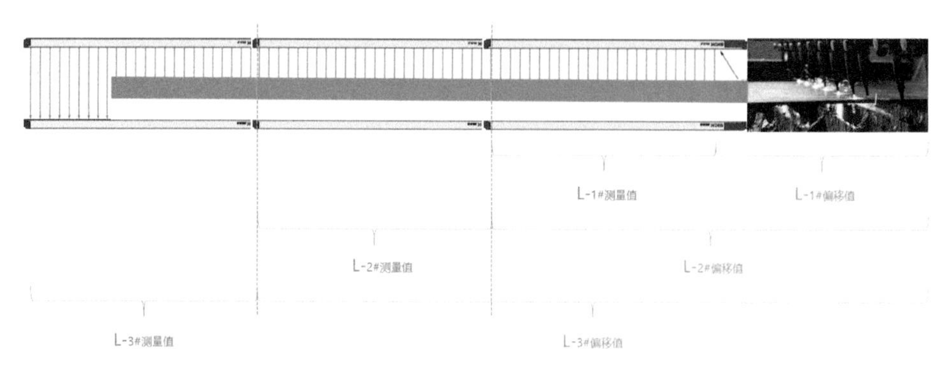


图 13　长度计算方法

独立测量子系统中的 SIMATIC S7-1212C PLC 与客户的 SIMATIC S7-1500 PLC 做 PN IO 智能设备通信，完成状态信号和测量数据的交互，如图 14 所示。

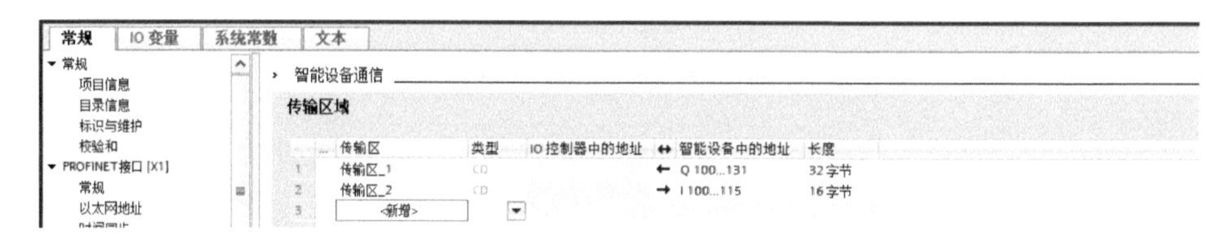


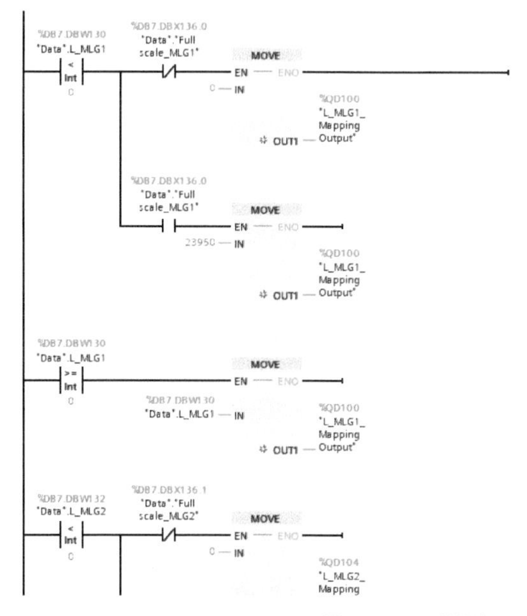


图 14　PN IO 数据交互

## 四、运行效果

在此方案中，使用标准长度钢板进行反向标定，引入了“长度偏移值”这个参数，使得我们初步方案中利用的“光栅准确度”转化为“光栅重复精度”，整体的测量精度理论值由“± 0.3mm * 3 = 0.9mm”转化为“6 μm * 1 = 6 μm”。测量系统经现场实际测试精度误差约为 ± 0.1mm，满足整体精度误差≤ ± 0.3mm 的要求，客户对于我们的方案和最终效果表示满意。

后来，了解到客户前期也咨询了很多传感器供应商，但单一测量产品都无法满足需求，项目一度停滞不前，最终 SICK 使用高精度测量型光栅和定制化解决方案的形式，帮助客户解决了问题，大大地提高了非标设备的开发效率，节约了开发成本，满足了最终用户的生产需求。最终设备局部外观如图 15 所示。

图 15　最终设备局部外观

## 五、应用体会

在很多实际的中大型项目中，系统集成商会面临很大的技术压力和时间压力，当单一的传感器或单一的其他门类产品无法满足需求时，可以借助于独立的小型子系统将各个功能进行模块化处理。

在本项目中，SICK 的高精度测量型自动化光栅借助于 SIEMENS SIMATIC S7-1200C 系列 PLC 完成了客户的大尺寸、高精度的测量需求，受益于 TIA portal 全集成自动化软件平台强大的通信和跨系列的硬件协作能力，完美地解决了客户遇到的棘手问题。

# 乳胶液高度的测量方案

郑庆乐
（德国西克传感器　主动服务中心）

[ 摘 要 ] 本论文主要介绍了乳胶液高度的测量，使用 SICK 公司 DT35 激光测距，结合使用场景对比 IO-Link 与模拟量的优缺点，决定使用 IO-Link 方案。在项目中使用 SIEMENS TIA portal 软件平台进行组态，选用 SIMATIC S7-1500 系列控制器实现测量数据计算与测量逻辑控制，满足客户对乳胶液位控制的需求。

[ 关 键 词 ] DT35、IO-Link、模拟量、SIEMENS TIA portal、SIMATIC S7-1500

## 一、项目简介

某公司主要生产各类医用手套、医用防护面罩和医用口罩等产品，由于全球疫情的原因，医用手套用量大增。SICK（广州市西克传感器有限公司）是全球极具影响力的智能传感器解决方案供应商，产品广泛应用于各行各业，作为此车间乳胶液高度测量传感器的供应商，西克助力医疗行业对抗疫情。

客户需测量并控制车间内乳胶罐内所有乳胶液的液位，经测试 DT35 可以满足功能需求。

## 二、系统结构

车间里有 80 个液体罐，每个罐子直径为 4m，罐子间隔为 150mm 或以上。罐体布局示意图如图 1 所示。车间现场如图 2 所示。

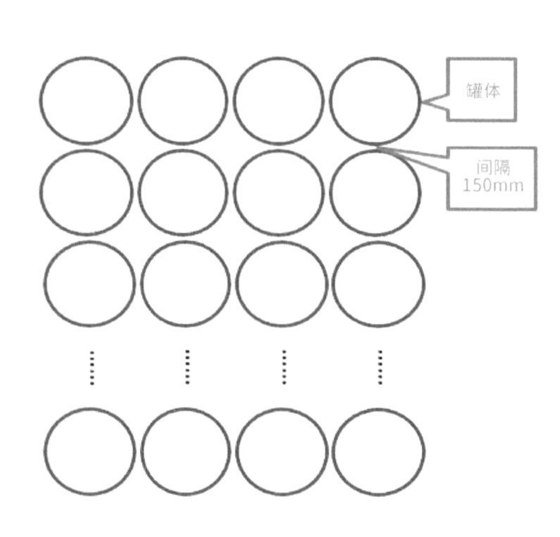


图 1　罐体布局示意图

图 2　车间现场

**方案一：**

主要硬件有 SIMATIC S7-1515 2PN PLC、远程 IO ET200SP、模拟量模块 AI 4×I 2-4wire ST、DT35 测距传感器。

ET200SP 上扩展 16 位模拟量输入模块，通过 Profinet 与 S7-1500 系列 PLC 进行通信，DT35 通过模拟量信号将液位信号反馈给 PLC。

ET200SP 可以扩展各种不同类型的信号，包括普通 IO、模拟量信号、各类通用通信接口、工艺模块、电机起动器等,IP20 防护等级，是功能非常全面的方案。方案一网络视图如图 3 所示。

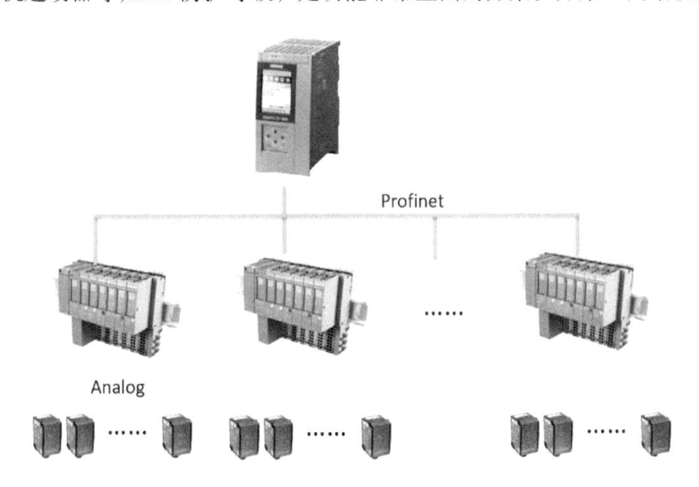


图 3　方案一网络视图

**方案二：**

主要硬件 SIMATIC S7-1515 2PN PLC、SIG200、DT35 测距传感器。

SIG200 上有 4 个 IO-link 端口，通过 Profinet 与 S7-1500 系列 PLC 进行通信，DT35 通过 IO-Link 通信将液位信号、传感器状态等信息反馈给 PLC。

案例中的 SIG200 是专门用于 Profinet 转 IO-link 模块，有少量 DI/DO 接口，IP67 防护等级，可以灵活地就近安装。方案二网络视图如图 4 所示。SIG200 技术参数如图 5 所示。

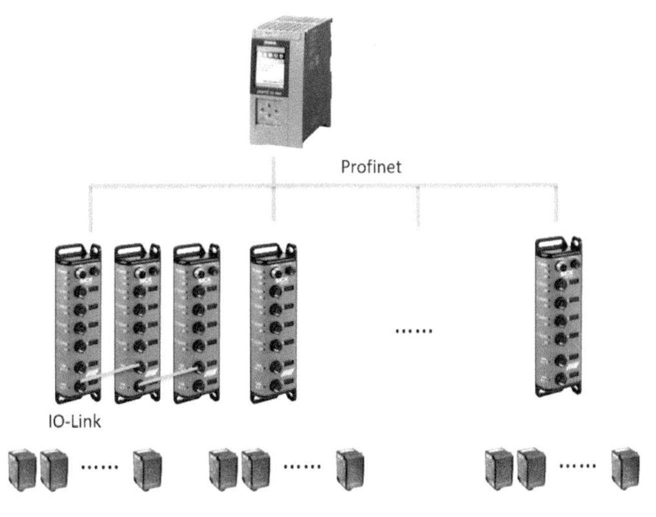


图 4　方案二网络视图

| – 产品特点 | |
|---|---|
| 产品目录 | IO-Link Master |
| 支持的产品 | IO-Link 设备<br>二进制开关激励元件<br>二进制开关传感器 |
| 其他功能 | USB 接口用于借助 SICK 工程工具 SOPAS ET 简单配置 Sensor Integration Gateway SIG200<br>采用逻辑编辑器可简单配置逻辑功能 |
| 供货范围 | SIG200-0A0412200, 4 个盲塞 (M12)，用于 S2、S3、S4、P2 接口, 1 个盲塞 (M8)，用于 CONFIG 接口, 标记标签, 快速入门 |
| **– 机械/电子参数** | |
| 接口 | |
| IO-Link | 4 x M12 5 针插座，A 编码 |
| Power | 1 x M12 4 针插头，A 编码 |
| CONFIG | 1 x M8，4 针插座，USB 2.0 (USB-A) |
| 供电电压 | 10 V DC ... 30 V DC [1] |
| 电流消耗 | ≤ 175 mA (使用 24 V DC 工作电压时) [2]<br>≤ 3,000 mA [3] |
| 光学信号 | 4 LED，绿色 (在 IO-Link 端口，引脚 4 (C/DI/DO))<br>4 LED 黄色 (在 IO-Link 端口，引脚 2 (DI))<br>2 LED，绿色 (在以太网端口)<br>1 LED，绿色 (用于 Power 端口)<br>2 LED dual-color |
| 输入/输出特性 | |
| 电源 S1-S4 引脚 1 | ≤ 500 mA |
| 输出电流 S1-S4 引脚 4 | ≤ 200 mA [4] |
| 输出电压 HIGH Power 端口引脚 4 | $V_H \geq V_{US}$ - 3 V |
| 输入电压 S1-S4 引脚 2 | Type 3 IEC 61131-2 |
| 输入电压 S1-S4 引脚 4 | Type 1 IEC 61131-2 |
| 外壳防护等级 | IP67 |
| 防护等级 | III |
| 外壳材料 | 锌 |
| 外壳颜色 | 淡蓝色/黑色 |
| 重量 | 520 g |
| 尺寸 (长 x 宽 x 高) | 213.9 mm x 57 mm x 38.3 mm |
| UL 文件编号 | E497722 |

图 5　SIG200 技术参数

方案一中的 DT35 使用模拟量信号，模拟量 12 位分辨率，信号采集经过数字量→模拟量→数字量的转换，经过两次转换的信号会有一定测量误差产生，现场传感器分布相对分散，布线会较长，容易产生对模拟量的干扰，需使用屏蔽双绞电缆等措施消除干扰，根据实际情况进行接地。

方案二中的 DT35 使用 IO-Link 通信，测量值为 16 位分辨率，测量值通过通信传输给 PLC，IO-Link 通信使用普通三芯电缆，IO-Link 最远传输距离为 20m。PLC 可对传感器进行状态监控与参数读写。

两个方案中的DT35是同一个型号，客户对比两个方案，考虑成本和收益后，更认可方案二。DT35 技术参数如图 6 所示。

**DT35-B15551 | Dx35**
MID RANGE DISTANCE SENSORS

Performance

| | |
|---|---|
| **Measuring range** | 50 mm ... 12,000 mm, 90 % remission [1] [2]<br>50 mm ... 5,300 mm, 18 % remission<br>50 mm ... 3,100 mm, 6 % remission |
| **Target** | Natural objects |
| **Resolution** | 0.1 mm |
| **Repeatability** | ≥ 0.5 mm [2] [3] [4] |
| **Accuracy** | Typ. ± 10 mm [4] |
| **Response time** | 4.5 ms ... 192.5 ms, 4.5 ms / 12.5 ms / 24.5 ms / 48.5 ms / 192.5 ms [5] [6] |
| **Switching frequency** | 166 Hz/50 Hz/25 Hz/12 Hz/3 Hz [5] [6] |
| **Output time** | 2 ms ... 64 ms, 2 ms/4 ms/8 ms/16 ms/64 ms [5] [7] |
| **Light source** | Laser, red [8]<br>visible red light |
| **Laser class** | 1 (IEC 60825-1:2014, EN 60825-1:2014) |
| **Typ. light spot size (distance)** | 15 mm x 15 mm (at 2 m) |
| **Additional function** | Set speed: Super Fast ... Super Slow, teach-in of analog output and invertible analog output, Output $Q_2$ adaptable: Current output / Voltage output / Digital output, Switching mode: Distance to Object (DtO) / switching window / object between sensor and background (ObSB), teach-in of digital output and digital output invertible, Multifunctional input: laser off / external teach / deactivated, reset to factory default |
| **Average laser service life (at 25 °C)** | 100,000 h |

图 6　DT35 技术参数

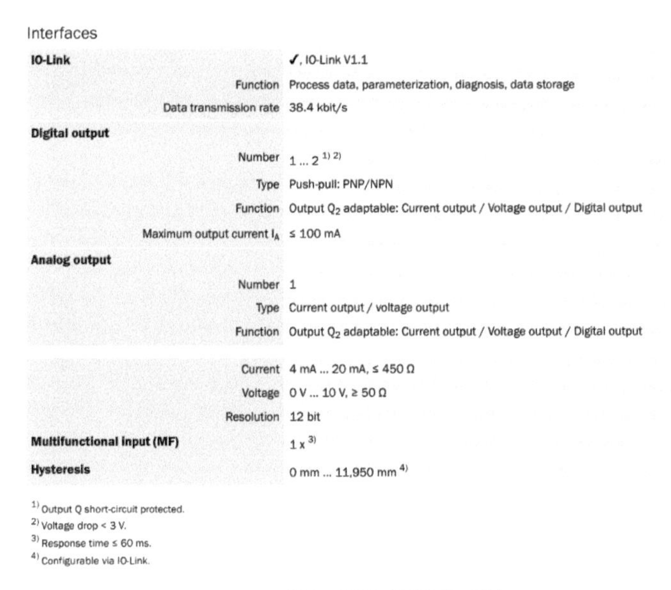

Interfaces

| | |
|---|---|
| **IO-Link** | ✓, IO-Link V1.1 |
| Function | Process data, parameterization, diagnosis, data storage |
| Data transmission rate | 38.4 kbit/s |
| **Digital output** | |
| Number | 1 ... 2 [1) 2)] |
| Type | Push-pull: PNP/NPN |
| Function | Output $Q_2$ adaptable: Current output / Voltage output / Digital output |
| Maximum output current $I_A$ | ≤ 100 mA |
| **Analog output** | |
| Number | 1 |
| Type | Current output / voltage output |
| Function | Output $Q_2$ adaptable: Current output / Voltage output / Digital output |
| Current | 4 mA ... 20 mA, ≤ 450 Ω |
| Voltage | 0 V ... 10 V, ≥ 50 Ω |
| Resolution | 12 bit |
| **Multifunctional input (MF)** | 1 x [3)] |
| **Hysteresis** | 0 mm ... 11,950 mm [4)] |

1) Output Q short-circuit protected.
2) Voltage drop < 3 V.
3) Response time ≤ 60 ms.
4) Configurable via IO-Link.

图 6　DT35 技术参数（续）

## 三、功能与实现

多台 PLC 负责不同的区域，根据 DT35 测量的液位反馈信号实现控制。网络拓扑图如图 7 所示，网络图如图 8 所示。

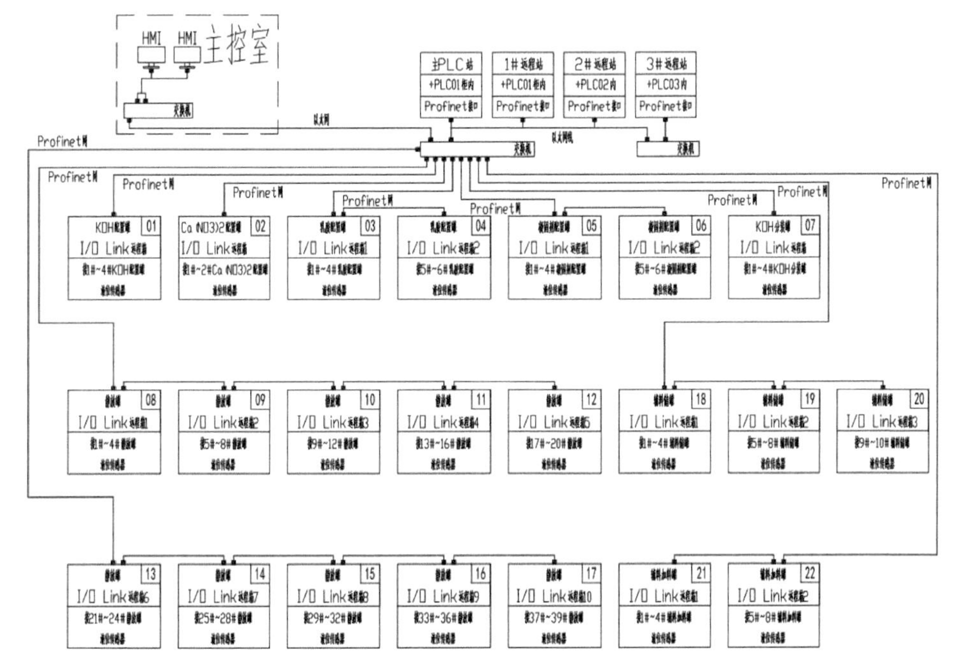


图 7　网络拓扑图

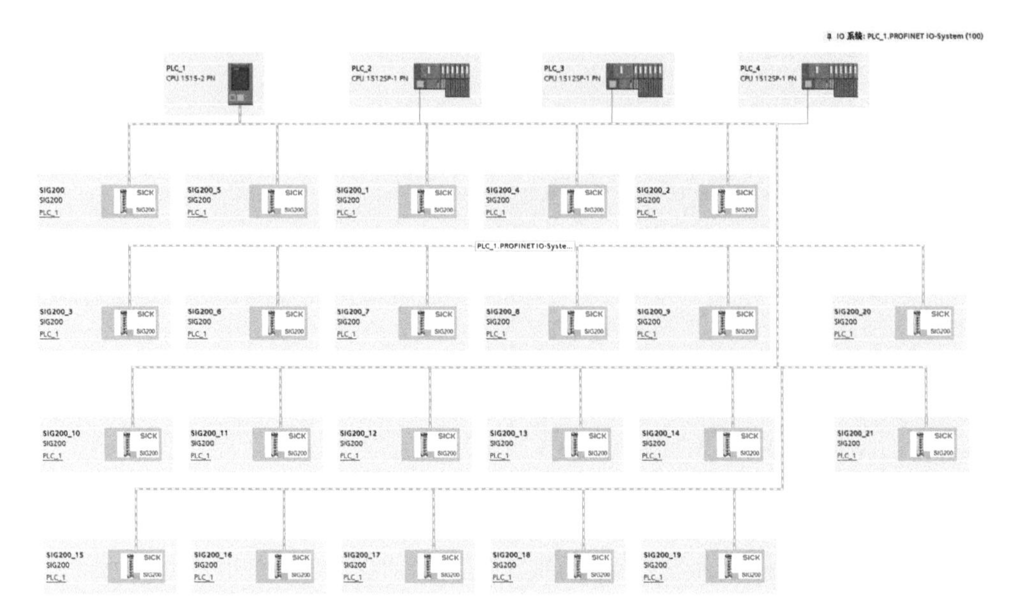


图 8　网络图

IO-Link 接口可实现多种模式信号输入，Distance 模式实现最高 16 为分辨率距离信息；Level 模式可读取反馈能量；Distance、OWS warning 在读取距离信息的同时给出能量报警信号。

在测量值出现异常时，切换模式能够获取更多信息以判断问题。过程数据模式功能如图 9 所示。

SICK
Sensor Intelligence.

**IO-Link interface**

**1: Distance measured value, OWS signal level warning, alarm [3]**

| MSB[1] | | | | | | | | | | | | | | | LSB[2] |
|---|---|---|---|---|---|---|---|---|---|---|---|---|---|---|---|
| Bit 15 | Bit 14 | Bit 13 | Bit 12 | Bit 11 | Bit 10 | Bit 9 | Bit 8 | Bit 7 | Bit 6 | Bit 5 | Bit 4 | Bit 3 | Bit 2 | Bit 1 | Bit 0 |
| Distance measured value (14-bit)[4, 5] | | | | | | | | | | | | | | OWS[3] | Alarm |

**2: Level, OWS signal level warning, alarm [3]**

| MSB[1] | | | | | | | | | | | | | | | LSB[2] |
|---|---|---|---|---|---|---|---|---|---|---|---|---|---|---|---|
| Bit 15 | Bit 14 | Bit 13 | Bit 12 | Bit 11 | Bit 10 | Bit 9 | Bit 8 | Bit 7 | Bit 6 | Bit 5 | Bit 4 | Bit 3 | Bit 2 | Bit 1 | Bit 0 |
| Signal level (14-bit)[3] | | | | | | | | | | | | | | OWS[3] | Alarm |

**3: Distance (factory setting)**

| MSB[1] | | | | | | | | | | | | | | | LSB[2] |
|---|---|---|---|---|---|---|---|---|---|---|---|---|---|---|---|
| Bit 15 | Bit 14 | Bit 13 | Bit 12 | Bit 11 | Bit 10 | Bit 9 | Bit 8 | Bit 7 | Bit 6 | Bit 5 | Bit 4 | Bit 3 | Bit 2 | Bit 1 | Bit 0 |
| Distance measured value (16 bit)[5] | | | | | | | | | | | | | | | |

**4: Distance value, signal quality**

| MSB[1] | | | | | | | | | | | | | | | LSB[2] |
|---|---|---|---|---|---|---|---|---|---|---|---|---|---|---|---|
| Bit 15 | Bit 14 | Bit 13 | Bit 12 | Bit 11 | Bit 10 | Bit 9 | Bit 8 | Bit 7 | Bit 6 | Bit 5 | Bit 4 | Bit 3 | Bit 2 | Bit 1 | Bit 0 |
| Distance measured value (14-bit)[4, 5] | | | | | | | | | | | | | | Signal quality (2-bit)[6] | |

**5: Timer (only for Extended version[7])**

| MSB[1] | | | | | | | | | | | | | | | LSB[2] |
|---|---|---|---|---|---|---|---|---|---|---|---|---|---|---|---|
| Bit 15 | Bit 14 | Bit 13 | Bit 12 | Bit 11 | Bit 10 | Bit 9 | Bit 8 | Bit 7 | Bit 6 | Bit 5 | Bit 4 | Bit 3 | Bit 2 | Bit 1 | Bit 0 |
| Time measured value (16 bit)[5] | | | | | | | | | | | | | | | |

**6: Timer, status of switching output Q1 and Q2 (only for Extended version[7])**

| MSB[1] | | | | | | | | | | | | | | | LSB[2] |
|---|---|---|---|---|---|---|---|---|---|---|---|---|---|---|---|
| Bit 15 | Bit 14 | Bit 13 | Bit 12 | Bit 11 | Bit 10 | Bit 9 | Bit 8 | Bit 7 | Bit 6 | Bit 5 | Bit 4 | Bit 3 | Bit 2 | Bit 1 | Bit 0 |
| Time measured value (14 bit)[4, 5] | | | | | | | | | | | | | | Q1 | Q2 |

图 9　过程数据模式功能

过程数据功能块如图 10 所示。

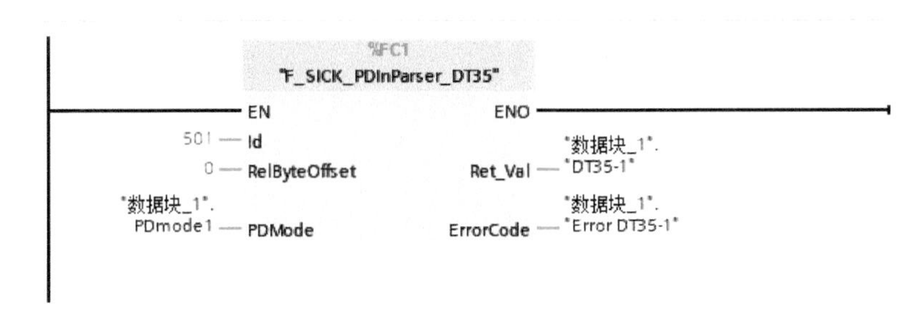


图 10　过程数据功能块

过程数据如图 11 所示。

| | 名称 | 数据类型 | 起始值 | | | | | |
|---|---|---|---|---|---|---|---|---|
| 3 | ▼ DT35-1 | "ST_SICK_PDInParse.. | | ☐ | ☑ | ☑ | ☑ | ☑ |
| 4 | ▼ Mode0 | Struct | | ☐ | ☑ | ☑ | ☑ | ☐ |
| 5 | Q2 | Bool | false | ☐ | ☑ | ☑ | ☑ | ☐ |
| 6 | Q1 | Bool | false | ☐ | ☑ | ☑ | ☑ | ☐ |
| 7 | Distance | UInt | 0 | ☐ | ☑ | ☑ | ☑ | ☐ |
| 8 | ▼ Mode1 | Struct | | ☐ | ☑ | ☑ | ☑ | ☐ |
| 9 | Alarm | Bool | false | ☐ | ☑ | ☑ | ☑ | ☐ |
| 10 | VMA | Bool | false | ☐ | ☑ | ☑ | ☑ | ☐ |
| 11 | Distance | UInt | 0 | ☐ | ☑ | ☑ | ☑ | ☐ |
| 12 | ▼ Mode2 | Struct | | ☐ | ☑ | ☑ | ☑ | ☐ |
| 13 | Alarm | Bool | false | ☐ | ☑ | ☑ | ☑ | ☐ |
| 14 | VMA | Bool | false | ☐ | ☑ | ☑ | ☑ | ☐ |
| 15 | Level | UInt | 0 | ☐ | ☑ | ☑ | ☑ | ☐ |
| 16 | ▼ Mode3 | Struct | | ☐ | ☑ | ☑ | ☑ | ☐ |
| 17 | Distance | UInt | 0 | ☐ | ☑ | ☑ | ☑ | ☐ |
| 18 | ▼ Mode4 | Struct | | ☐ | ☑ | ☑ | ☑ | ☐ |
| 19 | SignalQuality | USInt | 0 | ☐ | ☑ | ☑ | ☑ | ☐ |
| 20 | Distance | UInt | 0 | ☐ | ☑ | ☑ | ☑ | ☐ |

图 11　过程数据

参数读写功能可以实现基本信息读取、错误记录读取、滤波时间设置和模式切换等功能。参数读 / 写功能块如图 12 所示。

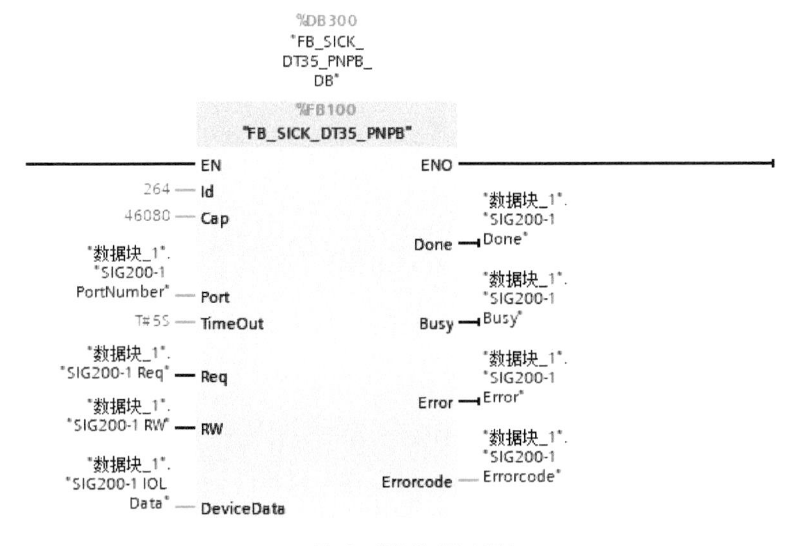


图 12　参数读 / 写功能块

参数内容如图 13 所示。

| | | | | | | | | |
|---|---|---|---|---|---|---|---|---|
| 8 | ▼ SIG200-1 IOL Data | "ST_SICK_DT35" | | ☐ | ☑ | ☑ | ☑ | ☑ |
| 9 | ▶ Selection | Struct | | ☐ | ☑ | ☑ | ☑ | ☐ |
| 10 | ▼ Data | Struct | | ☐ | ☑ | ☑ | ☑ | ☐ |
| 11 | SysCommand | USInt | 0 | ☐ | ☑ | ☑ | ☑ | ☐ |
| 12 | VendorName | String[64] | '' | ☐ | ☑ | ☑ | ☑ | ☐ |
| 13 | VendorText | String[64] | '' | ☐ | ☑ | ☑ | ☑ | ☐ |
| 14 | ProductName | String[64] | '' | ☐ | ☑ | ☑ | ☑ | ☐ |
| 15 | ProductID | String[64] | '' | ☐ | ☑ | ☑ | ☑ | ☐ |
| 16 | SerialNumber | String[16] | '' | ☐ | ☑ | ☑ | ☑ | ☐ |
| 17 | AppliName | String[32] | '' | ☐ | ☑ | ☑ | ☑ | ☐ |
| 18 | IntegrationTim... | USInt | 0 | ☐ | ☑ | ☑ | ☑ | ☐ |
| 19 | ▶ QInversion | Struct | | ☐ | ☑ | ☑ | ☑ | ☐ |
| 20 | QBitfilter | USInt | 0 | ☐ | ☑ | ☑ | ☑ | ☐ |
| 21 | Averaging | USInt | 0 | ☐ | ☑ | ☑ | ☑ | ☐ |
| 22 | LaserOnoff | USInt | 0 | ☐ | ☑ | ☑ | ☑ | ☐ |
| 23 | Q1SwitchingFu... | USInt | 0 | ☐ | ☑ | ☑ | ☑ | ☐ |
| 24 | Q1SwitchingPo... | UInt | 0 | ☐ | ☑ | ☑ | ☑ | ☐ |
| 25 | Q1HysteresisN... | UInt | 0 | ☐ | ☑ | ☑ | ☑ | ☐ |
| 26 | Q1SwitchingPo... | UInt | 0 | ☐ | ☑ | ☑ | ☑ | ☐ |
| 27 | Q1HysteresisFar | UInt | 0 | ☐ | ☑ | ☑ | ☑ | ☐ |
| 28 | Q2SwitchingFu... | USInt | 0 | ☐ | ☑ | ☑ | ☑ | ☐ |
| 29 | Q2SwitchingPo... | UInt | 0 | ☐ | ☑ | ☑ | ☑ | ☐ |
| 30 | Q2HysteresisN... | UInt | 0 | ☐ | ☑ | ☑ | ☑ | ☐ |
| 31 | Q2SwitchingPo... | UInt | 0 | ☐ | ☑ | ☑ | ☑ | ☐ |
| 32 | Q2HysteresisFar | UInt | 0 | ☐ | ☑ | ☑ | ☑ | ☐ |
| 33 | Q2AnalogNear | UInt | 0 | ☐ | ☑ | ☑ | ☑ | ☐ |
| 34 | Q2AnalogFar | UInt | 0 | ☐ | ☑ | ☑ | ☑ | ☐ |
| 35 | MFFunction | USInt | 0 | ☐ | ☑ | ☑ | ☑ | ☐ |
| 36 | Keylock | USInt | 0 | ☐ | ☑ | ☑ | ☑ | ☐ |
| 37 | ProcessDataStr... | USInt | 0 | ☐ | ☑ | ☑ | ☑ | ☐ |
| 38 | UserTag1 | UDInt | 0 | ☐ | ☑ | ☑ | ☑ | ☐ |
| 39 | UserTag2 | UInt | 0 | ☐ | ☑ | ☑ | ☑ | ☐ |
| 40 | Oes4Id | String[6] | '' | ☐ | ☑ | ☑ | ☑ | ☐ |
| 41 | EkId | String[9] | '' | ☐ | ☑ | ☑ | ☑ | ☐ |
| 42 | LdCharge | String[8] | '' | ☐ | ☑ | ☑ | ☑ | ☐ |
| 43 | ErrorStatusLog | USInt | 0 | ☐ | ☑ | ☑ | ☑ | ☐ |
| 44 | OperatingTime | UDInt | 0 | ☐ | ☑ | ☑ | ☑ | ☐ |
| 45 | Password | String[16] | '' | ☐ | ☑ | ☑ | ☑ | ☐ |
| 46 | Q2OutputFunc... | USInt | 0 | ☐ | ☑ | ☑ | ☑ | ☐ |
| 47 | VMALevelThres... | UInt | 0 | ☐ | ☑ | ☑ | ☑ | ☐ |
| 48 | Q1NearfarCent... | UInt | 0 | ☐ | ☑ | ☑ | ☑ | ☐ |

图 13　参数内容

调试过程中出现部分 SIG200 网关无法通信的问题，测量供电端发现电压已降至 DC8V。主控制柜内的电压为 DC24V，线缆太长造成了 16V 的压降。已通过增加 24V 电源解决了问题。测量供电电压如图 14 所示。

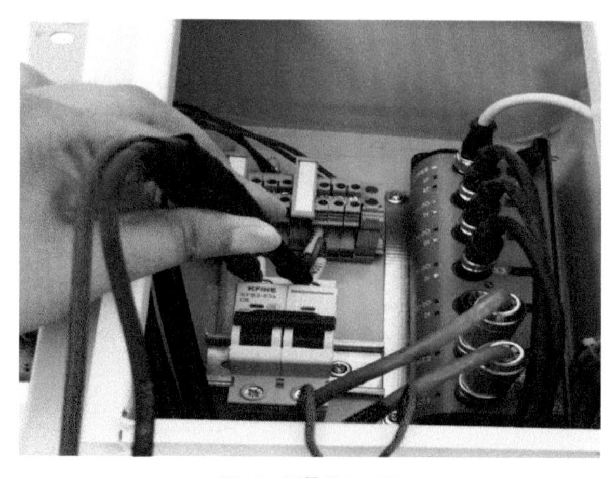

图 14　测量供电电压

## 四、运行效果

该生产车间于 2020 年 10 月投入使用至今，客户对设备的使用体验表示满意见图 15。

图 15 设备

## 五、应用体会

实际应用中经常遇到模拟量信号容易受到干扰的问题，特别是长传输距离造成的压降会造成信号失真，分散信号的采集需要更多的布线时间和更规范的施工。分布式网关和 IO-Link 是一个不错的选择，这 个方案可以减少布线和维护的时间。

在本项目中，采用了 SICK IO-Link 传感器和网关的方案，依托于 TIA portal 全集成自动化软件平台强大的通信和系统程序与稳定，给客户带来了良好的体验。

# 西门子 PLC 通过 TCP/IP 与西克 LMS511 雷达连接实现行车自动安全防护升级项目改造

曹道永
（德国西克　华中区技术支持）

[ 摘　要 ] 在工厂自动化越来越高的今天，各个行业自动化的应用进一步得到普及。在一些重工业制造行业，企业不仅追求高度的自动化，还对安全防护提出了新的需求。本文以工厂行车应用行业对安全防撞升级需求为应用点，重点介绍了西克传感器激光雷达在此领域的应用和实现方法。

[ 关键词 ] 激光雷达、工厂行车、TCP/IP 通信、轮廓扫描、点云数据、极坐标等

## 一、项目简介

1）本项目以西克 LMS511 激光雷达传感器（以下简称 LMSf11）和 KH53 线性编码器（以下简称 KH53）为基础，通过西门子 SF300PLC 的 DP 通信和 KH53 线性编码器进行天车实时位置测量，通过 TCP/IP 通信和 LMS111 激光雷达传感器进行点云数据交互进行实时雷达轮廓点云数据更新对行车作业空间防护。

2）行车在车间行进时，根据 KH53 线性编码器测量行进的位置（X 方向），通过 HK53 线性编码器对行车行进的 X 方向的实时位置反馈，结合固定在行车大梁上的 LMS511 激光雷达传感器当前扫描的轮廓点云和历史记录点云轮廓进行比对，若发现有小于最小阈值的点云测量高度，证明有轮廓改变（说明防护区域有物体侵入）。

KH53 线性编码器位置测量传感器如图 1 所示。

图 1　KH53 线性编码器位置测量传感器

KH53 线性编码器位置测量传感器的工作原理如图 2 所示。

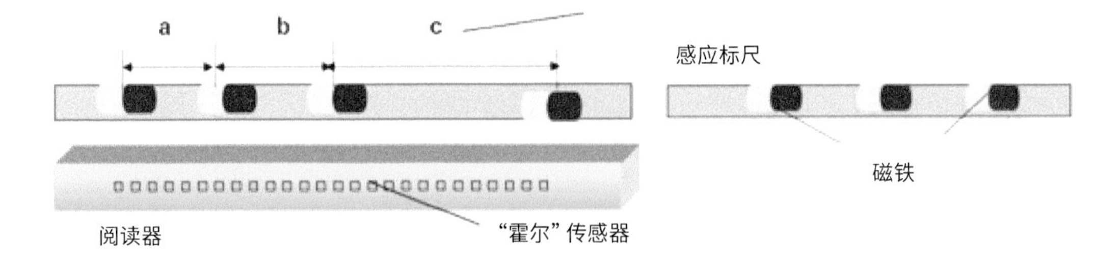


图 2　KH53 线性编码器位置测量传感器的工作原理

KH53 线性编码器位置测量传感器在行车上的安装布置如图 3 所示。

图 3　KH53 线性编码器位置测量传感器在行车上的安装布置

KH53 线性编码器位置测量传感器以及 LMS511 激光雷达传感器对行车 X 方向运行布局示意图如图 4 所示。

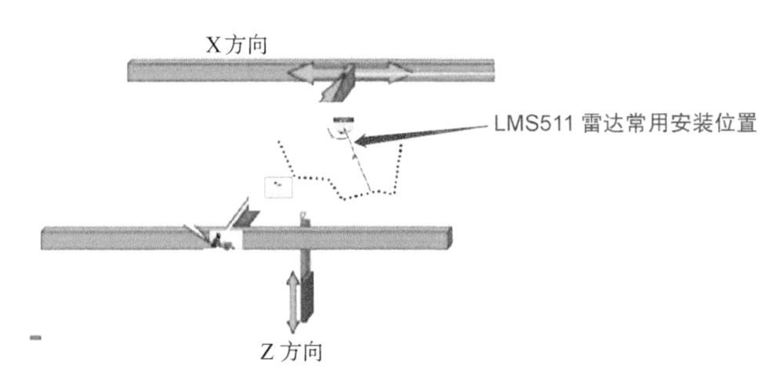


图 4　对行车 X 方向运行布局示意图

LMS511 激光雷达传感器测量原理图如图 5 所示。

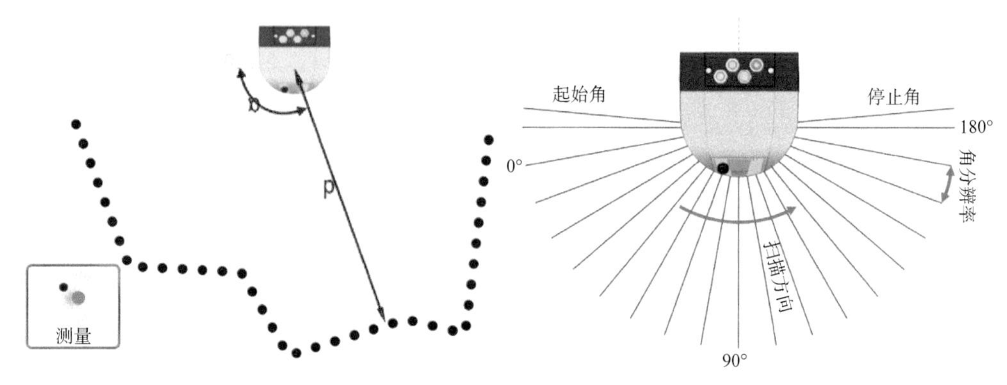


图 5　LMS511 激光雷达传感器测量原理图

3）该项目因涉及 KH53 线性编码器位置测量传感器为 DP 通信，同时还涉及 LMS511 激光雷达传感器和 PLC 的 TCP/IP 通信，因 KH53 线性编码器为 DP 通信，在此项目中应用的是西门子 S7-300 系列 PLC，具体型号为 317-2PN-DP CPU 一台，KH53 线性编码器阅读器一台，标尺若干（依据行车行进距离决定），LMS511 激光雷达一台。

4）项目重点通信涉及 KH53 线性编码器和西门子 CUP 之间 DP 通信，通过 KH53 线性编码器得到行车行进位置数据，LMS511 激光雷达传感器和西门子 CUP 之间 TCP/IP 通信，通过 LMS511 激光雷达传感器的点云数据获取行车行进方向上的物体变化。

5）行车在车间搬运时的路径（重点防护区域）如图 6 红色箭头方向。

图 6　行车在车间搬运时的路径（重点防护区域）

行车在车间搬运时的重点轮廓记录区域如图 7（当车间大型物体移除后应重新录入轮廓系统）所示。

图 7　重点轮廓记录区域

## 二、系统结构

1）本系统应用 SIMATIC Manager 进行编写，在 TCP/IP 调试测试时应用 hercules 调试助手进行 LMS511 激光雷达通信指令测试。

2）工作流程图如图 8 所示。

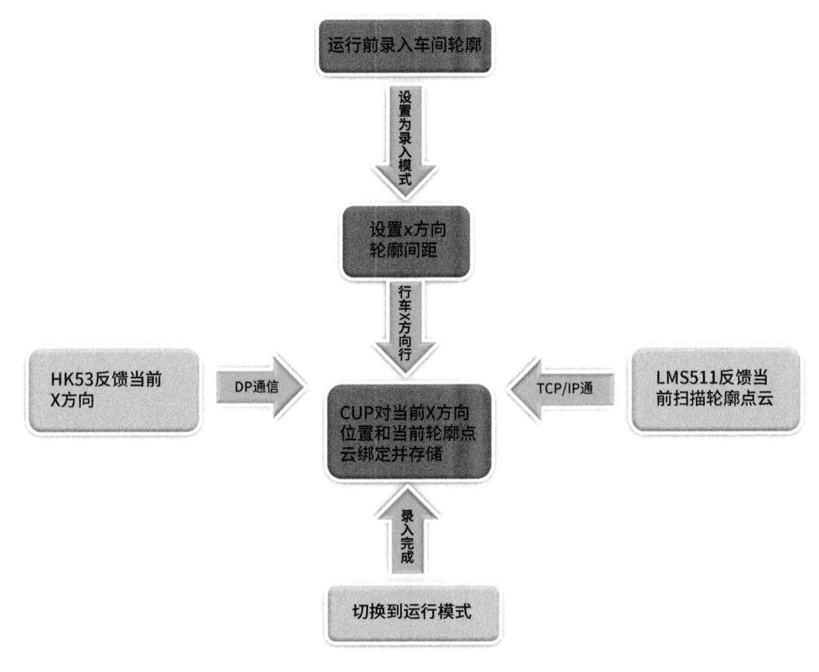


图 8　工作流程图

3）行车运行前录入现场轮廓。

4）运行时和录入的轮廓进行实时对比如图 9 所示。

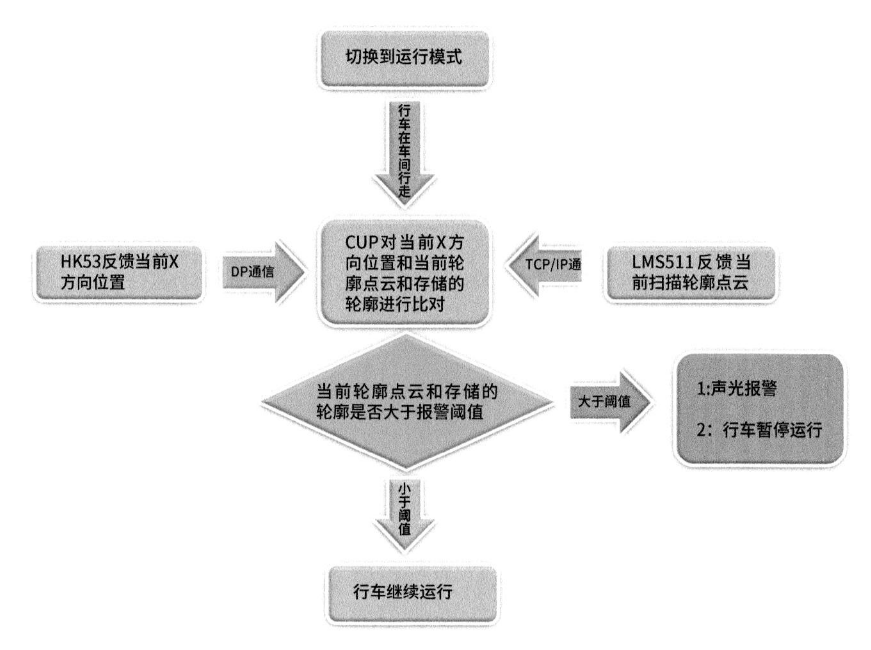


图 9　运行时和录入的轮廓进行实时对比

网络结构图如图 10 所示。

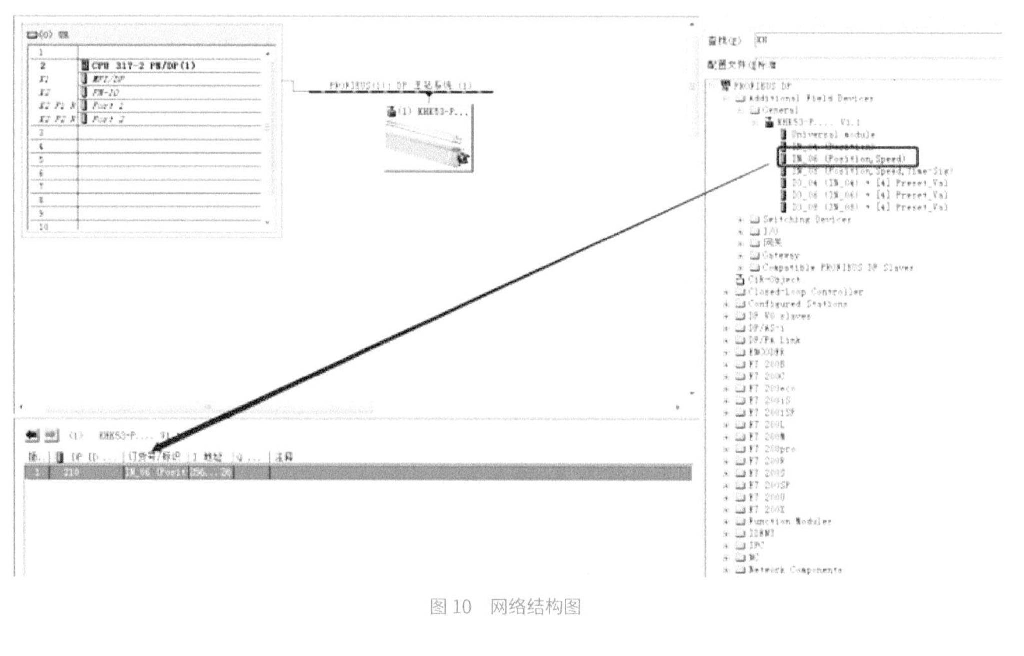


图 10　网络结构图

重点 TCP/IP 通信指令如图 11 所示。

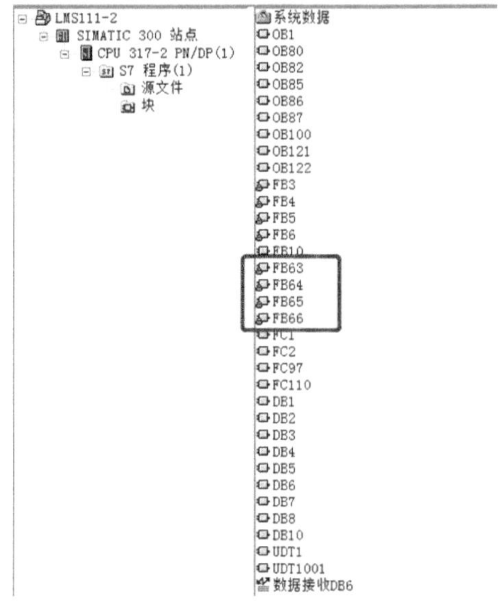


图 11　重点 TCP/IP 通信指令

## 三、功能与实现

1）本案例重点功能

a）CPU317 和 LMS511 之间的 TCP/IP 通信。

b）CPU317 对 LMS511 指令的封装。

c）CPU317 对 LMS511 的点云数据接收，结合 KH53 的位置坐标对点云的存储。

d）CPU317 对行车所在位置 LMS511 点云数据和存储的轮廓数据的对比。

2）CPU317 和 LMS511 之间的 TCP/IP 通信是其中一个技术重点。

LMS511 作为服务器端，CUP317 作为客户端，主动连接 LMS511，通过西门子开放式通信连接向导工具创建连接对象的类型以及 IP 地址，在此可参考西门子官方 <<S7-300 与第三方的 TCP 通信 _Clint（STEP7）>>，在此不做赘述。通过 SFB65 指令进行对目标地址的连接，如图 12 所示。

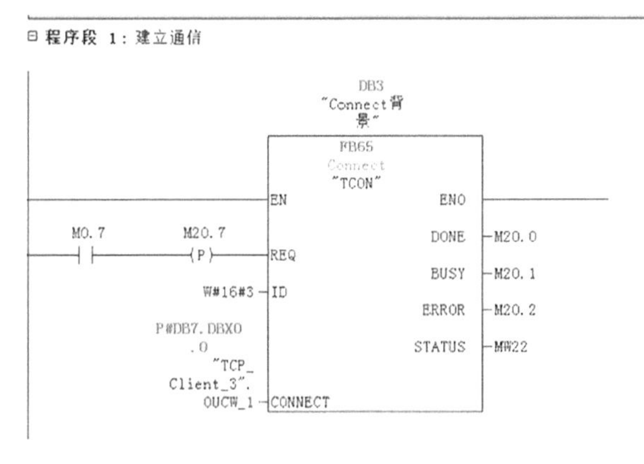


图 12　对目标地址的连接

通过 SFB63 指令进行对 LMS511 发送相关指令，如图 13 所示。

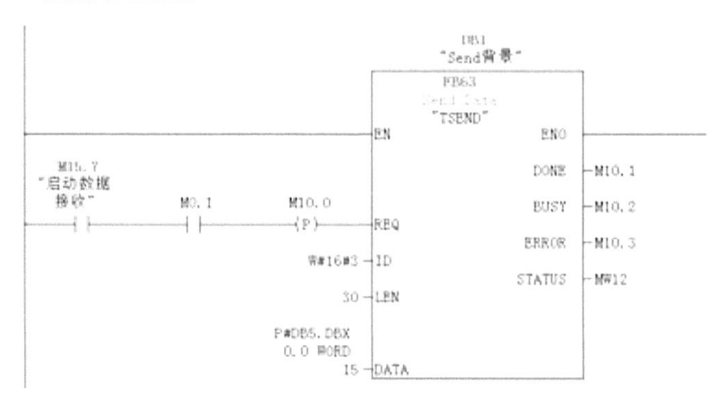


图 13　对 LMS511 发送相关指令

根据 LMS511 通信指令手册封装启动 LMS511 点云扫描指令如图 14 所示。

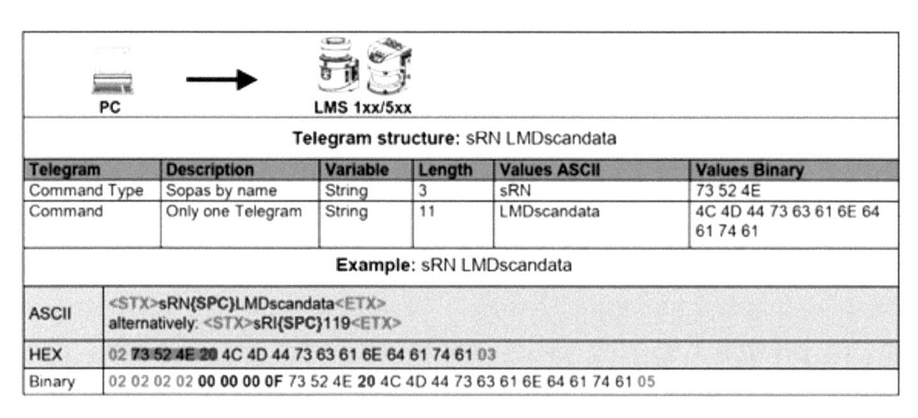

PC → LMS 1xx/5xx

**Telegram structure:** sRN LMDscandata

| Telegram | Description | Variable | Length | Values ASCII | Values Binary |
|---|---|---|---|---|---|
| Command Type | Sopas by name | String | 3 | sRN | 73 52 4E |
| Command | Only one Telegram | String | 11 | LMDscandata | 4C 4D 44 73 63 61 6E 64 61 74 61 |

**Example:** sRN LMDscandata

| | |
|---|---|
| ASCII | <STX>sRN{SPC}LMDscandata<ETX><br>alternatively: <STX>sRI{SPC}119<ETX> |
| HEX | 02 73 52 4E 20 4C 4D 44 73 63 61 6E 64 61 74 61 03 |
| Binary | 02 02 02 02 00 00 00 0F 73 52 4E 20 4C 4D 44 73 63 61 6E 64 61 74 61 05 |

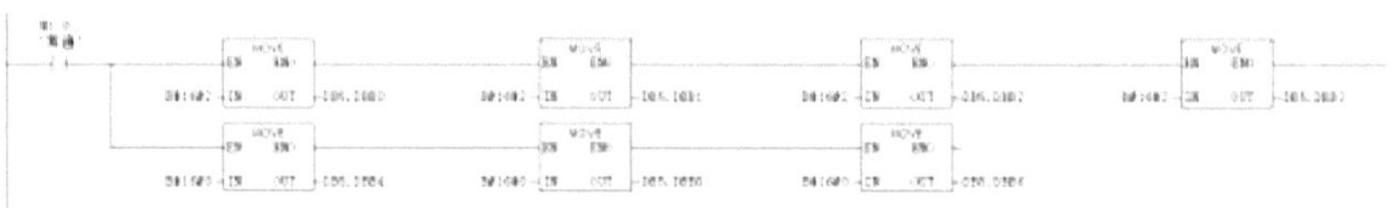

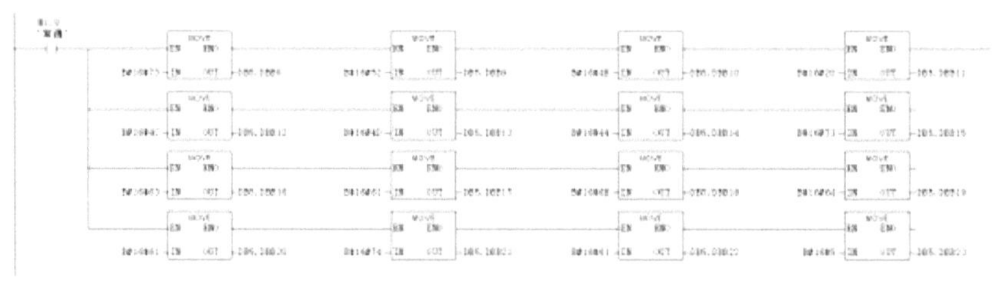

图 14　封装启动 LMS511 点云扫描指令

**注：**基于 PLC 便于处理定长数据报文，在此应用中使用二进制 Binary 报文。同时应对 LMS511 的报文类型进行设置，用西克 SOPAS 软件对 LMS511 设置如图 15 所示。

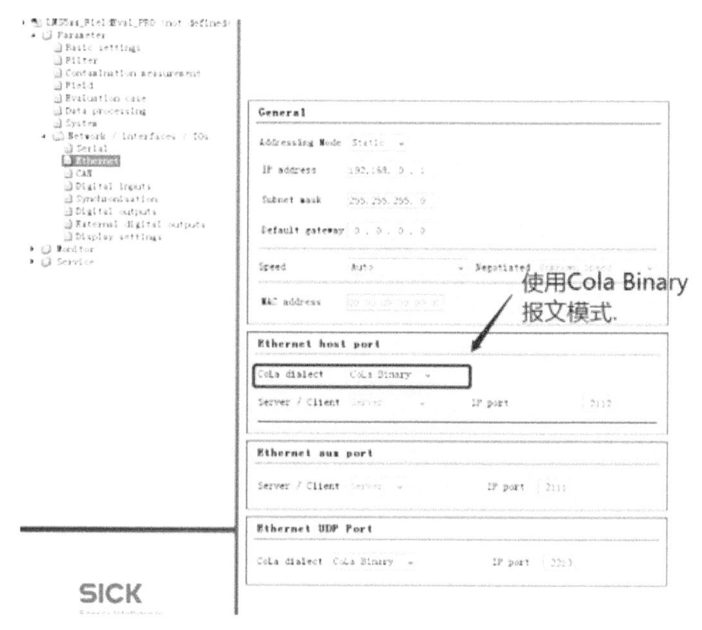


图 15　对 LMS511 设置

设置输出点云区间为 60° ~ 120°，如图 16 所示。设置点云分辨率为 0.25°，如图 17 所示。

图 16　设置输出点云区间

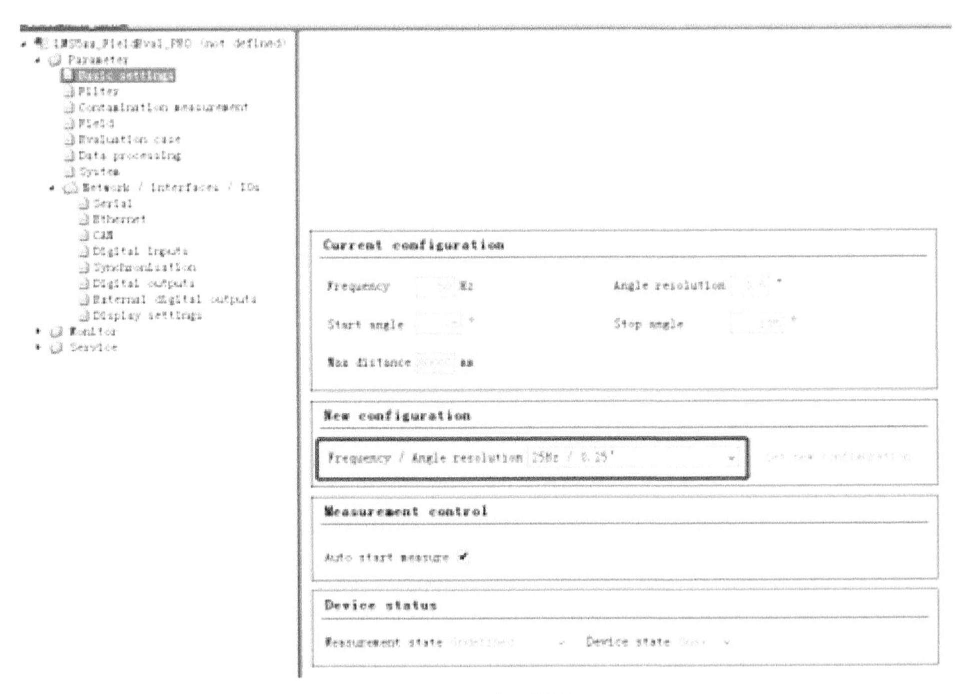


图 17　设置点云分辨率

通过 SFB64 指令对 LMS511 的点云数据进行接收如图 18 所示。

⊟ 程序段 7：接收数据

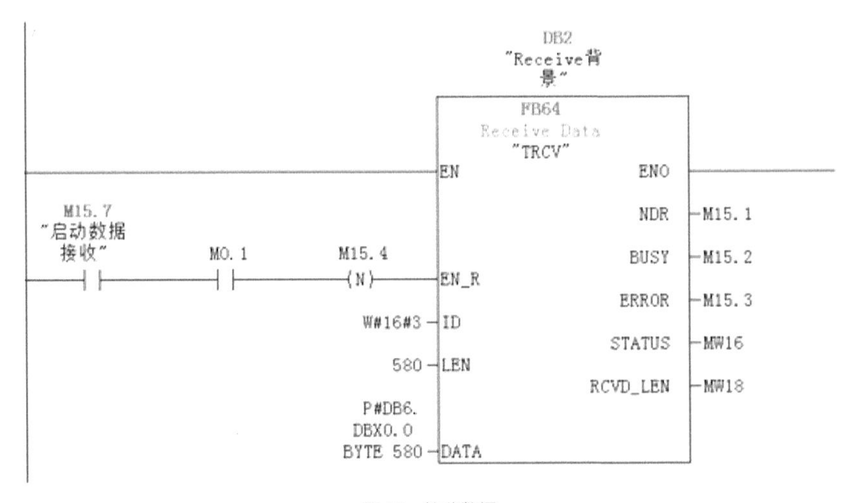


图 18　接收数据

因 LMS511 报文数据包括设备状态等信息，所以数据总长度为 580Btye. 报文格式解析实例如下：

sRA LMDscandata 0（设备版本号）

1（设备 ID）

A05EE0（设备序列号）

0 0（设备状态）

227C（指令计数）495E（扫描计数）65EE1D80（扫描起始时间）66258D27（扫描结束时间）

0 0（设备开关量输入状态）

3F 0 0（设备开关量输出状态）1388（扫描频率 50Hz）

168 1（编码器状态）9AD0（编码器位置）3E3（编码器速度）1（输出通道）DIST1（回波层序号）3F800000 00000000 FFFF3CB0（起始角度）1388（角度分辨率）3D（测量数据个数）106 105 10B 10B FF 105 10B 117 7B7 79C 77D 76F 73C 727 717 7036F6 6E4 6D0 6C7 6B6 6A6 69B 68C 681 66F 66B 65F 0 0 61E 5FD 606 609 5EF5DC 5D3 5C3 5BF 5B5 5B2 5A4 597 593 592 580 58B 250 1F5 1A4 1CA 20C 0 54D54B 543 53F 537 531 524 522 0 0 0 0 0 0.

3）因每个扫描轮廓的点云数据相对较多，假设车间长度为 100m，0.5m 间距进行一个轮廓数据录入，这样整个车间将产生 200 历史个轮廓数据包，以每个轮廓数据 60° 扫描，点云分辨率为 0.5°，每个点云在 DB 块中占用一个 WORD 的空间，300 个轮廓数据所占用的空间为：

60/0.5×200=24000Word，即 48000Byte。一个 DB 块最大空间为 65536 Byte，理论是可以容纳下的。

但是若扫描存储轮廓间距设置的过小，并且车间长度过长就会导致 1 个 DB 块存储不下的情况，这样就要开辟新的存储 DB。同时 CUP 的内部存储区是有限的，过多地开辟 DB 存储区会导致 CPU 报警，所以应适当地控制扫描轮廓间距，以此 CUP 的内存为例，总存储空间应控制在 180KB 数据存储区以内，即应小于 3 个 DB 数据块。

数据的存储以及数据比较等功能块会涉及到 STL 语言编程（这对经常用梯形图操作的编程人员来说会有一定的难度）。批量数据的转存程序如图 19 所示。

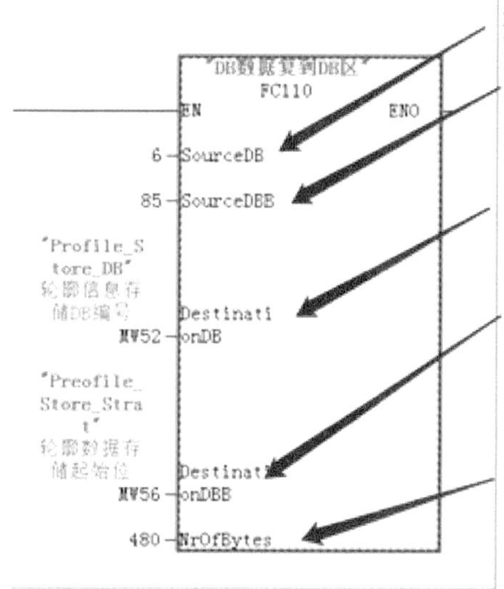


图 19　批量数据的转存程序

功能块内部程序如图 20 所示。

4）在录入历史车间轮廓时，基于ＫＨ５３给出的行车位置进行换算点云轮廓存储位，行车行进 500mm 进行录入一个历史点云轮廓如图 21 所示。

```
程序段 1：Address Registers Uploading
      TAR1
      T     #AR1Temp
      TAR2
      T     #AR2Temp

程序段 2：Source Memory Area Check
      L     #SourceDB
      L     -1
      >I
      JC    SoDa

      L     #SourceDB
      L     -2
      ==I
      JC    SoIn

      L     #SourceDB
      L     -3
      ==I
      JC    SoOu

: Source Merker Information Sett
      LAR1  P##Source

      L     B#16#10
      T     LB [AR1,P#0.0]

      L     B#16#2
      T     LB [AR1,P#1.0]

      L     #NrOfBytes
      T     LW [AR1,P#2.0]

      L     #SourceDBB
      SLD   3
      T     LD [AR1,P#6.0]
      L     B#16#83
      T     LB [AR1,P#6.0]
      JU    Dest

SoIn: LAR1  P##Source

      L     B#16#10
      T     LB [AR1,P#0.0]

      L     B#16#2
      T     LB [AR1,P#1.0]

      L     #NrOfBytes
      T     LW [AR1,P#2.0]

      L     #SourceDBB
      SLD   3
      T     LD [AR1,P#6.0]
      L     B#16#81
      T     LB [AR1,P#6.0]
      JU    Dest

程序段 5：Source Output Information Setting
SoOu: LAR1  P##Source

      L     B#16#10
      T     LB [AR1,P#0.0]

      L     B#16#2
      T     LB [AR1,P#1.0]

      L     #NrOfBytes
      T     LW [AR1,P#2.0]

      L     #SourceDBB
      SLD   3
      T     LD [AR1,P#6.0]
      L     B#16#83
      T     LB [AR1,P#6.0]
      JU    Dest

程序段 6：Source Block Informations Setting
SoDa: LAR1  P##Source

      L     B#16#10
      T     LB [AR1,P#0.0]

      L     B#16#2
      T     LB [AR1,P#1.0]

      L     #NrOfBytes
      T     LW [AR1,P#2.0]

      L     #SourceDB
      T     LW [AR1,P#4.0]

      L     #SourceDBB

程序段 7：Source Memory Area Check
Dest: L     #DestinationDB
      L     -1
      >I
      JC    DeDa

      L     #DestinationDB
      L     -2
      ==I
      JC    DeIn

      L     #DestinationDB
      L     -3
      ==I
      JC    DeOu

程序段 8：Destination Merker Information Setting
      LAR1  P##Destination

      L     B#16#10
      T     LB [AR1,P#0.0]

      L     B#16#2
      T     LB [AR1,P#1.0]

      L     #NrOfBytes
      T     LW [AR1,P#2.0]

      L     #DestinationDBB
      SLD   3
      T     LD [AR1,P#6.0]
      L     B#16#83
      T     LB [AR1,P#6.0]
      JU    Copy

程序段 9：Destination Input Information Setting
DeIn: LAR1  P##Destination

      L     B#16#10
      T     LB [AR1,P#0.0]

      L     B#16#2
      T     LB [AR1,P#1.0]

      L     #NrOfBytes
      T     LW [AR1,P#2.0]

      L     #DestinationDBB
      SLD   3

程序段 10：Destination Output Information Setting
DeOu: LAR1  P##Destination

      L     B#16#10
      T     LB [AR1,P#0.0]

      L     B#16#2
      T     LB [AR1,P#1.0]

      L     #NrOfBytes
      T     LW [AR1,P#2.0]

      L     #DestinationDBB
      SLD   3
      T     LD [AR1,P#6.0]
      L     B#16#82
      T     LB [AR1,P#6.0]
      JU    Copy

程序段 11：Destination Block Informations Setting
DeDa: LAR1  P##Destination

      L     B#16#10
      T     LB [AR1,P#0.0]

      L     B#16#2
      T     LB [AR1,P#1.0]

      L     #NrOfBytes
      T     LW [AR1,P#2.0]

      L     #DestinationDB
      T     LW [AR1,P#4.0]

      L     #DestinationDBB
      SLD   3
      T     LD [AR1,P#6.0]
      L     B#16#84
      T     LB [AR1,P#6.0]

程序段 12：Block Moving
Copy: CALL  SFC   20
       SRCBLK :=#Source
       RET_VAL:=#TempI
       DSTBLK :=#Destination

程序段 13：Address Registers Downloading
      L     #AR1Temp
      LAR1
      L     #AR2Temp
      LAR2
```

图 20　功能块内部程序

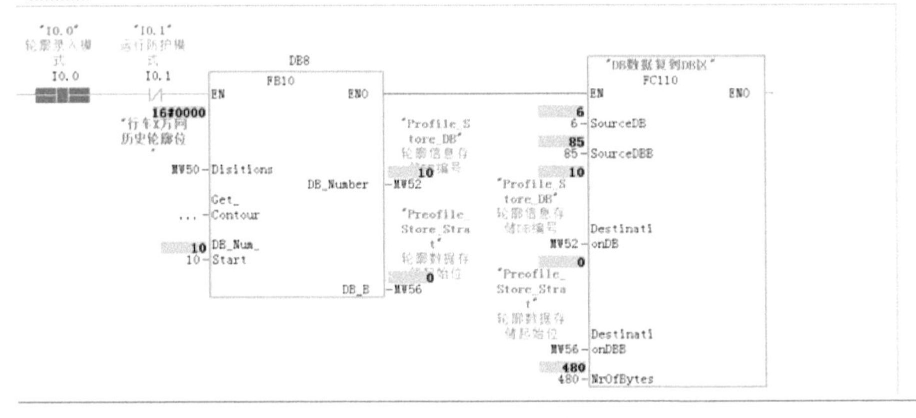


图 21　录入一个历史点云轮廓

行车在车间运行时，根据 LMS511 实时的点云数据和行车所在位置的历史数据进行轮廓比对程序如图 22 所示。

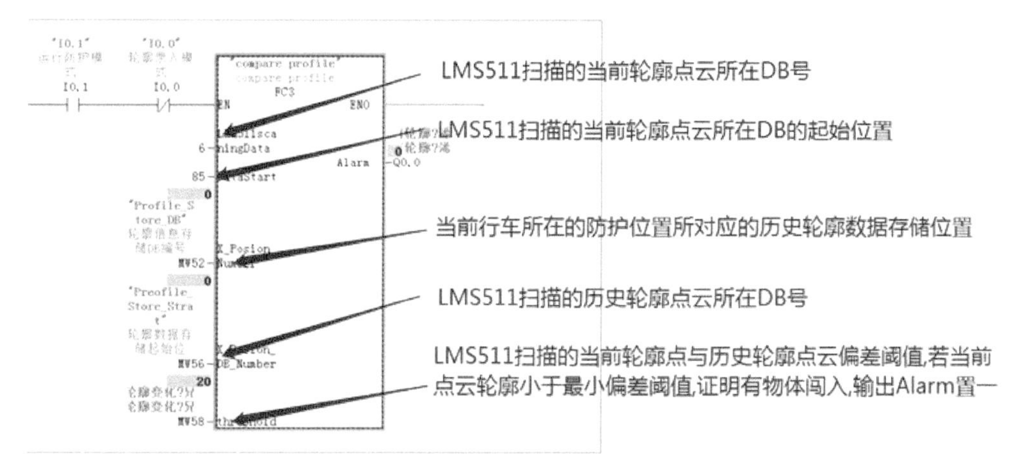


图 22　轮廓比对程序

## 四、运行效果

相对某特定位置的历史轮廓数据，有物体闯入后的新轮廓数据在中间部位距离变化明显，如图 23 所示。

距离变化已经小于最小阈值变化，可在程序上面输出报警。

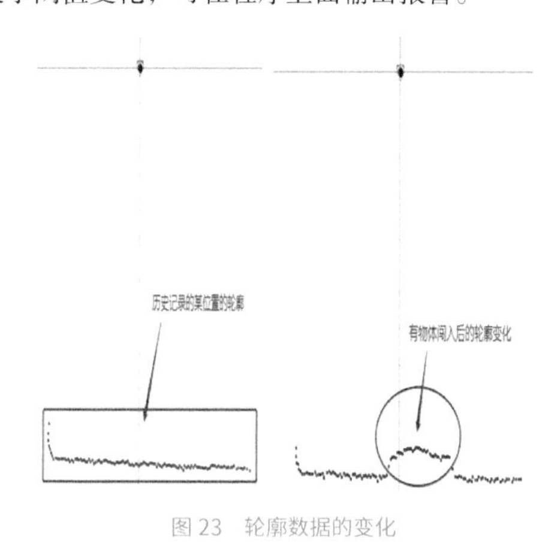


图 23　轮廓数据的变化

## 五、应用体会

1. 基于西门子 CUP 强大的 TCP/IP 通信，通过实际运用测试，虽然通信数据量很大，但是在数据的实时性和稳定性上面还是有较好的保证，给项目的实现带来的强大的硬件基础。

2. 通过西门子 CUP 的 TCP/IP 和西克传感器的 LMS511 进行无缝对接，解决了一个领域的安防问题，在行车领域有较高的推广价值，同时可以延伸到楼宇自动化安防等领域。

3. 西门子 CPU 强大的 STL 语言为底层的大量的点云数据处理带来了巨大的便利，这是其他 PLC 不可比拟的，为项目对底层数据处理提供了支撑。

4. LMS511 雷达提供了一整套转为定长数据的 Binary 指令，是 PLC 擅长处理的数据格式，为此项目带来了通信数据的长度管理的巨大方便 .

## 参考文献


[1] 西克传感器 [Z/OL]. Developers_Guide_LMS1xx_5xx_V4.0（SICK internal use only）Operating_instructions_Laser_measurement_sensor_LD_LRS36xx_en_IM0056613

[2] LMS1XX 常用指令以及解析 [Z].

[3] 西门子自动化：S7-300 与第三方的 TCP 通信 _Clint（STEP7）
西门子 S7-300/400 PLC 编程（语句表和结构化控制语言描述第 3 版）[Z].

# 西门子 PLC 在无接触物料流量计的控制应用

董　超
（德国西克传感器　主动服务中心）

[ 摘　要 ] 本论文主要介绍了在卷烟厂的烟丝生产线上，将物料计量方式引入了生产的控制中。本论文应用西门子 PLC 及西克 BulkScan 非接触物料流量计，共同组建成物料流量质量检测系统用于检测烟丝的输送的流量及体积，从而提供了可靠的生产和保证了卷烟的生产效率。

[ 关键词 ] 卷烟厂、PLC、非接触物料流量计、质量检测

## 一、项目简介

### 1. 项目介绍

随着经济发展和支出增加，居民消费水平不断提高，香烟作为日常必需品，价格也水涨船高，全社会烟草消费需求持续增长。烟企也积极推进香烟自动化生产设备，从而稳定了烟草的稳定生产，加之销售网络建设，有效提高了烟草系统对国内市场的控制力和占有率，产品销量稳中有升。对于如何控制烟丝的流量问题也受到众多厂家的关注，本文介绍某烟厂是如何通过使用 PLC 跟非接触流量计来实现烟丝质量及流量控制，其现场情况如图 1 所示。

图 1　现场情况

### 2. 烟草的工艺简介

烟草的工艺流程由制丝（原料加工）、卷接（卷制成型）、包装（包装成品）三个主要过程组成。

**制丝工艺：**包括备料、回潮、贮叶、切丝、烘丝、叶丝梗丝混合、加香、加料、贮丝等工序。其工艺任务是将各种烟叶制成配比均匀、纯净无杂质，宽度、水分、温度均符合各等级卷烟工艺要求的烟丝。

**卷接工艺：**包括喂丝、烟支卷制、滤嘴接装等工序。其工艺任务是充分发挥设备效率，将合格的烟丝按照制造规格及质量标准，卷制成合格的烟支，接装成滤嘴烟支。

**包装工艺：**采用多种包装材料和包装机械，将经烘焙后水分合格的烟支，包装成符合产品质量标准、便于贮运和销售成品。

## 二、系统结构的组成

### 1. 流量计量系统中软硬件的构成

软件采用西门子调试软件 STEP 7 和西克调试软件 SOPAS。

硬件（见图 2）采用的工业产品如下：

**（1）西门子 PLC CPU 317-2 PN/DP**

CPU 317-2 PN/DP 具有大容量程序存储器，它可用于集中式 I/O 结构，也适用于分布式自动化结构。CPU 317-2 PN/DP 装配有微处理器。

图 2　流量计

1）微处理器

处理每条二进制指令执行时间约为 25ns，每条浮点数运行指令约为 160ns。CPU 317-2 PN/DP 在字指令、双字指令和 32 位定点数指令具有极高的处理速度。

2）1MB RAM（相当于约 340K 条语句）

通过扩展 RAM 执行用户程序，可以显著地提高用户程序的空间。装载存储器还可用于数据归档和配方管理。

3）MPI/DP 组合接口

第一个集成的 MPI/DP 接口最多能同时建立 32 个与 S7-300/400 的连接或与编程器、PC 和 OP 的连接。在这些连接中，始终分别为 PG 和 OP 各保留一个连接。MPI 可以通过“全局数据通信”与最多 32 个 CPU 组建简单的网络。该接口可从 MPI 接口重新设置为 DP 接口。

4）PROFIBUS DP 接口

DP 接口可用作 DP 主站或 DP 从站运行。在该接口上，PROFIBUS DP 从站可在等时模式下运行，全面支持 PROFIBUS DP V1 标准。

5）以太网接口

CPU 317-2 PN/DP 的第 2 个内置接口是一个基于以太网 TCP/IP 的 PROFINET 接口，带有双端口交换机。

**（2）西克 BulkScan 扫描仪流量计介绍**

BulkScan 扫描仪流量计利用激光时间飞行技术，非接触式测量输送带上散装物料，从激光脉冲发射到接收的时间计算二维轮廓，通过安装到皮带底部的编码器获取皮带运行速度，从而计算出物料的体积流量。BulkScan 扫描仪流量计工作原理示意图如图 3 所示。LMS111 激光扫描仪如图 4 所示。

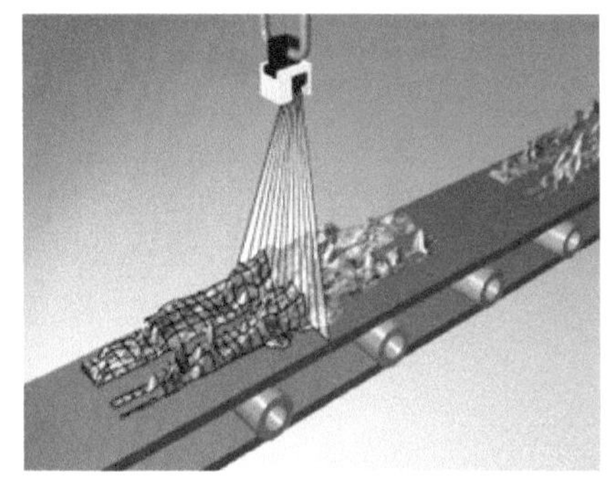

图 3　BulkScan 扫描仪流量计的工作原理示意图

图 4　LMS111 激光扫描仪

飞行时间和输送带速度生成可靠的体积流量信号，不受散装物料性质和天气情况的影响。除了检测总量和计算质量流量之外，BulkScan 扫描仪流量计还可利用测定散装物料重心的集成功能识别单侧装载，从而预防输送带磨损加剧。再者，其采用坚固的工业级外壳，十分适用于严苛的工作环境。集成加热装置可在较大的环境温度范围内实现安全运行。测量系统可通过离散信号和 Ethernet TCP/IP 与主机通信系统相连接。

BulkScan 扫描仪流量计的主要参数如下：

光源：红外线（905nm）；

激光等级：1，对人眼安全（IEC 60825-1：2014）；

开启角度：190°；

扫描频率：25Hz、50Hz；

工作区域：0.5m ~ 10m；

所选 Echo：协议数量 2；

扫描仪 / 加热器供电电压：10.8V ~ 30V；

串口主机接口：协议 RS-232/RS-422　数据传输率≤ 115.2kBaud

协议 TCP/IP 数据传输率 100Mbit/s；

开关输入端：2 路（+ 编码器）。

**（3）西克编码器**

该现场采用西克 DUV60 编码器（见图 5），其是一款可通过指拨开关就能设置参数的测量轮编码器，能够直接安装在输送带和材料带上，用于速度测量。可以配置输出电压、分辨率和计数方向。通过集成的设备状态和信号 LED 以及可选错误输出端，即可得知编码器的功能及状态，从而降低故障排除的时间成本。

西克编码器的详细参数如下：

弹簧臂：弹簧偏移 ± 3mm/ ± 10mm（取决于型号）；

测量轮尺寸：无测量轮 300mm12″；

测量轮表面：O 形环 NBR70/ 平滑塑料（氨基甲酸乙酯）（取决于型号）；

通信接口：增量式；

通信接口：详情 TTL 连接类型 插头，M12，8 针；

供电电压：4.75V ~ 30V。

图 5　DUV60 编码器

## 2. 物料流量计结构及工作原理

**（1）机械连接**

BulkScan 扫描仪流量计垂直安装在距离被测烟丝大于半米的型材支架中心（见图 6 左图），编码器使用固定支架安装在皮带的底部，使得编码器的带有橡胶圈的接触轮与皮带编码器可靠接触（见图 6 右图）。通过硬线连接到 BulkScan 扫描仪流量计上，从而 BulkScan 扫描仪流量计能够将编码器提供的增量信号换算成皮带的运行速度。

图 6　BulkScan 扫描仪流量计及编码器安装示意图

**（2）电气连接**

编码器、BulkScan 扫描仪流量计及 300PLC 都通过 24V 直流电源供电。另外，西门子 300PLC 通过以太网连接 BulkScan 扫描仪流量计，（用于建立 TCP 通信）上位机编程软件及界面获取到 BulkScan 扫描仪流量计的相关流量及质量等信息。设备连接示意图及概图如图 7 所示。

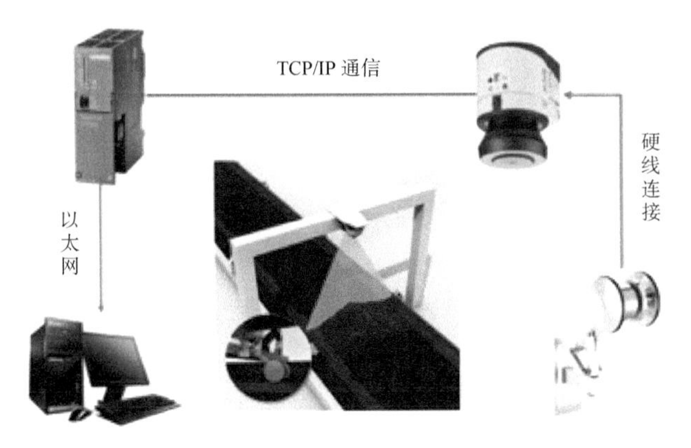


图 7　设备连接示意图及概图

## 三、功能与实现

### 1. PLC 与 BulkScan 扫描仪流量计连接

连接 BulkScan 扫描仪流量计与 PLC 之间交互信息，BulkScan 扫描仪流量计与 PLC 的程序交互图如图 8 所示。

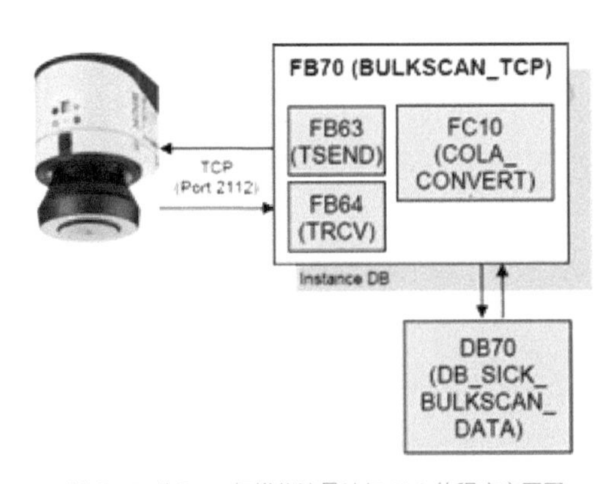


图 8　BulkScan 扫描仪流量计与 PLC 的程序交互图

要通过 S7-PN CPU 的集成 PROFINET 接口实现开放的 TCP 通信，不能在硬件组态中完成，必须在一个数据块中指定每个连接的参数。使用“Open Communication Wizard”工具可以简单明了地指定连接参数，通过此工具可将一个包含所有参数的 UDT 导入 STEP 项目。使用该 UDT 可以建立含有连接描述的数据块。随后，需要使用通信功能 FB65、FB66、FB63、FB64 完成程序编写。

在 S7 程序中调用 BulkScan 扫描仪流量计 FB70 之前，必须使用西门子功能块 FB65（TCON）建立 TCP 通信。利用 FB63 和 FB64 功能块，使得 BulkScan 扫描仪流量计与 S7 PLC 之间的 TCP 连接来发送和接收数据。最后使用西克提供的 FB70 的功能块获取所需的数据信息，将数据信息存储在 DB70 中。

在 PLC 的 STEP7 编程软件上，编程以太网及以太网的通断连接功能块。TCP/IP 连接的功能块及西克功能块如图 9 所示。

PLC 功能块获取的数据如图 10 所示。

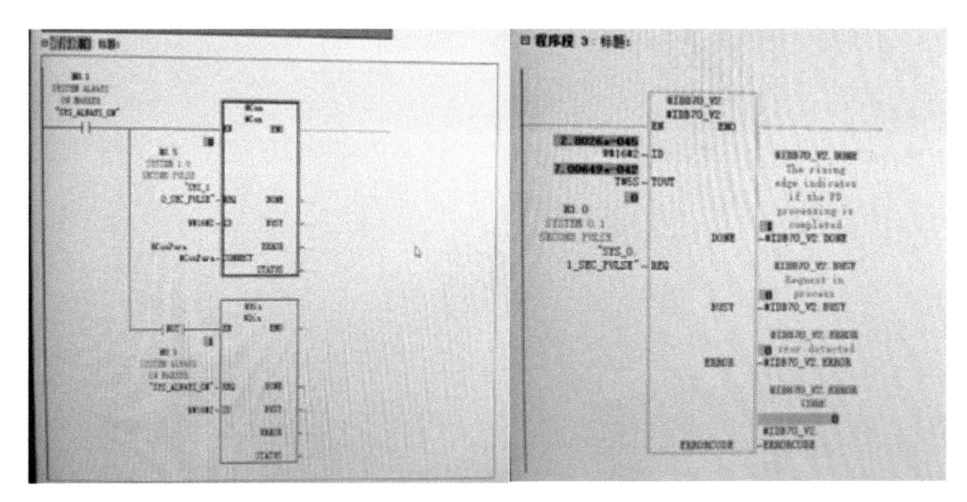


图 9　TCP/IP 连接的功能块及西克功能块

| Address | Name | Type | Initial value | Comment |
|---|---|---|---|---|
| 0.0 | | STRUCT | | |
| +0.0 | GetData | STRUCT | | Read parameter |
| +0.0 | Selection | STRUCT | | Selection of a parameter to read |
| +0.0 | bVolumeFlow | BOOL | FALSE | Select: Volume flow rate |
| +0.1 | bMassFlow | BOOL | FALSE | Select: Mass flow rate |
| +0.2 | bVolumeSum | BOOL | FALSE | Select: Volume sum |
| +0.3 | bMassSum | BOOL | FALSE | Select: Mass sum |
| +0.4 | bGravity | BOOL | FALSE | Select: Mass center of gravity |
| +0.5 | bDensity | BOOL | FALSE | Select: Bulk density |
| +0.6 | bSpeed | BOOL | FALSE | Select: Belt speed |
| +0.7 | bHeight | BOOL | FALSE | Select: Bulk height |
| +1.0 | bContamination | BOOL | FALSE | Select: Contamination |
| +1.1 | bDistLeftBulkEdge | BOOL | FALSE | Select: Measured distance to left bulk edge |
| +1.2 | bDistRightBulkEdge | BOOL | FALSE | Select: Measured distance to right bulk edge |
| +1.3 | bLeftBulkEdgeWarn | BOOL | FALSE | Select: Left bulk edge warning |
| +1.4 | bRightBulkEdgeWarn | BOOL | FALSE | Select: Right bulk edge warning |
| +1.5 | bDistLeftConveyorEdgde | BOOL | FALSE | Select: Measured distance to left conveyor edge |
| +1.6 | bDistRightConveyorEdge | BOOL | FALSE | Select: Measured distance to right conveyor edge |
| +1.7 | bLeftConveyorEdgeWarn | BOOL | FALSE | Select: Left conveyor belt edge warning |
| +2.0 | bRightConveyorEdgeWarn | BOOL | FALSE | Select: Right conveyor belt edge warning |
| +2.1 | bCoefficient1 | BOOL | FALSE | Select: Coefficient 1 (Square term) |
| +2.2 | bCoefficient2 | BOOL | FALSE | Select: Coefficient 2 (Linear term) |
| +2.3 | bCoefficient3 | BOOL | FALSE | Select: Coefficient 3 (Constant term) |
| =4.0 | | END_STRUCT | | |
| +4.0 | fVolumeFlow | REAL | 0.000000e+000 | Volume flow rate [m³/h] |
| +8.0 | fMassFlow | REAL | 0.000000e+000 | Mass flow rate [t/h] |
| +12.0 | fVolumeSum | REAL | 0.000000e+000 | Volume sum [m³] |
| +16.0 | fMassSum | REAL | 0.000000e+000 | Mass sum [t] |
| +20.0 | fGravity | REAL | 0.000000e+000 | Mass center of gravity [0..1] |
| +24.0 | fDensity | REAL | 0.000000e+000 | Bulk density [t/m³] |
| +28.0 | fSpeed | REAL | 0.000000e+000 | Belt speed [m/s] |
| +32.0 | fHeight | REAL | 0.000000e+000 | Bulk height [m] |
| +36.0 | nContamination | BYTE | B#16#0 | 0=No contamination; 1=warning; 2=error; 3=Serious contamination error |
| +38.0 | fDistLeftBulkEdge | REAL | 0.000000e+000 | Measured distance to left bulk edge |
| +42.0 | fDistRightBulkEdge | REAL | 0.000000e+000 | Measured distance to right bulk edge |
| +46.0 | bLeftBulkEdgeWarn | BOOL | FALSE | Left bulk edge warning |
| +46.1 | bRightBulkEdgeWarn | BOOL | FALSE | Right bulk edge warning |
| +48.0 | fDistLeftConveyorEdgde | REAL | 0.000000e+000 | Measured distance to left conveyor edge |
| +52.0 | fDistRightConveyorEdge | REAL | 0.000000e+000 | Measured distance to right conveyor edge |
| +56.0 | bLeftConveyorEdgeWarn | BOOL | FALSE | Left conveyor belt edge warning |
| +56.1 | bRightConveyorEdgeWarn | BOOL | FALSE | Right conveyor belt edge warning |
| +58.0 | fCoefficient1 | REAL | 0.000000e+000 | Coefficient 1 (Square term) |
| +62.0 | fCoefficient2 | REAL | 0.000000e+000 | Coefficient 2 (Linear term) |
| +66.0 | fCoefficient3 | REAL | 0.000000e+000 | Coefficient 3 (Constant term) |
| =70.0 | | END_STRUCT | | |

图 10　PLC 功能块获取的数据

PLC 设置的功能块数据如图 11 所示。

| =70.0 | | END_STRUCT | | |
|---|---|---|---|---|
| +70.0 | SetData | STRUCT | | Write parameter |
| +0.0 | Selection | STRUCT | | Selection of a parameter to write |
| +0.0 | bFixedSpeed | BOOL | FALSE | Select: Belt speed (SOPAS fixed value) |
| +0.1 | bFixedDensity | BOOL | FALSE | Select: Bulk density (SOPAS fixed value) |
| +0.2 | bFixedMassFlow | BOOL | FALSE | Select: Mass flow rate (SOPAS fixed value) |
| +0.3 | bClearTotal | BOOL | FALSE | Select: Reset measured values (Volume sum, Mass sum) |
| +0.4 | bCoefficient1 | BOOL | FALSE | Select: Coefficient 1 (Square term) |
| +0.5 | bCoefficient2 | BOOL | FALSE | Select: Coefficient 2 (Linear term) |
| +0.6 | bCoefficient3 | BOOL | FALSE | Select: Coefficient 3 (Constant term) |
| =2.0 | | END_STRUCT | | |
| +2.0 | fFixedSpeed | REAL | 0.000000e+000 | Belt speed (SOPAS fixed value [-30.0..30.0]) [m/s] |
| +6.0 | fFixedDensity | REAL | 0.000000e+000 | Bulk density (SOPAS fixed value [0.0 .. 50.0]) [t/m³] |
| +10.0 | fFixedMassFlow | REAL | 0.000000e+000 | Mass flow rate (SOPAS fixed value [0.0 .. 10^6]) [t/h] |
| +14.0 | fCoefficient1 | REAL | 0.000000e+000 | Coefficient 1 (Square term) |
| +18.0 | fCoefficient2 | REAL | 0.000000e+000 | Coefficient 2 (Linear term) |
| +22.0 | fCoefficient3 | REAL | 0.000000e+000 | Coefficient 3 (Constant term) |
| =26.0 | | END_STRUCT | | |
| =96.0 | | END_STRUCT | | |

图 11　PLC 设置的功能块数据

DB 块中包含两个结构：GetData（接收数据）和 SetData（发送数据）。通过 FB70 在 REQ 输入置位，置位需要读取或写入的变量位，方能读取到对应的变量信息或写入对应的变量信息。

另外，使用 Step7 能够诊断 TCP 连接。能够查看激活的 TCP 连接的状态，如图 12 所示。

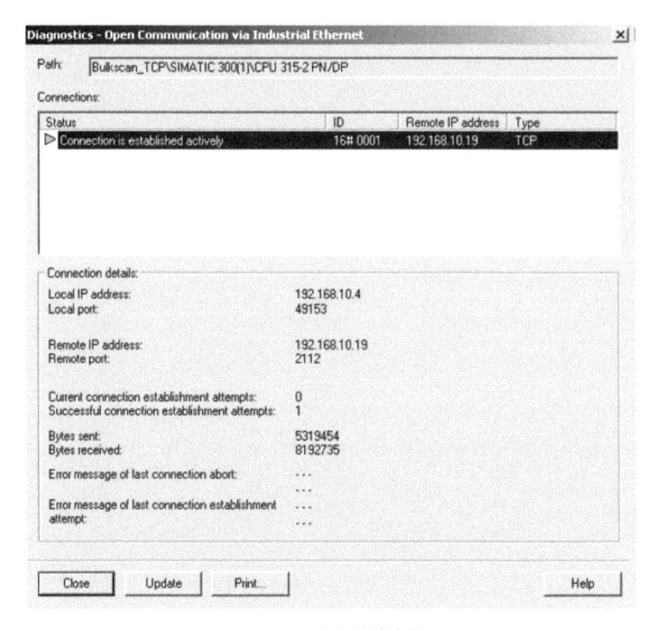


图 12　TCP 连接的状态显示

## 2. 数据波动及数据延迟的问题

由于现场经常出现输送带频繁启停的问题和现场皮带输送机没有使用变频器控制，所以皮带启停均为接触器控制，导致了皮带瞬间启动、瞬间停止的情况。

① 皮带抖动偏大，同时还存在 PLC 读取的流量信息数据延迟的问题。

② 当皮带停止后，在 PLC 监控里仍能看到皮带的速度、瞬时流量、瞬时质量在零位波动的情况。而且皮带运行速度在 0 位持续波动。如图 13 所示。

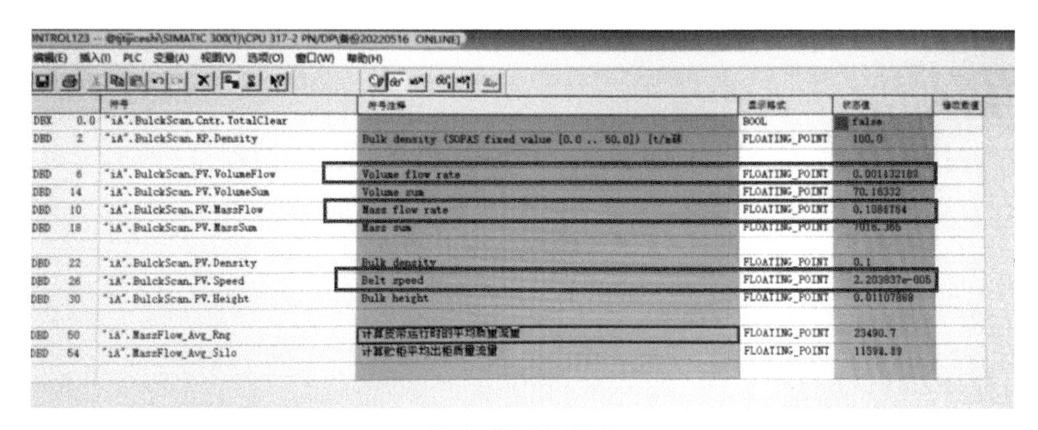

| 地址 | | 符号 | 符号注释 | 显示格式 | 状态值 | 修改数值 |
|---|---|---|---|---|---|---|
| DBX | 0.0 | "iA".BulckScan.Cntr.TotalClear | | BOOL | false | |
| DBD | 2 | "iA".BulckScan.RP.Density | Bulk density (SOPAS fixed value [0.0 .. 50.0]) [t/m³] | FLOATING_POINT | 100.0 | |
| DBD | 6 | "iA".BulckScan.PV.VolumeFlow | Volume flow rate | FLOATING_POINT | 0.001432189 | |
| DBD | 14 | "iA".BulckScan.PV.VolumeSum | Volume sum | FLOATING_POINT | 70.16332 | |
| DBD | 10 | "iA".BulckScan.PV.MassFlow | Mass flow rate | FLOATING_POINT | 0.1088784 | |
| DBD | 18 | "iA".BulckScan.PV.MassSum | Mass sum | FLOATING_POINT | 7016.365 | |
| DBD | 22 | "iA".BulckScan.PV.Density | Bulk density | FLOATING_POINT | 0.1 | |
| DBD | 26 | "iA".BulckScan.PV.Speed | Belt speed | FLOATING_POINT | 2.203837e-005 | |
| DBD | 30 | "iA".BulckScan.PV.Height | Bulk height | FLOATING_POINT | 0.01107868 | |
| DBD | 50 | "iA".MassFlow_Avg_Rng | 计算皮带运行时的平均质量流量 | FLOATING_POINT | 23490.7 | |
| DBD | 54 | "iA".MassFlow_Avg_Silo | 计算贮柜平均出柜质量流量 | FLOATING_POINT | 11598.89 | |

图 13　获取的波动数据

## 3. 尝试解决的方法

通过长时间的现场观察及参数分析，具体解决方法如下：

1）当皮带停止后，编码器设置的信号指示灯仍时而闪烁（可能编码器停止的该时刻，其内部的感光元件正好照射到码盘的孔洞上，由于现场设备的震动，可能使高分辨率的编码器感光元件处于照射码盘孔洞的临界状态，导致信号指示灯闪烁，进而使得此信号处于临界输出状态）。将编码器原来的 2400 每圈脉冲数降低到 800 每圈脉冲数。这样增大了编码器内部检测码盘的孔洞间距，从而避免了皮带数据抖动的输出。另外，使用西克的调试软件 SOPAS 连接 BulkScan 扫描仪流量计，将编码器一栏中的 Resolution 重新修改（Resolution= 编码器接触轮的周长 / 每圈的脉冲数）。由于现场连接编码器的测量轮的周长为 300mm，更改后的每圈脉冲数为 800。则 Resolution=300/800=0.375。编码器分辨率设置如图 14 所示。

图 14　编码器分辨率设置

2）空皮带运行时，重新示教了 BlukScan 扫描仪流量计的雷达轮廓信息。并增加了皮带参考轮廓与皮带实际轮廓补偿的值至 2mm。轮廓及补偿设置如图 15 所示。

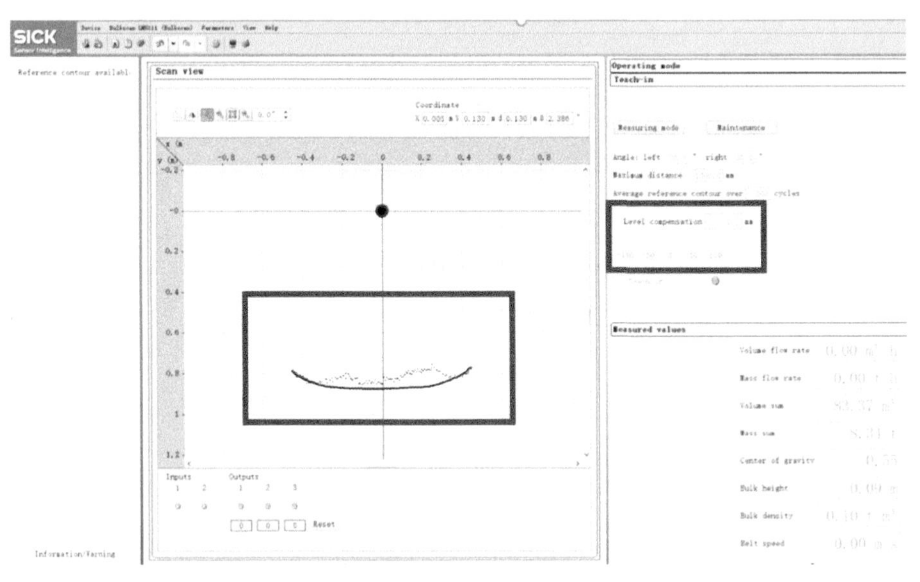


图 15　轮廓及补偿设置

3）增加了皮带震动的抖动比例数值（见图 16 左图），将之前系统默认的平滑滤波时间从 1 减至 0（见图 16 右图）。通过以上第二和第三步骤，很好地减少了由于皮带震动，出现空皮带有瞬时流量显示的情况。

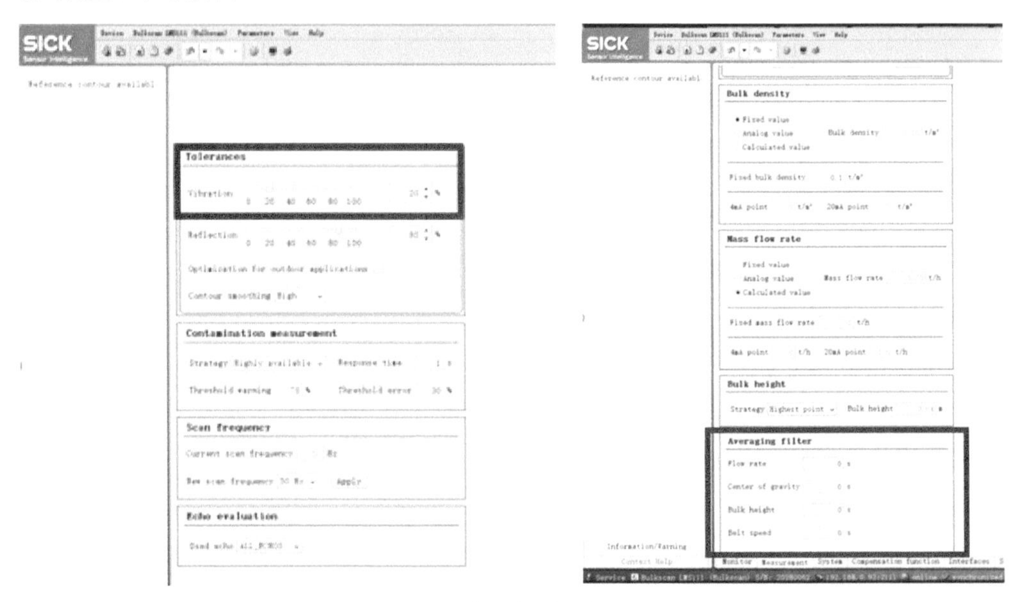


图 16　延迟及振动补偿设置

4）在现场，使用 PLC 编程获取了一段时间的数据记录求均值，使其数值输出更为平缓从而减小数据的跳动。平滑程序设置图 17 所示。

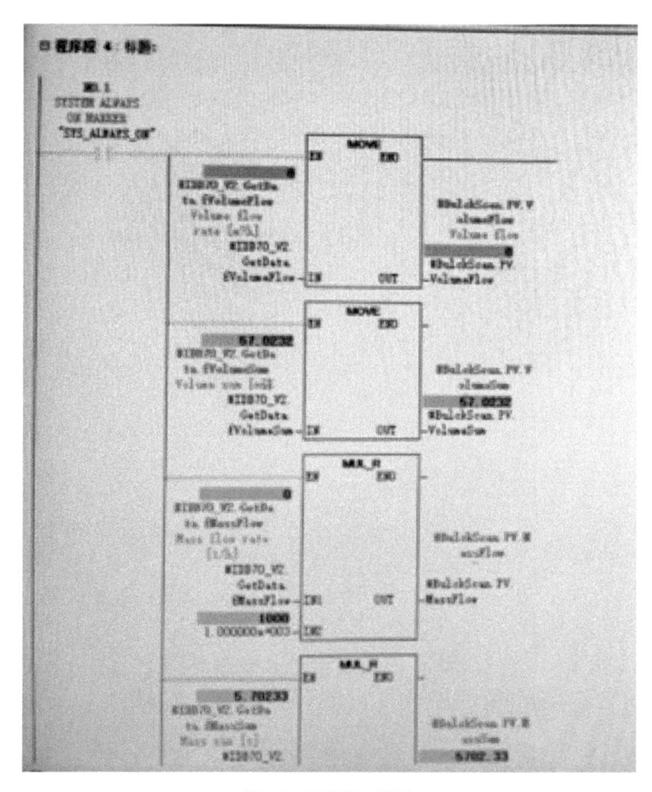


图 17　平滑程序设置

优化后实际运行数据，获取的稳定数据如图 18 所示。

| 符号注释 | 显示格式 | 状态值 |
|---|---|---|
| Bulk density (SDPAS fixed value [0.0 .. 50.0]) [t/m³] | BOOL | false |
| | FLOATING_POINT | 100.0 |
| Volume flow rate | FLOATING_POINT | 0.0 |
| Volume sum | FLOATING_POINT | 15.15588 |
| Mass flow rate | FLOATING_POINT | 0.0 |
| Mass sum | FLOATING_POINT | 1515.568 |
| Bulk density | FLOATING_POINT | 0.1 |
| Belt speed | FLOATING_POINT | 0.0 |
| Bulk height | FLOATING_POINT | 0.1518018 |
| 计算皮带运行时的平均质量流量 | FLOATING_POINT | 22213.76 |
| 计算贮柜平均出柜质量流量 | FLOATING_POINT | 5673.782 |

图 18　获取的稳定数据

通过上述的参数及程序优化，当皮带运行时能够使得数据较为平稳的获取，并且皮带间歇启动停止时，编码器数据没有出现延迟的现象。同时如图 18 计算的运行平均质量流量和计算贮柜平均出柜质量流量的数值稳定性也得到校准；当皮带停止时，其显示的运行速度，瞬时流量，瞬时质量均立刻变为 0，且无波动情况，使得现场的问题得到解决。

## 四、应用体会

1）相比较传统的物料计量方式，以前物料质量及体积统计均采用斗量或皮带秤等称重计量方式，需要将物料装在计量斗，称重完一计量斗再装一计量斗继续称量；或物料经过皮带秤计量重量，最后统计总重量或者体积。其瞬时的流量和瞬时的质量较难获取到准确的实时数据，所以其传统测量方式不仅效率低，操作复杂，而且设备也易于损坏。

2）本论文采用非接触式测量 BulkScan 扫描仪流量计物料方式，不仅提高了输送带的运输能力，同时 BulkScan 扫描仪流量计安装简单，还具有皮带防倾斜监控报警，防止物料过载，并优化输送带的等负荷功能，加之 BulkScan 扫描仪流量计拥有多回波雷达技术，能够很好地避免车间内粉尘等干扰，还具备免维护节能等优点。

3）控制器使用的是西门子 317PLC，其高可靠性，抗干扰能力，及强大处理数据能力以及网络拓展能力，使得数据处理的延迟时间减小，网络布线简化，工厂的生产效率得到提高。同时提高了控制精度和系统的稳定性，提高了整个系统的自动化水平。

项目运行至今，维护量极少，管理操作非常方便，得到了最终用户的充分肯定。

## 参考文献

[1] BULKSCAN_TCP function block for Siemens S7-300 / S7-400 Controls[Z].

[2] PLC 在卷烟厂加香工序的应用 [Z].

[3] 卷烟厂制丝线烘丝前的一种新的烟丝流量控制技术 [Z].

[4] Laser volume flowmeter for the throughput measurement of bulk goods[Z].